ライブラリ 物理学コア・テキスト — 5

コア・テキスト
量子力学
—基礎概念から発展的内容まで—

三角樹弘　著

サイエンス社

ライブラリ物理学コア・テキスト 編者まえがき

　本ライブラリでは，理工系学部の読者のために，物理学の基本的な内容と考え方を説明します．専門教育で必要となる物理学の考え方を理解することを意図しているので，重要な内容は少し難しくても含めています．また，物理的な具体例を通じて意味を確実に把握することに留意しています．アプローチや方法については，なぜそのようなものを用いるのかも説明しました．微積分などの概念は，その持つ意味を説明しつつ積極的に使います．より専門的な内容を理解するためには，これらの技術を使いこなすことも必要になるからです．また，物理学の具体例を通じて，微積分の概念をより確実に理解できるという効果もあると思います．さらに，数学的な手法を積極的に導入することにより，どこまでが物理学で，どこが数学であるかという理屈がわかりやすくなり，物理学の理解が深まるでしょう．微積分以外でも物理学でよく用いられる考え方や式の導出，記述法などは積極的に含めるようにしています．なお，ライブラリ内の本はそれぞれ独立に読めるように書かれています．

　物理学はシンプルで数少ない法則から現象を理解する学問であり，その仕組みがわかりやすいような構成にしたつもりです．物理的な性質を説明する際には，いかにそれが単純な基本法則から得られるかを導出するようにしました．物理学は，現実の世界で起きる自然現象を理解するためのもので，それを実感するためにも大雑把な数量的概念も強調しました．高校での数学や物理を超える内容を前提とせず，できる限り平易かつ簡潔に内容を説明するようにしています．必要以上に難しい数学は使わず，簡潔に説明しますが，内容においては重要な考え方は省いていません．よって，内容は必ずしも簡単ではありません．これまでに学んでいない物理学の分野を理解するためには，多くの場合，新し

い考え方を身につけねばならず，新しい概念を理解するのは誰にとっても難しいことであるからです．本ライブラリを通じて，読者が自分にとって新しい概念や手法を理解し，身につけられるように努めました．

　本ライブラリでは，物理の本質を深く理解できるように，数多くの具体例を使って解説しています．具体例では単に結果を求めるだけではなく，物理的なふるまいがどのように直観的に理解できるかを説明しました．計算をたどった後でも，物理的にどのような仕組みで何が起きているかを理解するのが難しいこともあるでしょう．しかし，物理的な状況を把握するのは最も重要なことです．計算がたどれなかった場合にも，直観的に結論がもっともであるかを確認して下さい．また，結論が直観的に理解できると，数式の導出も容易になります．わからなかったり，難しいと感じた時には，一番簡単な具体例を完璧に理解しようとしてみると良いでしょう．簡単な具体例が理解できれば，基本的な概念の把握につながります．先へ進んでわからなくなったときは，また簡単な具体例に戻って，わからない点を確認することを勧めます．

　読者の理解をさらに深めるために例題と章末問題も収録し，解答も含めました．問題は，単純なものから，少し入り組んだものまであります．問題は時によって大雑把であったり，必要な情報が足りなく思うかもしれません．これは，実際に物理的な問題に出会った場合には，自分で考えて必要な情報を集めたり，大雑把に見積もったり，近似的な計算をしたりしなければならないことを意識しています．概算では答えはぴったり合う必要はありません．日常的な問題から物理学の最先端の問題まで，普段から自分で必要な情報を調べ，様々な量を概算してみて下さい．

　このライブラリが読者の物理学の理解を助けるものとなることを願っています．

　　2011 年

　　　　　　　　　　　　　　　　　　　　　　　　　　　　青木 健一郎

まえがき

　科学技術が日々刻々と進歩する現代，微視的世界を記述する量子力学の重要性は日々増しています．量子力学の理論形式確立からの約 100 年間を振り返ってみると，（理論）物理学者の独占的学問領域から次第に化学者や工学者にとっても避けては通れない普遍的学問領域に変貌していきました．近年は，情報通信や計算機科学への応用が急速に進んでおり，その意味でほぼすべての理工系大学生にとって必須の教科になりつつあります．

　ところが，従来の量子力学の教科書は物理学科の学生向けに書かれたものが一般的であり，他学科の学生が独学できる教科書は希少でした．また，従来の教科書は前期量子論とボーア模型に基づく歴史的導入の後，シュレーディンガー方程式とその解法を解説するのが一般的でしたが，昨今の量子情報科学の発展に照らし合わせるとこのような学び方は非効率的です．一方で，量子力学が関わる現象は自然界に溢れており，その紹介をせずにいきなり理論的側面から始めることは初学者に非常な困難を強いることになります．

　そこで本書では，理工系の学部 3 年生を想定して，以下のような工夫の下に執筆を進めました．まず第 1 章と第 2 章において量子力学的現象とその理論的背景を紹介します．この 2 つの章を読み解くだけで，量子力学とは何であるかを説明できるようになるはずです．その上で，第 3 章以降で線形代数との対応関係を示しながら量子力学の形式的導入を行い，さらに量子状態の時間発展を学ぶ中でシュレーディンガー方程式を "導出" します．これ以降は標準的な量子力学の教科書で扱われている内容を扱いますが，量子もつれ状態，量子暗号，量子コヒーレント状態，量子テレポーテーション，場の量子論の紹介など現代的視点を取り入れながら進んでいきます．調和振動子系，磁場中の荷電粒子系，スピン系の量子力学，角運動量，水素原子などについて学ぶ際には，数学的道具立てが必要になるため，できる限り本文中もしくは付録において必要な知識

が得られるようにしました.

　このような工夫を取り入れた本書ではありますが, はじめて量子力学を学ぶ方は, 見慣れない表式や現象に戸惑うことが多いでしょう. 実は, その「戸惑い」こそが学びを加速させる源泉となります. 分からないことや奇妙に思うことはメモして, まずは先へ読み進めてください. あるところまで進むと, その戸惑いが「ひらめき」に変わる瞬間が訪れます.

　さて, 本書の具体的構成は以下のようになります.

- 第 1 章

  量子力学の特徴を端的に紹介しています.

- 第 2 章

  量子力学が関わる現象を紹介し, 「粒子と波の二重性 (ド・ブロイ関係式)」に基づいてそれらの背景を学びます.

- 第 3 章

  量子力学の理論形式を学びます. 不確定性関係はこの章で示されます. またスピン 1/2 系を手短に紹介します.

- 第 4 章

  量子力学系の時間発展をハイゼンベルク方程式を用いて導入し, ハイゼンベルク描像とシュレーディンガー描像の比較を行います. 最後にシュレーディンガー方程式を導出します.

- 第 5 章

  座標表示の波動関数についてのシュレーディンガー方程式について解説します. また運動量固有ケットについて解説します.

- 第 6 章

  1 次元自由粒子系のシュレーディンガー方程式の解法とその物理的性質について解説します.

- 第 7 章

  階段型ポテンシャル中の粒子の量子力学的扱いについて学びます. また, 矩形ポテンシャル障壁の透過率を計算することで, 量子トンネル効果について学びます.

- 第 8 章

  量子力学や場の量子論で重要になる調和振動子系について学びます. こ

こでは，座標表示の波動関数についてのシュレーディンガー方程式を用いて議論を行います．

● 第 9 章

　生成・消滅演算子を用いた調和振動子系の解析方法を学ぶとともに，その応用として時間発展，コヒーレント状態，摂動計算，連成振動系を学びます．

● 第 10 章

　3 次元空間の量子力学系について学びます．特に，等方的調和振動子系，一様磁場中の荷電粒子系について解説します．これらは調和振動子系の応用にもなっています．

● 第 11 章

　スピン 1/2 系について詳しく解説した後，角運動量の一般論やその合成について学びます．量子もつれ状態と量子テレポーテーションについても解説します．

● 第 12 章

　水素原子系の量子力学的扱いについて学びます．

● 付録

　本書で用いる数学的知識として，線形代数，固有ケットの完備性，ガンマ関数，デルタ関数，その他の特殊関数について解説します．

● あとがきに代えて

　本書のまとめを与えるとともに，本書で紹介できなかった発展的内容について紹介します．

● 参考文献

　量子力学の教科書を紹介しています．

　本書の執筆を薦めてくださるとともに丁寧な監修をいただいた慶應義塾大学の青木健一郎先生に心より感謝申し上げます．また本書の原稿を読んでさまざまなコメントをくれた近畿大学，秋田大学の研究室の学生諸君，本書の執筆にあたり，多大なるご助力を頂戴したサイエンス社の田島伸彦様，鈴木綾子様，仁平貴大様にも心より感謝します．

　2023 年 1 月

三角　樹弘

目　　次

第1章
量子力学とは何だろうか？

　本章では，本書で初めて量子力学を学ぶ人たちに向けてその特徴を紹介します．本章と次章を読むことで「量子力学の特徴」と「量子力学が関わる現象」を端的に理解できます．その上で第3章以降に「量子力学の理論体系」を学び，現象や特徴についてより深く理解していくことになります．

1.1　量子力学の特徴

ここでは，量子力学の代表的な特徴を3つ紹介します．

(1)　状態の重ね合わせ

　物理状態は一般に，物理量の値が決まった状態（**固有状態**と呼ぶ）の**重ね合わせ状態**として表されます．つまり，ある物理量について異なる値を持った状態が同時に存在します．

(2)　測定による状態の変化

　重ね合わせ状態において物理量を測定すると，どれか1つの固有状態が選ばれ，それに対応する値が測定されます．ある固有状態が選ばれる確率は，重ね合わせ状態に含まれるその固有状態の"割合"に依存します．したがって，測定される物理量の値は確率的にしか予測できません．

(3)　量子もつれ状態の存在と非局所性

　複数の粒子についての量子状態には，**量子もつれ状態**と呼ばれる状態が存在します．この状態においては，ある粒子についての測定が離れたところに存在する別の粒子についての測定に影響を与えます．このような特性は**量子論の非局所性**と呼ばれます．

以下では1つずつこれらの特徴を見ていきましょう．

■ 1.2 状態の重ね合わせ ■

　図 1.1 のように 2 つの箱 α, β のどちらかに 1 つのボールが入っている状況を考えます．ここでは両方の箱が空の状況は考えないことにすると，ボールは α に入っているか，β に入っているかどちらかです．驚くべきことに量子論においては，これら 2 つの状態が共存可能であり，そのような状態は**重ね合わせ状態**と呼ばれます．記号の意味は後に詳しく議論するとして，α に入っている状態を $|\alpha\rangle$，β に入っている状態を $|\beta\rangle$ と書くことにすると，2 つの状態が同時に存在している状態 $|\psi\rangle$ は

$$|\psi\rangle = \frac{1}{\sqrt{2}}|\alpha\rangle + \frac{1}{\sqrt{2}}|\beta\rangle \tag{1.1}$$

と書けます．$|\alpha\rangle$ と $|\beta\rangle$ の係数が両方 $1/\sqrt{2}$ であるのは，$|\alpha\rangle$ と $|\beta\rangle$ が同じ割合で重ね合わされていることを表すためです．例えば α に入っている割合が 70%，β に入っている割合が 30%，というような状態は

$$|\psi\rangle = \sqrt{0.7}|\alpha\rangle + \sqrt{0.3}|\beta\rangle \tag{1.2}$$

と書けます．係数の絶対値の二乗をその状態が測定される確率と解釈することで，次節で解説する**測定**との関係が明確になります．一方，状態という言葉で表したものはそのまま量子力学でも**状態**と呼ばれ，物理状態を表す言葉として使われます．量子力学の状態は広い意味での「ベクトル」で表されるので，

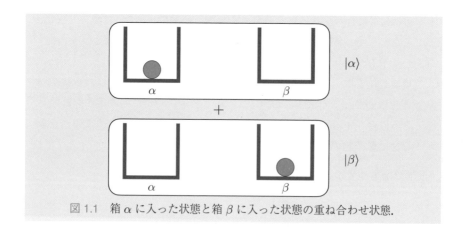

図 1.1 箱 α に入った状態と箱 β に入った状態の重ね合わせ状態．

状態ベクトルとも呼ばれます.

　一方で，位置や運動量，エネルギーや角運動量などの物理量は**観測可能量**と呼ばれ，**演算子**（広い意味での行列）で表されます．ある観測可能量に対して，測定値が決まっている状態はその観測可能量の**固有状態**と呼ばれます．上の例で「箱 α, β のどちらに粒子があるかを示す観測可能量」があったとすると，$|\alpha\rangle$ と $|\beta\rangle$ はその固有状態です．一方 $|\psi\rangle$ はその観測可能量の固有状態ではありません．このように異なる物理状態が同時に存在しうることが量子力学の大きな特徴の 1 つです.

> **例題**　(1.2) の議論に基づくと，ボールが箱 α に入っている割合が 20%，箱 β に入っている割合が 80%，という状態はどのように表されるでしょうか.

　解　以下のように表されます.

$$|\psi\rangle = \sqrt{0.2}\,|\alpha\rangle + \sqrt{0.8}\,|\beta\rangle$$

一般には，これらの係数は複素数値をとり，$e^{i\theta}$ のような絶対値 1 の因子の分だけ任意性があります.　□

■ 1.3　測定による重ね合わせ状態の変化 ■

　前節では，物理状態は一般に，ある物理量の値が決まっている状態（固有状態）の重ね合わせであることを見ました．では，実際にその状態について物理量を測定するとどうなるのでしょうか．図 1.2 に示すように，測定というプロセスによって，固有状態のいずれかが選ばれ，したがってその固有状態が持つ物理量の値が測定されることになります．前節の (1.1) の例に戻って考えてみると，箱 α, β のどちらに粒子があるかを示す物理量を測定することで

$$|\psi\rangle = \frac{1}{\sqrt{2}}\,|\alpha\rangle + \frac{1}{\sqrt{2}}\,|\beta\rangle \quad\xrightarrow{\text{測定}}\quad |\alpha\rangle \quad (\text{確率 } 50\%) \tag{1.3}$$

$$|\psi\rangle = \frac{1}{\sqrt{2}}\,|\alpha\rangle + \frac{1}{\sqrt{2}}\,|\beta\rangle \quad\xrightarrow{\text{測定}}\quad |\beta\rangle \quad (\text{確率 } 50\%) \tag{1.4}$$

となります．そして $|\alpha\rangle$, $|\beta\rangle$ のどちらになるかは，確率的にしか定まっておらず，それぞれの固有状態の係数の絶対値の二乗がその確率になります（**確率解釈**）．今の場合だと，それぞれの係数は $1/\sqrt{2}$ ですので，ちょうど半々の確率で一方が選ばれます．つまり，同じ物理状態 $|\psi\rangle$ にある粒子を無数に用意して 1 つずつ測定していくと，半分が $|\alpha\rangle$，半分が $|\beta\rangle$ になる，ということです．ちな

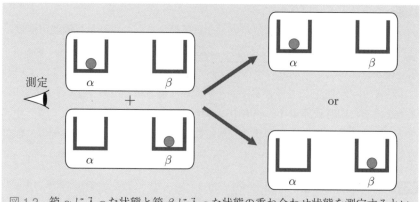

図 1.2　箱 α に入った状態と箱 β に入った状態の重ね合わせ状態を測定するといずれかの状態が選ばれる．どちらが選ばれるかは確率的にしか決まらない．

みに，測定していずれかの固有状態が選ばれた後は，同じ物理量を何度測定しても同じ固有状態のままになります．つまり以下のように表されます．

$$|\alpha\rangle \quad \xrightarrow{\text{測定}} \quad |\alpha\rangle \quad （確率 100\%）\tag{1.5}$$

このように，量子力学は「測定（観測）」というプロセスと不可分な体系になっています．「測定による状態の変化」という理解は，量子力学が体系化されて以来 100 年近くの間，一度たりとも実験結果と矛盾を起こしていません．

■ 1.4　量子もつれ状態の存在と非局所性 ■

ここでは粒子を 2 つ用意し，それぞれを粒子 1，粒子 2 と呼びましょう．箱 α，β も粒子ごとに 2 つずつ用意することにしましょう．ここで，物理状態が図 1.3 で表されるような重ね合わせ状態である場合を考えます．つまり，

「粒子 1 は α に入っており，粒子 2 は β に入っている状態」

「粒子 1 は β に入っており，粒子 2 は α に入っている状態」

が同じ割合で重ね合わされた状態です．前節までで用いた表式を用いると，

$$|\psi\rangle = \frac{1}{\sqrt{2}}\left(|\alpha\rangle_1 |\beta\rangle_2 + |\beta\rangle_1 |\alpha\rangle_2\right)\tag{1.6}$$

ということになります．ここで，$|\alpha\rangle_1 |\beta\rangle_2$ は粒子 1 が箱 α に入っており粒子 2 が箱 β に入っている状態を表します．ここで，粒子 1, 2 が十分離れたところ，

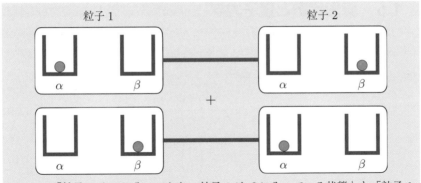

図 1.3 「粒子 1 は α に入っており，粒子 2 は β に入っている状態」と「粒子 1 は β に入っており，粒子 2 は α に入っている状態」が同じ割合で重ね合わされた状態．量子もつれ状態の一例になっている．

例えば北極と南極にいるとします．まず，粒子 1 についての測定を行い，その結果，箱 α に入っていることがわかったとしましょう．この瞬間に状態は

$$|\alpha\rangle_1 |\beta\rangle_2 \tag{1.7}$$

になりますので，自動的に遠く離れた粒子 2 が箱 β に入っていることが確定します．大事なことは，粒子 1 が観測されるまでは粒子 2 が入っている箱は確定していないにもかかわらず，粒子 1 が観測された途端それが確定してしまうことです．逆に粒子 1 を測定して箱 β に入っていることがわかったとすると，この瞬間に状態は

$$|\beta\rangle_1 |\alpha\rangle_2 \tag{1.8}$$

になりますので，自動的に遠く離れた粒子 2 が入っている箱は α であることが確定します．

　このように観測という行為が遠く離れた場所に影響を与えることは，**量子状態の非局所性**と呼ばれ，量子論の最も不可思議な特徴であるとともに，量子情報科学における鍵となる性質でもあります．このように 2 つの粒子の状態がからみあう，もしくはもつれあっている量子状態は**量子もつれ状態**もしくは**量子エンタングル状態**と呼ばれます．元々はアインシュタインをはじめとする物理学者が量子論の不完全さを示そうとして考案した状態でしたが，今では量子論の特徴を最も端的に表す状態として知られています．

■ 1.5　線形代数と量子力学

　本章では，ボールが 2 つの箱のどちらに入っているかという問題を量子力学的に理解しようと試みました．そこで用いた $|\alpha\rangle , |\beta\rangle$ という状態の記号はベクトルとして以下のように表すことができます．

$$|\alpha\rangle \doteq \begin{pmatrix} 1 \\ 0 \end{pmatrix} \tag{1.9}$$

$$|\beta\rangle \doteq \begin{pmatrix} 0 \\ 1 \end{pmatrix} \tag{1.10}$$

等号を $\doteq$ のように表した理由は第 3 章で説明しますが，ここでは単に普通の等号だと思ってください．この 2 つの状態を重ね合わせた状態は，例えば

$$|\psi\rangle = \frac{1}{\sqrt{2}}\left(|\alpha\rangle + |\beta\rangle\right) \doteq \frac{1}{\sqrt{2}}\begin{pmatrix} 1 \\ 1 \end{pmatrix} \tag{1.11}$$

のように表されます．

　一方，物理量（観測可能量）は行列で表されます．ここでは，以下のように表される観測可能量 A があるとします．

$$A \doteq \begin{pmatrix} 1 & 0 \\ 0 & -1 \end{pmatrix} \tag{1.12}$$

私たちが実際に測定する量はこの行列の固有値と呼ばれるものになります．これは行列 A を固有状態 $|\alpha\rangle$ や $|\beta\rangle$ に作用させることで得られます．つまり

$$A|\alpha\rangle = \begin{pmatrix} 1 & 0 \\ 0 & -1 \end{pmatrix}\begin{pmatrix} 1 \\ 0 \end{pmatrix} = +1\begin{pmatrix} 1 \\ 0 \end{pmatrix} = +1|\alpha\rangle \tag{1.13}$$

$$A|\beta\rangle = \begin{pmatrix} 1 & 0 \\ 0 & -1 \end{pmatrix}\begin{pmatrix} 0 \\ 1 \end{pmatrix} = -1\begin{pmatrix} 0 \\ 1 \end{pmatrix} = -1|\beta\rangle \tag{1.14}$$

のように A を作用させたとき，$|\alpha\rangle$ と $|\beta\rangle$ の前に現れた $+1$ と -1 が固有値と呼ばれ，実際に測定される値になります．今の問題では，A の測定値 ± 1 を見ることでボールが入っている箱がわかります．

　ところが，量子力学では $|\psi\rangle$ のように重ね合わせの状態が存在します．この

ような状態については固有状態の係数の絶対値の二乗が測定確率になりますので，今の例だと A を測定して ± 1 が得られる確率はそれぞれ $1/2$ になります．この場合，測定値は確定していないので，**期待値**と呼ばれる量がこの状態について物理的に意味のある量になります．期待値は，全く同じ状態を無数に用意して A を測定した際の平均値に対応します．期待値は $\langle A \rangle$ のように表記され，以下のように「測定される確率 × 測定値（固有値）の和」として求められます．

$$\langle A \rangle = \frac{1}{2} \times (+1) + \frac{1}{2} \times (-1) = 0 \tag{1.15}$$

この場合，50%の確率で $+1$，50%の確率で -1 が観測されるため，期待値は 0 になります．一方，状態が固有状態である場合にも，測定値を期待値で表すことができます．仮に，系が $|\alpha\rangle$ の状態にあれば，A を測定すると必ず $+1$ が観測されるため

$$\langle A \rangle = 1 \times (+1) = +1 \tag{1.16}$$

となります．100%の確率で $+1$ が得られることから「期待値 = 測定値（固有値）」となります．このように，量子力学では

> 物理状態：ベクトル（関数）
>
> 観測可能量：行列（演算子）
>
> 物理的に意味のある量：期待値

で表されます．今のように，ベクトル空間が有限の場合には行列とベクトルを使って議論することができるのですが，変数が位置や運動量などのように連続固有値をとる場合には，ベクトルの拡張として関数を，行列の拡張として微分演算子を使うことになります．第 3 章以降で重要になる線形代数の復習については付録 A.1 節を参照してください．

例題 α に入っている割合が 20%，β に入っている割合が 80%，というような状態を，ベクトルの成分表示で表してください．

解

$$|\psi\rangle = \sqrt{0.2}\,|\alpha\rangle + \sqrt{0.8}\,|\beta\rangle \doteqdot \begin{pmatrix} \sqrt{0.2} \\ \sqrt{0.8} \end{pmatrix}$$

と書ける． □

■ 1.6　次章に向けて

　本章では，量子論の特徴をできるだけ端的に紹介しました．おそらく，初学者の皆さんはこれらの特徴を知って目を白黒させていることでしょう．しかし，量子力学を学ぶ上で最も重要な要素は驚きです．次章では量子論が引き起こす自然現象に目を向けてみましょう．本章と次章を合わせて読むことで，「量子論とは何か？」を簡潔に説明できるようになることでしょう．

　最後に，本書における専門用語の使い方を決めておきます．本書では，物理状態を表すものを**状態**もしくは**状態ベクトル**と呼びます．また，位置，運動量，角運動量などを**物理量**もしくは**観測可能量**と呼びます．物理量の値が決まった状態は**固有状態（固有ベクトル）**もしくは**固有ケット**と呼びます．物理量という言葉については，文献によっては期待値（固有値）を**量子力学的な物理量**と呼ぶこともあるので混同しないように注意が必要です．ただし，本書の範囲内では上記の取り決め通りに読めば理解できるようにします．

■■■■■■■■■■■■■第 1 章　演習問題■■■■■■■■■■■■■

■ **1**　以下の 2 つの固有状態（固有ベクトル）を考えます．

$$|\gamma\rangle \doteq \frac{1}{\sqrt{2}}\begin{pmatrix} 1 \\ 1 \end{pmatrix}, \qquad |\lambda\rangle \doteq \frac{1}{\sqrt{2}}\begin{pmatrix} 1 \\ -1 \end{pmatrix}$$

(1)　$(|\gamma\rangle + |\lambda\rangle)/\sqrt{2}$ をベクトルの成分表示で表してください．

(2)　$|\gamma\rangle, |\lambda\rangle$ が以下の演算子の固有ベクトルであることを示してください．

$$B \doteq \begin{pmatrix} 0 & 1 \\ 1 & 0 \end{pmatrix} \tag{1.17}$$

(3)　$|\gamma\rangle, |\lambda\rangle$ に B を作用させることで固有値を求めてください．

■ **2**　(1.12) の演算子 A と (1.17) の演算子 B について，$[A, B] \equiv AB - BA$ を求めてください．この記号 $[\,,\,]$ は**交換関係**と呼ばれ，次章以降で詳しく議論されます．

■ **3**　A の固有状態 $|\alpha\rangle, |\beta\rangle$ を，B の固有状態 $|\gamma\rangle, |\lambda\rangle$ を用いて表してください．続いて $|\alpha\rangle, |\beta\rangle$ が B の固有状態ではないこと，$|\gamma\rangle, |\lambda\rangle$ が A の固有状態ではないこと，を示してください．

ここで得られる結果は「2 つの観測可能量 A, B が交換しない場合，A（B）の固有状態は B（A）の固有状態の重ね合わせになるためそれらの値は同時に確定できない」という**不確定性関係**を端的に示しています．

第2章
量子力学が関わる現象

この章では量子力学が関わるさまざまな現象を粒子と波の二重性とド・ブロイ関係式のみを用いて説明します. 粒子と波の二重性を受け入れることで, 不確定性関係や量子トンネル効果といった量子現象が理解できます.

■ 2.1 粒子と波の二重性

この節では, 量子力学における"現象論的な原理"である**粒子と波の二重性とド・ブロイ関係式**について紹介します. 粒子と波の二重性とは

運動量 p を持つ粒子は, 波長 $\lambda = \dfrac{h}{p}$ を持つ波でもある

という事実を指します (図 2.1). このとき粒子性と波動性を結びつける関係式 $\lambda = h/p$ はド・ブロイ関係式と呼ばれます. ここで現れた h はプランク定数と呼ばれ, $h \approx 6.63 \times 10^{-34}$ J·s という非常に小さい値を持つ物理定数です. プランク定数を 2π で割った定数 $\hbar \equiv h/(2\pi)$ を $\hbar$ (エイチバー) と呼び, 今後は頻繁に用います.

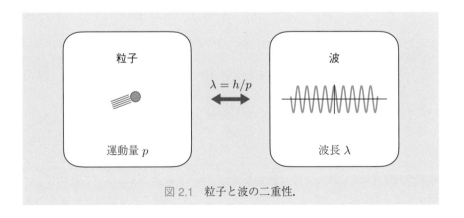

図 2.1 粒子と波の二重性.

　粒子と波の二重性とド・ブロイ関係式だけから，さまざまな量子現象を説明することが可能です．二重性は位置演算子と運動量演算子の交換関係から導出されるものであり，まずこの点について次節で解説を行います．ただし，この部分は次章以降の議論を一部先取りした内容になるので，理論的詳細よりもまずは量子現象について知りたい方は次節を飛ばして読み進めてください．

■ 2.2　二重性とド・ブロイ関係式の詳細

　第 1 章で見たように，量子論において観測可能量は行列（演算子）で表され，物理状態は状態ベクトルで表されます．2 つの観測可能量の掛け算，つまり 2 つの異なる行列の掛け算を考えたとき，順序が違えば一般に結果は違います．したがって

$$[A,\, B] \equiv AB - BA \neq \mathbf{0} \tag{2.1}$$

のように掛け算の順序を入れ替えて引き算したものは一般にゼロになりません．このように A と B が交換しない場合，A と B の測定値が同時に確定している状態が存在しないことが示せます．つまり，A（B）の固有状態は必ず B（A）の固有状態の非自明な重ね合わせで表されます．第 1 章の演習問題 3 では，簡単な例でこの事実を示しました．

　例えば，A の固有値が a_i の固有状態を $|a_i\rangle$，B の固有値が b_i の固有状態を $|b_i\rangle$ とします．ただし，添字 $i = 1, 2, 3, 4, \ldots$ はどの固有値かを表すラベルです．つまり

$$A\,|a_i\rangle = a_i\,|a_i\rangle, \qquad B\,|b_i\rangle = b_i\,|b_i\rangle \tag{2.2}$$

を満たします．このとき，例えば，$|a_1\rangle$ という固有状態は

$$|a_1\rangle = c_1\,|b_1\rangle + c_2\,|b_2\rangle + \cdots = \sum_i c_i\,|b_i\rangle \tag{2.3}$$

のように表され，同様に $|b_1\rangle$ という状態は

$$|b_1\rangle = c_1'\,|a_1\rangle + c_2'\,|a_2\rangle + \cdots = \sum_i c_i'\,|a_i\rangle \tag{2.4}$$

と表されます．ここで c_i, c_i' は適切な係数であり，複数の i についてゼロでない値を必ずとります．このように交換しない 2 つの観測可能量は同時に確定でき

ないのです（不確定性関係）．それぞれの固有状態でない一般の状態は，A, B どちらを考えても固有状態の重ね合わせで表されるため，A, B とも "ある程度" 不確定な状態となります．

さて，物体の位置に対応する位置演算子 X と運動量に対応する運動量演算子 P は

$$[X, P] \equiv XP - PX = i\hbar \tag{2.5}$$

という関係を持ちます．純虚数 i が現れたことに驚く人もいるかもしれませんが，ここではあまり重要ではないのでひとまず先に進みましょう．ちなみにこの式の右辺で，$i\hbar$ の横には単位行列 **1** が省略されています．この交換関係の帰結として，運動量が確定している運動量固有状態 $|p\rangle$ は位置が確定している位置固有状態 $|x\rangle$ の重ね合わせとして書かれることになります．具体的には以下のように表されます．

$$|p\rangle = \frac{1}{2\pi\hbar} \int_{-\infty}^{\infty} dx \, \exp\left(\frac{ipx}{\hbar}\right) |x\rangle \tag{2.6}$$

これは (2.4) の具体例ですが，位置や運動量が連続的な値をとるため，和ではなく積分になっています．ここで，$|x\rangle$ の係数は $\exp\left(\frac{ipx}{\hbar}\right) = \cos\frac{px}{\hbar} + i\sin\frac{px}{\hbar}$ となっています．ここから，運動量固有状態 $|p\rangle$ は，正弦波を係数として位置固有状態 $|x\rangle$ をすべて重ね合わせたものであることがわかります．

ここで (2.6) を考察すると，$|p\rangle$ に含まれる $|x\rangle$ の割合，つまり x に粒子が存在する "割合" が $e^{\frac{ipx}{\hbar}}$ になっています．したがって，この割合（**確率振幅**と呼ばれる）は x を変えると波のように変化していきます．結論として「$|x\rangle$ という固有ベクトルを基底にとった場合，運動量固有状態 $|p\rangle$ は $e^{\frac{ipx}{\hbar}}$ という振幅を持つ "波" とみなせる」と解釈できます．そして，その波の波長は

$$\lambda = \frac{2\pi\hbar}{p} = \frac{h}{p} \tag{2.7}$$

となります．これこそが**ド・ブロイ関係式**です．ちなみに，ここで出てきた $|x\rangle$ の係数 $e^{\frac{ipx}{\hbar}}$ は**波動関数**と呼ばれる量の一例です．

ここで興味深いのは，運動量 p を持つ粒子だと思っていたものが波長 $\lambda = h/p$ を持つ波として記述されていることです．標語的に言えば，運動量 p を持つ粒子は波長 $\lambda = h/p$ を持つ波でもある，ということです．これこそが**粒子と波の二重性**です．

ここまでの議論を振り返ると，

- 位置演算子と運動量演算子は交換しない：$[X, P] = XP - PX = i\hbar$.
- その結果，運動量固有状態 $|p\rangle$ は $e^{\frac{ipx}{\hbar}}$ を係数とする $|x\rangle$ の重ね合わせで表される.
- したがって，運動量固有状態は $e^{\frac{ipx}{\hbar}}$ という振幅で表される "波" とみなすことが可能で，その波長は $\lambda = h/p$ となる.

とまとめられます．特に，電子や原子など粒子とみなされているものを波として捉える場合は，その波を**物質波**と呼びます．

■ 2.3　不確定性関係

2.3.1　不確定性の現象論的理解

位置と運動量の不確定性関係は交換関係 $[X, P] = i\hbar$ から直接導出できます．一方で，現象論的性質である粒子と波の二重性から，シンプルな議論を通して理解することもできます．

まずは図 2.2 左のように，波長 λ が定まった波，つまり正弦波を考えます．

・波長 λ が確定した波
　→ 運動量 $p = h/\lambda$ が確定

・全波長 λ の重ね合わせの波
　→ 位置 x が確定

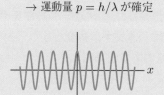

| 全位置 x の固有状態の和 **位置 x は完全に不確定** | 全波長（全運動量）の固有状態の和 **運動量 p は完全に不確定** |

$$\Delta x \cdot \Delta p \geq \frac{\hbar}{2}$$

図 2.2　ド・ブロイ関係式と不確定性関係．左図：波長（運動量）が確定した状態．位置が完全に不確定．右図：位置が確定した状態．波長（運動量）が完全に不確定．

この波はド・ブロイ関係式 $p = h/\lambda$ により運動量が確定している粒子ともみなせます。ところが，正弦波はマイナス無限大からプラス無限大まで均等に広がっていますので，この粒子の位置は完全に不確定になっています。したがって，以下のことがわかります。

粒子の運動量が確定すると，その位置は完全に不確定になる。

一方，図2.3に示したように，さまざまな波長を持つ波を重ね合わせると，原点付近にのみピークが立ち，それ以外の点の振幅は徐々に打ち消されていきます。そして図2.2右に示したように，あらゆる波長の波を等しい振幅で重ね合わせると，原点のみに無限大のピークができて，それ以外は振幅がゼロになります。このような波は原点に局在していますので，粒子として解釈すると位置が確定した粒子と言えます。一方ド・ブロイ関係式 $p = h/\lambda$ を思い出すと，あらゆる波長の波が等しい振幅で重ね合わさった波は，あらゆる運動量の状態が等しい割合で重ね合わさった粒子ともみなせます。つまり，この粒子の運動量は完全に不確定になっています。したがって，以下のことがわかります。

粒子の位置が確定すると，その運動量は完全に不確定になる。

図2.3においては，等しい振幅で足し合わせる波長の範囲（正確には運動量 $p = h/\lambda$ の範囲）を変えていくと徐々に波が局在していき，位置は確定してい

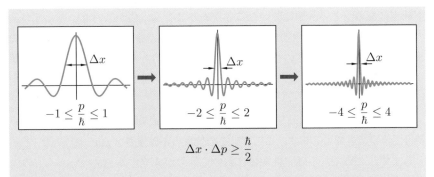

$$\Delta x \cdot \Delta p \geq \frac{\hbar}{2}$$

図2.3 波が等しい振幅で重ね合わされて局在していく様子。左の状況から右に向かうにつれ，位置は確定していくが運動量（波長）が不確定になっていく。

きますが波長（運動量）は徐々に不確定になっていく様子が描かれています．つまり，中間的な状況では，位置も運動量も "ある程度" 不確定になっているのです．

　これらの性質は**不確定性関係**と呼ばれ，以下のようにまとめられます．位置の不確定さを Δx，運動量の不確定さを Δp と表しましょう．位置が完全に定まった状態では $\Delta x \sim 0$ と表され，位置が完全に不確定な状態に関しては $\Delta x \sim \infty$ と表されます．これらを用いて表すと不確定性関係は以下のように表されます．

$$\Delta x \cdot \Delta p \geq \frac{\hbar}{2} \tag{2.8}$$

この等号付き不等号は，どのような状態を考えるかによって Δx と Δp の積の値が異なることを意味していますが，ひとまず等号が成り立つと考えて議論を進めるとこの関係の意味が理解しやすくなります．まず，$\Delta x \sim 0$ で粒子の位置が定まっている状態については，$\Delta p \sim \infty$ となり運動量が完全に不確定になります．また，$\Delta p \sim 0$ で粒子の運動量が定まっている状態については，$\Delta x \sim \infty$ となり位置が完全に不確定になります．そして，$\Delta x \approx \Delta p \approx \sqrt{\frac{\hbar}{2}}$ という，両方がある程度不確定になる状況もあり得ます．第 3 章ではこの関係 (2.8) を交換関係 $[X, P] = i\hbar$ から直接導出します．

2.3.2　異なるスケールでの不確定性関係

　さて日常生活において，位置が確定すると運動量（あるいは速度）が完全に不確定になる，という話は聞いたことがありません．何か思い違いをしているのでしょうか？ 自然現象というのは，必ず定量的に調べる必要があります．つまりどれくらいの大きさの量が関わる現象かを調べて初めて事象を正しく理解することができます．ここでは日常生活レベルと原子レベルの場合で，不確定性を見積もってみます．

　まずは，以下のような設定を考えます．$m = 1\,\mathrm{kg}$ の物体の位置を非常に高い精度で決定できたとします．ここではその位置の不確定さを $\Delta x = 1 \times 10^{-10}\,\mathrm{m}$ とします．ここで，不確定性関係において等号が成立する $\Delta x \cdot \Delta p = \frac{\hbar}{2}$ の場合を考えると

$$\Delta p = \frac{\hbar}{2\Delta x} \approx 5 \times 10^{-25}\,\mathrm{kg} \cdot \mathrm{m/s} \tag{2.9}$$

という運動量の不確定さが得られます．質量 $m = 1\,\mathrm{kg}$ で両辺を割って速度の不確定さに直すと

$$\Delta v = \frac{\Delta p}{m} \approx 5 \times 10^{-25}\,\mathrm{m/s} \tag{2.10}$$

となります．この速度の不確定さは，どれほど頑張っても計測することが困難なほど小さく，実際には不確定性を感じることはできません．このように不確定性を日常生活のスケールで見ることは不可能であり，その理由はプランク定数 $h \approx 6.63 \times 10^{-34}\,\mathrm{J \cdot s}$ が非常に小さいことに起因します．量子力学の性質は一般に，小さなスケールでしか見ることができず，日常生活レベルやマクロな現象では近似的に古典力学が成り立つことになります．つまり，量子力学はどのスケールでも正しいが，その特徴的性質が見られるのはミクロのスケールだけなのです．

次に，原子の大きさ程度の範囲に閉じ込められた電子の速度が持つ不確定性を見てみましょう．原子の大きさは $1 \times 10^{-10}\,\mathrm{m}$ 程度ですので，電子の位置の不確定さも $\Delta x = 1 \times 10^{-10}\,\mathrm{m}$ だとします．電子の質量は概ね $1 \times 10^{-30}\,\mathrm{kg}$ です．まず，運動量の不確定さは

$$\Delta p = \frac{\hbar}{2\Delta x} \approx 5 \times 10^{-25}\,\mathrm{kg \cdot m/s} \tag{2.11}$$

となり，先ほどの例と変わりません．ところが電子の質量 $1 \times 10^{-30}\,\mathrm{kg}$ で上式の両辺を割ると，速度の不確定性は

$$\Delta v = \frac{\Delta p}{m} \approx 5 \times 10^{5}\,\mathrm{m/s} \tag{2.12}$$

となります．これは，非常に大きい不確定性であり，電子の状態は「速さがゼロの状態」から「速さが $10^5\,\mathrm{m/s}$ 程度の状態」まで重ね合わされたものであることがわかります．ミクロな世界では，不確定性は物理現象を捉える上で無視できない非常に重要な性質になるのです．

ここで，我々が使ったのは粒子と波の二重性とド・ブロイ関係式 $\lambda = h/p$ だけです．このように原理や法則からすべての現象が説明できることが物理学の魅力の 1 つです．

例題 質量 $m = 1 \times 10^{-30}$ kg の物体の位置の不確定さが $\Delta x = 1 \times 10^{-5}$ m だとすると，速度の不確定性 Δv はどの程度になるか答えてください．

解 以下のように計算されます．

$$\Delta p = \frac{\hbar}{2\Delta x} \approx 5 \times 10^{-30} \, \text{kg} \cdot \text{m/s}$$

$$\Delta v = \frac{\Delta p}{m} \approx 5 \, \text{m/s} \qquad \square$$

■ 2.4 運動量とエネルギーの離散性

2.4.1 物理量の離散化

次に，粒子と波の二重性とド・ブロイ関係式 $\lambda = h/p$ に基づいて，さまざまな物理量が離散化（量子化）される事実を見てみましょう．**物理量の量子化**も量子論の興味深い性質の 1 つです．

図 2.4 のように，大きさが L [m] の 1 次元の箱に物体を閉じ込めたとします．二重性によりこの物体は波としての性質も持ちます．特にここでは図 2.5 に示すように，箱の両端で波の振幅がゼロになる固定端境界条件を課します．このとき，この箱の中にできる波は**定在波**であり，図に示すように 1 回振動，2 回振動，3 回振動，のように振動の回数に応じて波長が決まります．例えば，

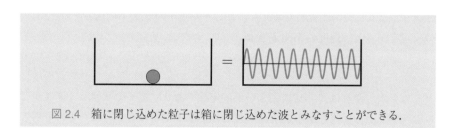

図 2.4 箱に閉じ込めた粒子は箱に閉じ込めた波とみなすことができる．

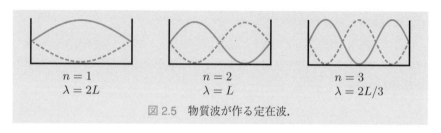

$n = 1$
$\lambda = 2L$

$n = 2$
$\lambda = L$

$n = 3$
$\lambda = 2L/3$

図 2.5 物質波が作る定在波．

> 1回振動の定在波の波長は箱の大きさの2倍：$\lambda = 2L$
> 2回振動の定在波の波長は箱の大きさの1倍：$\lambda = L$
> 3回振動の定在波の波長は箱の大きさの $\frac{2}{3}$ 倍：$\lambda = \frac{2}{3}L$

などとなります.

　一般に, n 回振動の波長は

$$\lambda_n = \frac{2L}{n} \tag{2.13}$$

となります. 添字の n は, n 回振動の波長であることを明示しています.

　ここで, 物体が粒子とみなせることを思い出しましょう. ド・ブロイ関係式 $p = h/\lambda$ より, n 回振動の場合の粒子の運動量は

$$p_n = \frac{h}{\lambda_n} = \frac{nh}{2L} \tag{2.14}$$

となります. 制限された空間では $\frac{h}{2L}$ を1単位として運動量の離散化（量子化）が起きていることがわかります. 運動エネルギーは $E = \frac{p^2}{2m}$ と表されますので, この物体のエネルギーは

$$E_n = \frac{p_n^2}{2m} = \frac{h^2 n^2}{8mL^2} \tag{2.15}$$

で与えられます. $\frac{h^2}{8mL^2}$ を1単位としてエネルギーの離散化（量子化）が起きています（図2.6参照）. このような離散化されたエネルギーの値とそれに対応

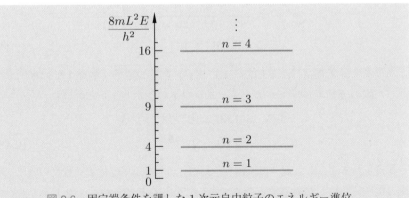

図2.6　固定端条件を課した1次元自由粒子のエネルギー準位.

するエネルギー固有状態は**エネルギー準位**と呼ばれます．実際の原子ではクーロンポテンシャルによって電子が束縛されているのですが，有限な範囲に閉じ込められた物体のエネルギーが離散化される，という事実自体はここでの議論から理解できます．

2.4.2　定量的な議論

さて，日常生活で物理量の離散化を感じることはありません．その理由を探るため，日常レベルと原子レベルでエネルギーの離散性を定量的に見てみましょう．

まず，日常レベルを考えるために，$m = 1\,\mathrm{kg}$ のものを $1\,\mathrm{m}$ の箱に閉じ込めた場合を考えます．このときエネルギー準位の離散化の単位を表す $\frac{h^2}{8mL^2}$ は

$$\frac{h^2}{8mL^2} \approx \frac{(6.63 \times 10^{-34}\,\mathrm{J \cdot s})^2}{8 \times 1\,\mathrm{kg} \times (1\,\mathrm{m})^2}$$

$$\approx 5 \times 10^{-68}\,\mathrm{J} \tag{2.16}$$

となります．$1\,\mathrm{J}$ というのは概ね $1\,\mathrm{kg}$ のものを $0.1\,\mathrm{m}$ だけ持ち上げるのに必要なエネルギーですから，$10^{-68}\,\mathrm{J}$ というのはあまりにも小さく計測不可能です．したがって，日常生活のレベルではエネルギーのような物理量の離散化に気付くことは不可能ということになります．

一方，原子レベルではどうでしょうか？ 電子（$m = 1 \times 10^{-30}\,\mathrm{kg}$）を原子の大きさ $1 \times 10^{-10}\,\mathrm{m}$ に閉じ込めたとします．このときエネルギー準位の離散化単位 $\frac{h^2}{8mL^2}$ は

$$\frac{h^2}{8mL^2} \approx \frac{(6.63 \times 10^{-34}\,\mathrm{J \cdot s})^2}{8 \times 10^{-30}\,\mathrm{kg} \times (10^{-10}\,\mathrm{m})^2}$$

$$\approx 5 \times 10^{-18}\,\mathrm{J} \tag{2.17}$$

となります．素電荷（$e = 1.60 \times 10^{-19}\,\mathrm{C}$）を持つ電子 1 個を $1\,\mathrm{V}$ の電圧で加速した際の運動エネルギーは $1\,\mathrm{eV}$（**エレクトロンボルト**）と呼ばれ，

$$1\,\mathrm{eV} \approx 1.60 \times 10^{-19}\,\mathrm{C} \times 1\,\mathrm{V}$$

$$= 1.60 \times 10^{-19}\,\mathrm{J} \tag{2.18}$$

と変換されます．したがって，$10^{-19}\,\mathrm{J}$ というエネルギーは $1\,\mathrm{V}$ 程度の電圧（電池の電圧くらい）に対応するため，決して小さくありません．(2.17) で求めた $5 \times 10^{-18}\,\mathrm{J}$ は数十ボルトの電圧に対応しており，非常に大きな離散性を持つ

ことがわかります．ミクロな世界ではエネルギーのような物理量の離散性は全く無視できないのです．電子や光が関わる自然現象の多くは原子や分子のエネルギー準位に起因しており，結果として自然現象のエネルギースケールが量子力学から強い制限を受けることになります．

例題 質量 $m = 1 \times 10^{-20}\,\text{kg}$ の物体を $L = 1 \times 10^{-5}\,\text{m}$ の範囲に閉じ込めたとすると，エネルギー準位のひと幅 $\frac{h^2}{8mL^2}$ はいくらになるか答えてください．

解 以下のように計算されます．

$$\frac{h^2}{8mL^2} \approx \frac{(6.63 \times 10^{-34}\,\text{J} \cdot \text{s})^2}{8 \times 10^{-20}\,\text{kg} \times (10^{-5}\text{m})^2}$$
$$\approx 5 \times 10^{-38}\,\text{J} \qquad\qquad \square$$

■ 2.5 原子のエネルギーと自然現象への制限 ■

　原子のスケールに閉じ込められた電子のエネルギーを前節で見積もりましたが，実際の原子では図 2.7 のように負の電荷を持つ電子と正の電荷を持つ陽子がクーロン相互作用をしていますので，それを考慮して原子のエネルギー準位を導出する必要があります．ここでは，不確定性関係のみを用いて，水素原子のエネルギー準位のうち最も低いエネルギー（**基底状態エネルギー**）を見積もってみます．電子は束縛されており，束縛から脱して自由になるためにはむしろエネルギーが必要になるため，基底状態エネルギーは負の値をとることに注意しましょう．体系的な水素原子のエネルギー準位の導出は第 12 章で行います．

　古典物理学的には水素原子のエネルギーは運動エネルギーとクーロンエネルギーの和になりますので

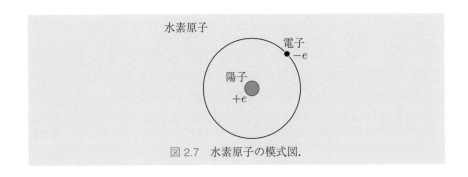

図 2.7 水素原子の模式図．

$$E = \frac{p^2}{2m_{\mathrm{e}}} - \frac{e^2}{4\pi\varepsilon_0 r} \tag{2.19}$$

と表されます．質量 m_{e} は正確には換算質量ですが，原子核（陽子）の質量が非常に重いため電子の質量を考えても大まかな議論には影響しません．e は素電荷，$\varepsilon_0 \approx 8.85 \times 10^{-12}\,\mathrm{F/m}$ は真空の誘電率（電気定数），p は電子の運動量，r は原子核から電子までの相対距離を表します．古典物理学の範囲では，$p = 0$，$r = 0$ という状況で $E = -\infty$ になり，エネルギーが最も小さくなります．ところが，これでは原子は潰れてしまい，実際の原子の大きさと矛盾してしまいます．20 世紀初頭にもこのような矛盾が知られており，量子論提唱の端緒となりました．

　それでは量子力学的に水素原子を扱うにはどう考えるべきなのでしょうか．実は量子力学では不確定性関係のため p と r の両方が同時にゼロになるということは許されません．驚くべきことに，この不確定性関係の帰結として原子が安定に存在することができるようになるのです．ここで不確定性関係を用いて基底状態エネルギーを求めましょう．p と r の不確定性 Δp, Δr のみが物理量に寄与することから，Δp, Δr を用いてエネルギーを書き直します．

$$E = \frac{(\Delta p)^2}{2m_{\mathrm{e}}} - \frac{e^2}{4\pi\varepsilon_0 \Delta r} \tag{2.20}$$

次に，3 次元における r と p の不確定性関係

$$\Delta r \cdot \Delta p \geq \hbar \tag{2.21}$$

を考えます．これをエネルギーの表式に代入すると

$$E \geq \frac{\hbar^2}{2m_{\mathrm{e}}(\Delta r)^2} - \frac{e^2}{4\pi\varepsilon_0 \Delta r} \tag{2.22}$$

となります．この式の右辺は Δr だけの関数であり，$0 < \Delta r < \infty$ の範囲で最小値を持ち，この値が基底状態エネルギーだと解釈できます．右辺を Δr で微分して最小値 E_0 とそのときの Δr の値（Δr_0）を求めると

$$E_0 = -\frac{m_{\mathrm{e}}e^4}{8\varepsilon_0^2 h^2} \approx -13.6\,\mathrm{eV} \tag{2.23}$$

$$\Delta r_0 = \frac{\varepsilon_0 h^2}{\pi m_e e^2} \approx 5.29 \times 10^{-11} \text{ m} \tag{2.24}$$

となります（図 2.8 参照）．ここで得られた E_0 は実際の水素原子の基底状態エネルギーに一致しており，**リュードベリエネルギー**と呼ばれます．また Δr_0 は**ボーア半径**と呼ばれ，水素原子の大まかな大きさを与えています．一般の水素原子のエネルギー準位は自然数 n を用いて

$$E_n = -\frac{m_e e^4}{8\varepsilon_0^2 h^2 n^2} \approx -\frac{13.6}{n^2} \text{ eV} \tag{2.25}$$

で与えられます．このように，不確定性関係の帰結として原子が安定に存在すること，そして水素原子の基底状態エネルギーが不確定性関係から見積もられることが確認できました．第 12 章で詳しく見るように，ここでの議論は正確には p^2 と $1/r$ の期待値を用いた計算に対応しています．

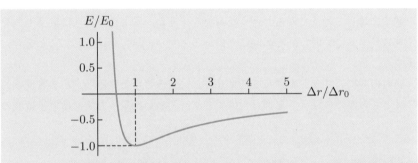

図 2.8　(2.22) で等号が成立する場合に $\Delta r/\Delta r_0$ の関数として E/E_0 を描いた様子．$E = E_0$，$\Delta r = \Delta r_0$ が極小点になる．

実は，不確定性関係のみから定まる -13.6 eV というエネルギーが自然現象に強い制限を与えています．すぐにわかることは，1 つの原子のエネルギー遷移で取り出せるエネルギーは最大でも 10 eV 程度であるということであり，原子もしくは分子が関わる現象は電圧に直すと高々 10 V 以下に制限されるということです．生命現象や電池などの装置は化学反応により原子や分子のエネルギー準位差からエネルギーを取り出しているため，必ずそのエネルギーは数 eV に制限されるのです．例えば，動物が知覚できる可視光の波長は 400–800 nm 程度ですが，これを光子のエネルギーに変換すると 1.5–3.1 eV のエネルギーに

相当します．これは，眼の網膜を構成する分子のエネルギー準位差が数 eV に制限されていることに起因しています．したがって，原子から構成される物質を利用する限り X 線や γ 線を眼で"見る"ことはできないのです．このように，量子力学的現象は身の回りに溢れています．

例題　電池の電圧が高々数 V である理由を説明してください．

解　電池も化学的にエネルギーを取り出しています．ということは分子や原子のエネルギー準位差を利用していることになります．不確定性関係から来る制限から電圧の限界が数 V になります．　　　　　　　　　　　　　　　　　　　　　　　□

■ 2.6　電子の波動性：
二重スリット実験と量子トンネル効果

　電子が持つ粒子と波の二重性を考慮すると，電子が波として振る舞うことで不思議な現象を引き起こすことが理解できます．例えば，二重スリットの実験を電子に対して行ってみるとどうなるでしょうか．図 2.9 のように電子 1 個を二重スリットに発射し，その向こうにあるスクリーンに到達させることを考えます．

　発射の度にスリットを通ってスクリーンに到達したとすると，古典物理学的にはどちらかのスリットを通ったはずです．しかし，量子力学では電子は波の

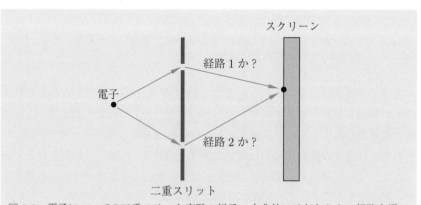

図 2.9　電子についての二重スリット実験の様子．古典的にはどちらかの経路を通ったはずだが，量子論では両方を同時に通る．

性質を持っていますので両方のスリットを通ることになります．光の場合と同様に2つのスリットを通った波は干渉し合って，スクリーンに到達する直前には物質波としての干渉縞ができていることになります．しかし，スクリーンに到達した時点でこの電子は観測されたことになりますので，スクリーン上のどこかに到達しその点に印が残ります．つまり観測により重ね合わせ状態が変化し，位置演算子の固有状態が選ばれたことになります．

　1つの電子を発射するだけであればこれで話は終わりです．しかし，この後いくつも電子を順々に発射していくとどうなるでしょうか．電子は今述べたプロセスに従ってスクリーンのどこかの点に観測され印を残します．当然，物質波の干渉縞の明点付近には多く電子が到達し，暗点付近に観測される電子は少なくなります．したがって今の議論が正しいのであれば，電子をいくつも発射していけば，最終的にはスクリーン上に点で構成された干渉縞ができるはずです．図 2.10 に示すように，実際に電子の二重スリット実験の干渉縞が実験で確かめられています．驚くべきことですが，私たちは「粒子と波の二重性（状態の重ね合わせ）」と「観測による状態の変化」を認めざるを得ないのです．

　ところで，どちらかのスリットの手前で電子を観測した場合にはどうなるの

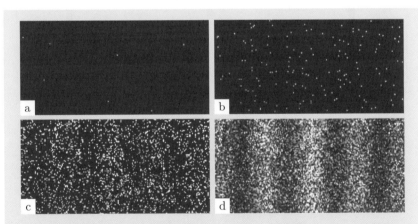

図 2.10　電子についての二重スリット実験において干渉縞ができていく様子．a, b, c, d の順で照射された電子が多くなっていく．照射された電子が多くなればなるほど干渉縞が見えてくる．外村彰「目で見る美しい量子力学」サイエンス社 より抜粋．

でしょうか．観測すると重ね合わせ状態は崩壊する，ということでしたから，電子を観測した時点で波としての性質を失い粒子的な振る舞いをするようになります．したがって，スリットの手前で観測してしまった場合には，電子はすべてスリットを通った先にまっすぐ到達するだけで干渉縞はできません．非常に奇妙なことですが，この結果は実験でも確かめられています．

　電子を波であるとみなせば，**量子トンネル効果**も容易に理解できます．これは，図 2.11 と図 2.12 に示したように，古典的には越えられない壁や障壁を，ある確率で粒子が通り抜ける現象を指します．波は有限な厚さの障壁があると，一部は反射し，一部は減衰しながらも障壁を通り抜けます．電子を波として見た場合の物質波も同様で，障壁の向こう側に波の一部が到達します（図 2.11 参照）．多くの電子を障壁に発射したとすると，障壁の向こう側では透過波の振幅に応じた割合で電子が観測されることになります（図 2.12 参照）．このような量子トンネル効果はダイオード，フラッシュメモリ，走査型トンネル顕微鏡などで応用されています．量子トンネル効果については第 7 章で詳しく解説します．

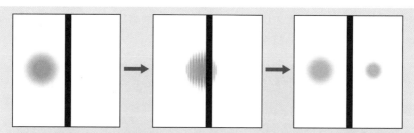

図 2.11　量子トンネル効果．2 次元のガウス波束と呼ばれる波（粒子）が障壁に衝突して，一部が障壁を透過する様子．

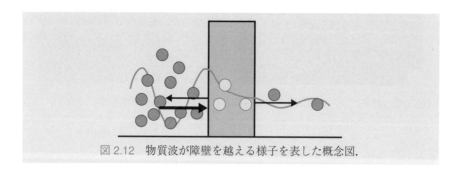

図 2.12　物質波が障壁を越える様子を表した概念図．

■■■■■■■■■■■■**第 2 章　演習問題**■■■■■■■■■■■■■

■ 1　ド・ブロイ関係式 $p = h/\lambda$ において，右辺が運動量の単位を持つことを確認してください．

■ 2　エネルギー E とプランク定数 h を用いて，振動数の単位 Hz = 1/s を持つ量を作ってください．

■ 3　エネルギー E と光速 c，プランク定数 h を用いて，波長の単位 m を持つ量を作ってください．

■ 4　$\sin(kx - \omega t)$ で表される正弦波の波長，振動数，速度（位相速度）を求めてください．

■ 5　(2.23) の $\frac{m_e e^4}{8\varepsilon_0^2 h^2}$ が約 13.6 eV になることを確かめてください．ただし，$m_e = 9.109 \times 10^{-31}$ kg, $e = 1.602 \times 10^{-19}$ C, $\varepsilon_0 = 8.854 \times 10^{-12}$ F/m, $h = 6.626 \times 10^{-34}$ J·s とします．

■ 6　図 2.13 のヤングの干渉実験において，光の波長を λ，スリット間の距離を d，スリットからスクリーンまでの距離を L としたとき，干渉縞の明点間の間隔を求めてください．2 つのスリットには同位相で波長 λ の光が到達するとします．ただし $L \gg d$ とし，スクリーン上の点 O から $|x|$ ずれた位置にある点 P までの光路差は $\frac{d|x|}{L}$ と近似できることを用いてください．

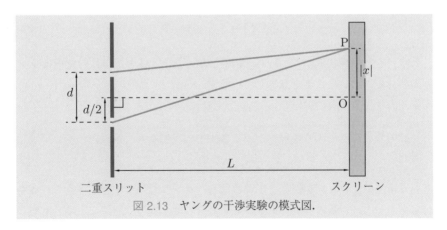

図 2.13　ヤングの干渉実験の模式図．

■ 7　運動量 p を持つ電子を，前問のスリットに多数入射させた場合には，スクリーンにドット模様の干渉縞ができます．このときの明点間の間隔を近似的に求めてください．

第3章
量子論の基礎事項

本章では，量子力学の理論形式について学びます．線形代数との対応関係を示しながら，状態ベクトルと演算子の定義と性質を解説します．

■ 3.1 状態ベクトルと演算子

以下では量子力学の基礎事項を学びます．その形式は基本的に線形代数と同じです．そのため，線形代数の基礎的な知識が身についていれば理解しやすいです．線形代数については，ぜひ付録 A.1 節を参考にしてください．

前章までで述べてきたように，量子論における物理量（観測可能量）は物理状態を表す**状態ベクトル**に作用する**演算子**（**行列**）であり，実際に観測される値はこの演算子の**固有値**となります．例えば，ある物体の位置に対応する演算子を X，固有値 x を持つ固有ベクトルを $|x\rangle$ とします．これらは以下の関係を満たします．

$$X |x\rangle = x |x\rangle \tag{3.1}$$

これは，もし物理状態が $|x\rangle$ という状態にあったとすると，物体の位置は x に観測される，ということを意味しています．

量子力学で重要なのは

> 一般の状態はこのような固有ベクトル $|x\rangle$ の線形結合（重ね合わせ）で表される

という事実です（1.2 節参照）．1 つの固有ベクトルだけで状態が与えられる場合もある一方，複数の固有ベクトルの重ね合わせが物理状態になる場合もあります．

ここで例にあげた位置演算子 X の固有値・固有ベクトルは非可算無限個あります. そのため一般に量子力学の物理状態を表すために用いるベクトル空間は無限次元空間になります. また, ベクトルを成分表示した場合にはその成分は一般に複素数になります. このような一般化されたベクトル空間は**ヒルベルト空間**と呼ばれます. 以降では, まずは有限次元のヒルベルト空間について学んだ後にその極限として無限次元のヒルベルト空間を議論します.

ここで, ヒルベルト空間の元を表すための抽象的な表記法としてブラケット記法を導入します. すでに本書では何度も用いてきたように, ヒルベルト空間のベクトルは**ケットベクトル**と呼ばれ $|\alpha\rangle$ のように表されます. さらに, 内積を定義するために**ブラベクトル**(**双対ベクトル**)が導入され, $\langle\alpha|$ と表記されます. ブラベクトルはケットベクトルに対しエルミート共役をとったものに対応します. **エルミート共役**とは, 転置をとってさらに複素共役をとることを意味し, †(ダガー)という記号で表されます. つまり, $|\alpha\rangle$ と $\langle\alpha|$ は

$$|\alpha\rangle^{\dagger} \;=\; \langle\alpha| \tag{3.2}$$

という関係を持ちます. したがって, ケットベクトルを複素数を成分とする縦ベクトル, ブラベクトルはその複素共役をとって転置した横ベクトルと考えれば良いのです.

ここで, ベクトルについて1つコメントをしておきます. ベクトルは高校レベルでは $v = (1, 2)^T$ のように成分表示していました. しかし, ベクトル v はある空間に存在している特定の矢印を表しており,「基底」を選んで初めて成分表示できるようになります. したがって, 別の基底を選べば $v = (2, -1)^T$ のように表示することも可能です. 基底の選択と関係なく議論する場合には, 本来 v とだけ書くべきなのです. 一般に, e_1, e_2 という基底を選んだ場合には, ベクトルは $v \doteq (e_1 \cdot v, \, e_2 \cdot v)^T$ のように成分表示されます. ここで $\doteq$ という記号は何らかの基底をとった場合の成分表示になっていることを意味します. 量子力学ではヒルベルト空間のベクトルを $|\alpha\rangle$ と表しますが, これは基底を定めていない場合の表記です. 3.7 節で詳しく議論するように, 何らかの物理量の固有ケットを基底としてとることで $|\alpha\rangle$ を成分表示することができます. $|\alpha\rangle$ を成分表示すると, (3.2) は以下のようにまとめられます.

$$|\alpha\rangle \doteq \begin{pmatrix} \alpha_1 \\ \alpha_2 \\ \alpha_3 \\ \vdots \end{pmatrix} \tag{3.3}$$

$$\langle\alpha| \doteq (\alpha_1^*, \alpha_2^*, \alpha_3^*, \ldots) \tag{3.4}$$

確かに $\langle\alpha| = (|\alpha\rangle)^\dagger$ となっていることが見て取れます．本章では，状態ベクトルや演算子が成分表示可能であることを念頭におきながら，ブラケット表記の基本について解説していきます．

任意のケットベクトル $|\alpha\rangle$ と任意のブラベクトル $\langle\beta|$ に対して**内積**を以下のように定義することができます．

$$\langle\beta|\alpha\rangle \tag{3.5}$$

この量は何らかの複素数になりますが，特に $|\alpha\rangle$ とその双対ブラベクトルである $\langle\alpha|$ の内積は必ず実数であり

$$\langle\alpha|\alpha\rangle \geq 0 \tag{3.6}$$

を満たします．成分表示で考えてみると，ある数とその複素共役との積は 0 以上の実数になることから，この関係が成り立つことがわかります．

一方，以下のようにケットとブラの順で並べたものを**外積**と呼びます．

$$|\alpha\rangle\langle\beta| \tag{3.7}$$

成分表示で考えれば，これは縦ベクトル，横ベクトルの順に並べたものなので行列（演算子）になります．実際この外積を別のケット $|\gamma\rangle$ に作用させると

$$|\alpha\rangle\langle\beta|\gamma\rangle = \langle\beta|\gamma\rangle|\alpha\rangle \tag{3.8}$$

のように $|\alpha\rangle$ に比例するベクトルになりますので，$|\alpha\rangle\langle\beta|$ は行列であることがわかります．

■ **3.2 固有ケットとその完全性・直交性**

　量子力学における観測可能量は**エルミート演算子**で表されます．エルミート演算子とは

$$A^\dagger = A \tag{3.9}$$

という性質を持つ演算子を意味します．すでに述べたように†という記号は複素共役と転置を合わせて行う操作（エルミート共役）を意味しており，$A^\dagger = (A^*)^T$（$*$ は複素共役，T は転置）を指します．ここからわかるように，エルミート演算子とはエルミート共役をとると自分自身になる演算子を意味し，この性質は**エルミート性**と呼ばれます．今後，観測可能量を表すエルミート演算子は必ず大文字（$A, B, X, P, \ldots$）で表すこととします．

　ここで，エルミート演算子 A の固有値を a，固有値 a を持つ固有ベクトル（**固有ケット**）を $|a\rangle$ と表します．

$$A|a\rangle = a|a\rangle \tag{3.10}$$

　さて，観測可能量を表すエルミート演算子の固有値が必ず実数になることは以下のように示せます．まず，(3.10) のエルミート共役をとるとエルミート性 $A^\dagger = A$ により

$$\langle a|A = a^*\langle a| \tag{3.11}$$

となります．(3.10) の両辺の左から $\langle a|$ を掛け，(3.11) の両辺の右から $|a\rangle$ を掛けて差をとると

$$(a - a^*)\langle a|a\rangle = a - a^* = 0 \tag{3.12}$$

となります．$a = a^*$ より，エルミート演算子の固有値は実数であることが示されました．

　このようなエルミート演算子の実固有値が実際に観測される測定値になります．a はヒルベルト空間の次元の数だけ値をとりますが，系によっては離散的な値になりますので，ここでは離散性を仮定して議論を進めます．固有ケットは係数を適切に定めることで，以下の性質を満たすように**規格化**できます．

$$\langle a|a'\rangle = \delta_{aa'} \tag{3.13}$$

$\delta_{aa'}$ は**クロネッカーデルタ**（付録 A.3 節参照）で，

$$\delta_{aa'} = \begin{cases} 1 & (a = a') \\ 0 & (a \neq a') \end{cases} \tag{3.14}$$

を意味します．つまり固有ケットどうしで内積をとると，異なる固有値を持つ固有ケットどうしではゼロになり，同じものどうしでは1になるということです．この性質は**正規直交性**と呼ばれます．ただし，ここでは固有値に縮退がない場合を仮定しました．

一般の物理状態 $|\psi\rangle$ は，何らかの観測可能量 A の固有ケット $|a\rangle$ の線形結合（重ね合わせ）で以下のように表され，この性質は固有ケットの**完全性**もしくは**完備性**と呼ばれます．

$$|\psi\rangle = \sum_a c_a |a\rangle \tag{3.15}$$

これは2次元ベクトルを $\boldsymbol{v} = c_1 \boldsymbol{e}_1 + c_2 \boldsymbol{e}_2$ のように正規直交基底 $\boldsymbol{e}_1, \boldsymbol{e}_2$ で展開したことと同じです．ここで左から $\langle a|$ を作用させて正規直交性を用いると

$$\langle a|\psi\rangle = \sum_{a'} c_{a'} \langle a|a'\rangle = \sum_{a'} c_{a'} \delta_{aa'} = c_a \tag{3.16}$$

がわかります．ここで同じ記号を使わないために a' を用いて $|\psi\rangle = \sum_{a'} c_{a'} |a'\rangle$ と記しました．結局

$$c_a = \langle a|\psi\rangle \tag{3.17}$$

であることがわかりました．これは，2次元ベクトルの成分が $c_1 = \boldsymbol{e}_1 \cdot \boldsymbol{v}$，$c_2 = \boldsymbol{e}_2 \cdot \boldsymbol{v}$ のように書けることと同じです．この表式を (3.15) に代入することで

$$|\psi\rangle = \sum_a \langle a|\psi\rangle |a\rangle = \sum_a |a\rangle \langle a|\psi\rangle \tag{3.18}$$

がわかります．ここで，$\langle a|\psi\rangle$ はただの複素数ですので自由に順序を入れ替えられる事実を用いました．この結果の右辺と左辺を比べると，$\sum_a |a\rangle \langle a|$ が $|\psi\rangle$ に作用しても $|\psi\rangle$ のままである，ということがわかります．したがって，以下

の完備関係式

$$\sum_a |a\rangle \langle a| = 1 \tag{3.19}$$

が得られます. 右辺は恒等演算子 **1** もしくは単位行列を意味します. 固有状態 $|a\rangle$ に完備性があれば, $|a\rangle$ をケットとブラの順にして作った演算子（行列）を, すべての固有値 a について足し合わせると恒等演算子（単位行列）になる, ということを意味しています. 完備性については付録 A.2 節でも詳しく議論していますので参照してください. 完備性と正規直交性を持った固有ケットを**正規直交完全基底**と呼びます. 例えばエルミート演算子 A の固有ケット $|a\rangle$ は正規直交完全基底をなすというように使います. 図 3.1 には線形代数と量子力学の対応関係を示した概念図を与えました.

線形代数	量子力学
$A\boldsymbol{a} = a\boldsymbol{a}$	$A|a\rangle = a|a\rangle$
$\boldsymbol{v} = (\boldsymbol{e}_1 \cdot \boldsymbol{v})\boldsymbol{e}_1 + (\boldsymbol{e}_2 \cdot \boldsymbol{v})\boldsymbol{e}_2 + \cdots$	$|\psi\rangle = \langle a_1|\psi\rangle |a_1\rangle + \langle a_2|\psi\rangle |a_2\rangle + \cdots$
$\boldsymbol{e}_1 \boldsymbol{e}_1^T + \boldsymbol{e}_2 \boldsymbol{e}_2^T + \cdots = 1$	$|a_1\rangle \langle a_1| + |a_2\rangle \langle a_2| + \cdots = 1$

図 3.1　線形代数と量子力学の対応関係.

例題 3 次元空間の正規直交基底をなす 3 つの縦ベクトル $\boldsymbol{v}_1 = (1,0,0)^T$, $\boldsymbol{v}_2 = (0,1,0)^T$, $\boldsymbol{v}_3 = (0,0,1)^T$ が以下の完備関係式を満たすことを示してください.

$$\sum_{i=1}^{3} \boldsymbol{v}_i \boldsymbol{v}_i^T = 1$$

解 以下のように示されます.

$$\sum_{i=1}^{3} \boldsymbol{v}_i \boldsymbol{v}_i^T = \begin{pmatrix} 1 \\ 0 \\ 0 \end{pmatrix} (1,0,0) + \begin{pmatrix} 0 \\ 1 \\ 0 \end{pmatrix} (0,1,0) + \begin{pmatrix} 0 \\ 0 \\ 1 \end{pmatrix} (0,0,1)$$

$$= \begin{pmatrix} 1 & 0 & 0 \\ 0 & 1 & 0 \\ 0 & 0 & 1 \end{pmatrix}$$

□

■ 3.3　測定による状態の変化と確率解釈 ■

　今，$|\psi\rangle = \sum_a c_a |a\rangle$ のように A の固有ケットで展開された状態 $|\psi\rangle$ がある
とします．ここで，観測可能量 A の値を測定すると，これらの固有ケット $|a\rangle$
のうちの 1 つが選ばれ，その固有ケットの固有値が観測されます（1.3 節参照）．
つまり

$$|\psi\rangle = \sum_a c_a |a\rangle \xrightarrow{\text{測定}} |a\rangle \tag{3.20}$$

のように書けます．固有ケット $|a\rangle$ が選ばれ a が観測される確率 P_a は，展開
係数 c_a の絶対値の二乗になります．

$$P_a = |c_a|^2 \tag{3.21}$$

このような解釈は**確率解釈（コペンハーゲン解釈）**と呼ばれます．この解釈
を適用するためには，状態 $|\psi\rangle$ を常に規格化しておく必要があります．状態
$|\psi\rangle = \sum_a c_a |a\rangle$ の内積は以下で与えられます．

$$\langle\psi|\psi\rangle = \sum_{a,a'} c_a^* c_{a'} \langle a|a'\rangle = \sum_{a,a'} c_a^* c_{a'} \delta_{a,a'} = \sum_a |c_a|^2 \tag{3.22}$$

確率解釈に基づけばこれは確率の和ですので，必ず 1 になる必要があります．
したがって

$$\langle\psi|\psi\rangle = 1 \tag{3.23}$$

が規格化条件となります．

　次に，状態 $|\psi\rangle$ において観測可能量 A を測定した後，続けて A を測定したと
します．この場合には固有ケットから変化することはなく，同じ固有値が得ら
れます．つまり

$$|a\rangle \xrightarrow{\text{測定}} |a\rangle \tag{3.24}$$

となります．ある観測可能量の固有状態にいる場合にはその量の測定に際して
状態の変化は起こらないのです．ちなみに，固有ケット $|a\rangle$ とそれに複素数 C
を掛けた $C|a\rangle$ は両方とも同じ固有値 a が測定されますので量子力学的には区
別できません．一般に量子力学の状態 $|\psi\rangle$ とそれに定数を掛けた状態 $C|\psi\rangle$ は

等価です．ただし，確率解釈を考慮すると「測定で状態が変化する度に新たな状態について規格化がなされる」と考えるべきです．

　状態の展開において，最もよく考えられるのは位置演算子の固有ケットです．一般の状態 $|\psi\rangle$ を位置演算子 X の固有ケット $|x\rangle$ で展開した場合の係数 $c_x \equiv \psi(x)$ は**波動関数**と呼ばれます．正確には，位置演算子の固有ケットは非可算無限個ありますので

$$|\psi\rangle = \sum_x c_x |x\rangle \quad \rightarrow \quad |\psi\rangle = \int_{-\infty}^{\infty} dx\, \psi(x) |x\rangle \tag{3.25}$$

のように展開が積分記号で表されます．第 2 章の (2.6) で紹介した運動量固有状態の展開はこの例になっています．この固有ケットについての完備関係式は $\int_{-\infty}^{\infty} dx |x\rangle \langle x| = 1$ となります．

■ 3.4 期 待 値

　確率的にしか観測量を予言できない量子論においては，**期待値**が重要な量となります．例えば，一般の状態 $|\psi\rangle$ における観測可能量 A の期待値は

$$\langle\psi| A |\psi\rangle \tag{3.26}$$

と書けます．この状態ケットを

$$|\psi\rangle = \sum_{a'} c_{a'} |a'\rangle \tag{3.27}$$

のように A の固有ケット $|a'\rangle$（正規直交完全基底）で展開して，上記の期待値の定義に代入してみましょう．すると

$$\begin{aligned}
\langle\psi|A|\psi\rangle &= \sum_{a''} \sum_{a'} c_{a''}^* c_{a'} \langle a''|A|a'\rangle \\
&= \sum_{a''} \sum_{a'} c_{a''}^* c_{a'} a' \delta_{a''a'} \\
&= \sum_{a'} |c_{a'}|^2 a' \tag{3.28}
\end{aligned}$$

と書けます．途中固有ケットの正規直交性 $\langle a''|a'\rangle = \delta_{a''a'}$ を用いました．$|c_{a'}|^2$ は，$|\psi\rangle$ において A を観測した際に a' が得られる確率 $P_{a'}$ と解釈できますので，この結果はまさしく期待値 $\sum_{a'} P_{a'} a'$ を表すことがわかります．つまり，

全く同じ状態 $|\psi\rangle$ を無尽蔵に用意して A を観測していき，その平均値（期待値）をとると $\langle\psi|A|\psi\rangle = \sum_{a'} |c_{a'}|^2 a'$ になるということです．ただし，必ず注意してほしいのは，統計学と違い，この場合にはある 1 つの状態もしくはある 1 つの粒子に対して期待値が定義されていることです．つまり，形式的には統計学の用語を援用しますがその意味は異なるのです．期待値において，状態を明示する必要がない場合には省略記法として

$$\langle\psi|A|\psi\rangle = \langle A\rangle \tag{3.29}$$

と書くことがあります．

　状態が演算子 A の固有ケットだった場合には，期待値は単にその固有値を与えるだけです．例えば，A をエルミート演算子としてその固有ケットの 1 つを $|a\rangle$ としましょう．このとき $\langle a|A|a\rangle$ のように演算子 A をこの固有状態のブラとケットで挟んだ期待値は

$$\langle a|A|a\rangle = \langle a|a|a\rangle = a\langle a|a\rangle = a \tag{3.30}$$

となり，固有値そのものになります．つまり，量子力学において物理的に意味のある量は必ず演算子をブラとケットで挟んだ期待値の形で与えられることになります（第 1 章参照）．

■ 3.5　エルミート共役

　$|\alpha\rangle$ を任意のケット，A を任意の演算子（エルミート演算子とは限らない）としましょう．すでに述べたようにエルミート共役（複素共役と転置）をとることで，ケットは $|\alpha\rangle^{\dagger} = \langle\alpha|$ のように双対なブラになります．一方，$A|\alpha\rangle$ のようにケットに演算子 A を作用させた新たなケットは，エルミート共役をとることで

$$(A|\alpha\rangle)^{\dagger} = \langle\alpha|A^{\dagger} \tag{3.31}$$

となります．したがって，$A|\alpha\rangle$ の双対ブラは $\langle\alpha|A^{\dagger}$ となります．

　次に，$\langle\beta|$ を任意のブラとして，内積 $\langle\beta|\alpha\rangle$ を考えましょう．この量の複素共役は

$$(\langle\beta|\alpha\rangle)^* = \langle\alpha|\beta\rangle \tag{3.32}$$

となり，ケットとブラが反転した形になります．実際，成分表示を考え，$|\alpha\rangle^\dagger = \langle\alpha|$，$\langle\beta|^\dagger = |\beta\rangle$ であることを思い出すと，この関係がよくわかります．

さらに，演算子をブラとケットで挟んだ $\langle\beta|A|\alpha\rangle$ を考えます．$\langle\beta|$ が $|\alpha\rangle$ の双対ブラの場合には，この量は A の期待値に他なりません．すると以下のことがわかります．

$$((\langle\beta|A|\alpha\rangle))^* = \langle\alpha|A^\dagger|\beta\rangle \tag{3.33}$$

実際，成分表示を考え，$(A|\alpha\rangle)^\dagger = \langle\alpha|A^\dagger$，$\langle\beta|^\dagger = |\beta\rangle$ であることを思い出すと，$\langle\beta|A|\alpha\rangle$ に現れるすべての項の複素共役をとったものが $\langle\alpha|A^\dagger|\beta\rangle$ になることがわかります．

■ 3.6 不確定性関係

ここでは**不確定性関係**について厳密な議論を行います．まず，観測可能量 A に対し，

$$A - \langle A\rangle \tag{3.34}$$

という演算子を考えます．つまり，演算子 A からその期待値を引き算したものです．$\langle A\rangle$ の横には恒等演算子 **1** が隠れていると思ってください．ここで，任意の状態に対して期待値を考えます．$(A - \langle A\rangle)^2$ の期待値を $(\Delta a)^2$ と書くことにすると

$$(\Delta a)^2 \equiv \langle(A - \langle A\rangle)^2\rangle = \langle(A^2 - 2A\langle A\rangle + \langle A\rangle^2)\rangle = \langle A^2\rangle - \langle A\rangle^2 \tag{3.35}$$

となります．これは統計学における分散と同じ形をしており，ここでも**分散**と呼びます．もし状態が観測可能量 A の固有ケット $|a\rangle$ だったとすると，測定される値は完全に確定しており分散は 0 となります．実際，この場合には $\langle A^2\rangle = \langle A\rangle^2 = a^2$ となるので $(\Delta a)^2 = 0$ です．したがって ΔA は A を観測した際の量子力学的な**不確定さ**を表していることがわかります．

A と B を観測可能量とすると，どのような状態に対しても，不確定性関係

$$(\Delta a)^2 \cdot (\Delta b)^2 \geq \frac{1}{4}|\langle[A, B]\rangle|^2 \tag{3.36}$$

が必ず成り立ちます．ここで

$$[A, B] \equiv AB - BA \tag{3.37}$$

は**交換関係**であり，一般には 0 になりません．平方根をとった形で不確定性関係を表すと

$$\Delta a \cdot \Delta b \geq \frac{1}{2}|\langle [A, B] \rangle| \tag{3.38}$$

となります．不確定性関係は，シュヴァルツ不等式とエルミート性を用いることで容易に証明できますので，後の例題として残します．

2.2 節でも述べたように，位置演算子 X と運動量演算子 P の間には以下の交換関係が存在します．

$$[X, P] = i\hbar \tag{3.39}$$

$\hbar = h/(2\pi)$ であり，$h \approx 6.63 \times 10^{-34}$ J·s はプランク定数です．この場合，不確定性関係は

$$\Delta x \cdot \Delta p \geq \frac{\hbar}{2} \tag{3.40}$$

となり，よく知られた位置と運動量についての不確定性関係が得られます．すでに第 2 章で見たように $\hbar$ が非常に小さい値をとるため，この不確定性は日常のスケールでは感知できません．

3 次元空間においては $\boldsymbol{X} = (X_1, X_2, X_3)$, $\boldsymbol{P} = (P_1, P_2, P_3)$ のように各次元の演算子が存在します．位置演算子と共役運動量演算子の交換関係は

$$[X_i, P_j] = i\hbar \delta_{ij} \tag{3.41}$$

となります．ここで $i, j = 1, 2, 3$ とします．δ_{ij} はクロネッカーデルタであり，$i = j$ で 1, $i \neq j$ で 0 です．したがって，この場合の不確定性関係は，

$$\Delta x_i \cdot \Delta p_i \geq \frac{\hbar}{2} \tag{3.42}$$

となり，同じ方向の位置と運動量についてのみ非自明な不確定性関係が存在します．したがって異なる方向については位置と運動量を同時に確定させることが可能です．

不確定性関係は交換関係についての次の命題に要約することができます．

> 2つの演算子 A, B の交換関係 $[A, B] = AB - BA$ がゼロにならない場合
> つまり交換しない場合，この2つの演算子の同時固有ケットは存在しない

これは線形代数の言葉で言うと，2つの行列を同時に対角化することができ
ないということを意味します．このことを示すために

$$[A, B] \neq 0 \tag{3.43}$$

の場合に，まず A, B に対しての同時固有ケット $|a, b\rangle$ が存在すると仮定してみ
ましょう．ただし，この同時固有ケットは完全性を持つとし，その重ね合わせ
により任意の状態を展開可能だとします．このとき，同時固有ケットは以下の
関係を満たします．

$$A |a, b\rangle = a |a, b\rangle \tag{3.44}$$

$$B |a, b\rangle = b |a, b\rangle \tag{3.45}$$

ここで，演算子 AB, BA を同時固有ケット $|a, b\rangle$ に作用させると以下が得られ
ます．

$$AB |a, b\rangle = Ab |a, b\rangle = ab |a, b\rangle \tag{3.46}$$

$$BA |a, b\rangle = Ba |a, b\rangle = ab |a, b\rangle \tag{3.47}$$

(3.46) と (3.47) により

$$AB |a, b\rangle = BA |a, b\rangle \tag{3.48}$$

であることがわかります．この同時固有ケットの重ね合わせによりすべての
状態を構成可能なので，一般に $[A, B] = 0$ となることがわかります．これは
$[A, B] \neq 0$ という仮定と矛盾します．これにより，A, B の同時固有ケットは
存在しないことが示せました．

この事実を言い換えると，

> A, B が交換しない場合（$[A, B] \neq 0$），B の固有状態は A の固有状態の非
> 自明な重ね合わせになり，その逆も然りである

ということになります．つまり以下のように書けることになります．

$$|b\rangle = \sum_{a'} c_{a'} |a'\rangle, \qquad |a\rangle = \sum_{b'} c_{b'} |b'\rangle \qquad (3.49)$$

このとき, $c_{a'}$ $(c_{b'})$ は複数の a' (b') についてゼロでない値をとります. したがって, 2 つの観測可能量 A, B が同時に確定した状態は存在しない, ということになります. これこそが不確定性関係の要点です.

例題　不確定性関係

$$(\Delta a)^2 \cdot (\Delta b)^2 \geq \frac{1}{4} |\langle [A, B] \rangle|^2$$

を証明してください. ただし, 以下のシュヴァルツ不等式を使ってください.

$$\langle \psi | \psi \rangle \cdot \langle \phi | \phi \rangle \geq |\langle \psi | \phi \rangle|^2$$

このシュヴァルツ不等式は, 3 次元空間でベクトル $\boldsymbol{v}$ と $\boldsymbol{u}$ の内積 $\boldsymbol{v} \cdot \boldsymbol{u}$ が, 両者の間の角を θ として

$$\begin{aligned}
\boldsymbol{v} \cdot \boldsymbol{u} &= |\boldsymbol{v}||\boldsymbol{u}| \cos\theta \\
&= \sqrt{\boldsymbol{v} \cdot \boldsymbol{v}} \cdot \sqrt{\boldsymbol{u} \cdot \boldsymbol{u}} \cos\theta \\
&\leq \sqrt{(\boldsymbol{v} \cdot \boldsymbol{v}) \cdot (\boldsymbol{u} \cdot \boldsymbol{u})}
\end{aligned}$$

を満たす事実をヒルベルト空間に拡張したものです.

解　$X^\dagger = X$ を満たすエルミート演算子 X の期待値は $\langle X \rangle^* = \langle X^\dagger \rangle = \langle X \rangle$ から必ず実数になります. 一方, $X^\dagger = -X$ を満たすエルミート交代演算子 X の期待値は $\langle X \rangle^* = \langle X^\dagger \rangle = -\langle X \rangle$ から必ず純虚数になります. 任意の状態 $|\alpha\rangle$ を考えると, 状態 $(A - \langle A \rangle) |\alpha\rangle$ と状態 $(B - \langle B \rangle) |\alpha\rangle$ について以下のシュヴァルツ不等式が成り立ちます.

$$\langle \alpha | (A - \langle A \rangle)^2 | \alpha \rangle \cdot \langle \alpha | (B - \langle B \rangle)^2 | \alpha \rangle \geq |\langle \alpha | (A - \langle A \rangle)(B - \langle B \rangle) | \alpha \rangle|^2$$

これは

$$(\Delta a)^2 \cdot (\Delta b)^2 \geq \frac{1}{4} |\langle [A, B] + \{A - \langle A \rangle, B - \langle B \rangle\} \rangle|^2$$

と書き直すことができます. ここで**反交換関係**を表す記号 $\{X, Y\} \equiv XY + YX$ を用いました. $[A, B]$ はエルミート交代演算子, $\{A - \langle A \rangle, B - \langle B \rangle\}$ はエルミート演算子になっているため, $\langle [A, B] \rangle$ が純虚数, $\langle \{A - \langle A \rangle, B - \langle B \rangle\} \rangle$ は実数となります. したがって, 上式は

$$\begin{aligned}
(\Delta a)^2 \cdot (\Delta b)^2 &\geq \frac{1}{4} \left(|\langle [A, B] \rangle|^2 + |\langle \{A - \langle A \rangle, B - \langle B \rangle\} \rangle|^2 \right) \\
&\geq \frac{1}{4} |\langle [A, B] \rangle|^2
\end{aligned}$$

と書き換えられ, 不確定性関係が示されます.　　　　　□

■ **3.7　演算子と状態ベクトルの行列表現** ■

　ここで演算子と状態の行列表現もしくは成分表示について詳しく見ておきましょう. あるエルミート演算子 B があったとします. ここで別のエルミート演算子 A の固有ケットの完備関係式 $\sum_a |a\rangle \langle a| = 1$ を B の左右に挿入すると, 以下のように書けます.

$$B = \sum_{a,a'} |a\rangle \langle a| B |a'\rangle \langle a'| \tag{3.50}$$

これを用いると B の行列表示として

$$B \doteq \begin{pmatrix} \langle a_1|B|a_1\rangle & \langle a_1|B|a_2\rangle & \cdots \\ \langle a_2|B|a_1\rangle & \langle a_2|B|a_2\rangle & \cdots \\ \vdots & \vdots & \end{pmatrix} \tag{3.51}$$

あるいは

$$B_{aa'} = \langle a| B |a'\rangle \tag{3.52}$$

が得られます. これは固有ケット $|a\rangle$ を基底とする演算子 B の行列表現と呼ばれ, 基底の取り方を変えれば表示も変わります. そのため, ＝ ではなく $\doteq$ を用いたのです.

　状態についても, 例えば $|\psi\rangle$ という状態ケットを $|a\rangle$ で展開することが可能です. $|\psi\rangle$ に完備関係式 $\sum_a |a\rangle \langle a| = 1$ を挿入すると

$$|\psi\rangle = \sum_a (\langle a|\psi\rangle) |a\rangle \tag{3.53}$$

が得られます. これを用いると, 展開係数 $\langle a|\psi\rangle$ を成分として並べた行列表現 (成分表示)

$$|\psi\rangle \doteq \begin{pmatrix} \langle a_1|\psi\rangle \\ \langle a_2|\psi\rangle \\ \langle a_3|\psi\rangle \\ \vdots \end{pmatrix} \tag{3.54}$$

が得られます. 2次元実空間で $\boldsymbol{v} \doteq (\boldsymbol{e}_1 \cdot \boldsymbol{v}, \ \boldsymbol{e}_2 \cdot \boldsymbol{v})^T$ と表されることと同じで

す．これは固有ケット $|a\rangle$ を基底とする状態 $|\psi\rangle$ の行列表現（ベクトルの成分表示）と呼ばれ，基底の取り方を変えれば表示も変わります．

　このように量子力学は，基底を一旦選べば，すべての計算はこの行列や成分表示のベクトルを用いて実行できます．例えば以下に示すように，**波動関数**と呼ばれるものは，位置演算子固有ケット $|x\rangle$ を基底にとった場合の状態の成分表示に他なりません．

> **例題**　一般の状態 $|\psi\rangle$ について位置演算子固有ケットの完備関係式を挿入することで，行列表現（成分表示）を求めてください．

> **解**　完備関係式 $\int_{-\infty}^{\infty} dx\,|x\rangle\langle x| = 1$ を挿入すると
>
> $$|\psi\rangle = \int_{-\infty}^{\infty} dx\,\langle x|\psi\rangle\,|x\rangle$$

となります．したがって $\psi(x) = \langle x|\psi\rangle$ がベクトルの成分表示であり，これを波動関数と呼びます．　□

■ 3.8　具体例：スピン $1/2$ 系 ■

　ここで重ね合わせや行列表現の具体例として**スピン $1/2$ 系**を考えます．スピンとは電子等の粒子が固有に持つ角運動量のことであり，特にスピン $1/2$ 系の固有値は $\pm\hbar/2$ の 2 つだけです．つまり「上を向いているか，下を向いているか，の 2 つの状態しかない」ということです．

　ここで，z 方向のスピン角運動量演算子 S_z について，固有値 $\pm\hbar/2$ を持つ固有状態を $|\pm\rangle$ と表します．

$$S_z\,|+\rangle = +\frac{\hbar}{2}\,|+\rangle \tag{3.55}$$

$$S_z\,|-\rangle = -\frac{\hbar}{2}\,|-\rangle \tag{3.56}$$

この 2 つの固有状態は正規直交性

$$\begin{aligned}\langle +|-\rangle = \langle -|+\rangle = 0 \\ \langle +|+\rangle = \langle -|-\rangle = 1\end{aligned} \tag{3.57}$$

を満たします．またこれらは完備性

$$|+\rangle\langle +| + |-\rangle\langle -| = 1 \tag{3.58}$$

も持ちます．したがって，2 次元のヒルベルト空間において，この基底は正規直交完全系をなすことがわかります．

一方，x 方向のスピン演算子 S_x は S_z とは交換しないことが知られており

$$[S_z, S_x] = i\hbar S_y \tag{3.59}$$

となります．したがって，不確定性関係の帰結として，S_x の固有状態 $|x\pm\rangle$ は S_z の固有状態 $|\pm\rangle$ の重ね合わせで表されます．具体的には以下のように表されます．

$$|x\pm\rangle = \frac{1}{\sqrt{2}}(|+\rangle \pm |-\rangle) \tag{3.60}$$

これらの固有状態が直交性と完備性を持つことは，(3.57) と (3.58) を用いて容易に示せます．

同様に，y 方向のスピン演算子 S_y は S_z とは交換しないことが知られており

$$[S_y, S_z] = i\hbar S_x \tag{3.61}$$

となります．S_y の固有状態 $|y\pm\rangle$ は S_z の固有状態 $|\pm\rangle$ の重ね合わせとして

$$|y\pm\rangle = \frac{1}{\sqrt{2}}(|+\rangle \pm i|-\rangle) \tag{3.62}$$

のように表されます．これらの固有状態 $|y\pm\rangle$ の直交性と完備性も，(3.57) と (3.58) から示されます．さらにスピン演算子 S_x は S_y との間に

$$[S_x, S_y] = i\hbar S_z \tag{3.63}$$

という交換関係を持つため，$|x\pm\rangle$ は $|y\pm\rangle$ の重ね合わせで書かれることになります．実際，(3.60) と (3.62) を比べればそれは明らかです．ここで天下り的に与えたスピン演算子の交換関係については，11.2 節において詳しく議論します．

これらの結果は，交換しない観測可能量は同時に確定できないことを示した不確定性関係の具体例になっており，S_x, S_z のように実空間で直交する方向のスピン角運動量は同時に確定できないという著しい特徴を持つことがわかります．一方，スピン 1/2 系のヒルベルト空間（物理状態を記述するためのベクトル空間）は 2 次元空間であり，$|\pm\rangle$ を基底にとることですべての量子状態を複素 2 次元ベクトルとして表すことができます．スピン 1/2 系における実空間で

のスピンの向きとヒルベルト空間での固有ベクトルの関係は図 3.2 と図 3.3 に
まとめてあります.

さて，演算子 S_x, S_y, S_z は，それぞれの固有ケットの完備関係式を左右に挿
入し，それらの固有ケットをすべて $|\pm\rangle$ で表すことで，以下のように書き下せ
ます.

$$S_z = \frac{\hbar}{2}\Big(|+\rangle\langle+| \ - \ |-\rangle\langle-|\Big) \tag{3.64}$$

$$S_x = \frac{\hbar}{2}\Big(|+\rangle\langle-| \ + \ |-\rangle\langle+|\Big) \tag{3.65}$$

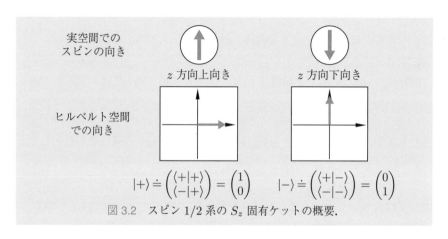

図 3.2　スピン $1/2$ 系の S_z 固有ケットの概要.

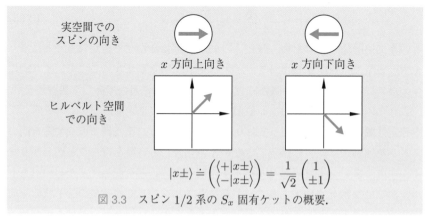

図 3.3　スピン $1/2$ 系の S_x 固有ケットの概要.

$$S_y = i\frac{\hbar}{2}\Big(|-\rangle\langle+| \ - \ |+\rangle\langle-|\Big) \tag{3.66}$$

実際この演算子が $S_z\,|\pm\rangle = \pm\frac{\hbar}{2}\,|\pm\rangle$, $S_x\,|x\pm\rangle = \pm\frac{\hbar}{2}\,|x\pm\rangle$, $S_y\,|y\pm\rangle = \pm\frac{\hbar}{2}\,|y\pm\rangle$ を満たすことは直交性を用いて示せます.

例題 ブラケット表記を用いて，$S_y\,|y\pm\rangle = \pm\dfrac{\hbar}{2}\,|y\pm\rangle$ を示してください.

解 以下のように示せます.

$$i\frac{\hbar}{2}\Big(|-\rangle\langle+| \ - \ |+\rangle\langle-|\Big)\frac{1}{\sqrt{2}}(|+\rangle \pm i\,|-\rangle) = \pm\frac{\hbar}{2}\frac{1}{\sqrt{2}}(|+\rangle \pm i\,|-\rangle) \qquad \square$$

これらの演算子と固有状態の行列表現は，S_z の固有ケット $|\pm\rangle$ を正規直交基底にとることで，以下のように与えられます.

$$S_z \doteq \begin{pmatrix} \langle+|S_z|+\rangle & \langle+|S_z|-\rangle \\ \langle-|S_z|+\rangle & \langle-|S_z|-\rangle \end{pmatrix} = \frac{\hbar}{2}\begin{pmatrix} 1 & 0 \\ 0 & -1 \end{pmatrix} \tag{3.67}$$

$$S_x \doteq \begin{pmatrix} \langle+|S_x|+\rangle & \langle+|S_x|-\rangle \\ \langle-|S_x|+\rangle & \langle-|S_x|-\rangle \end{pmatrix} = \frac{\hbar}{2}\begin{pmatrix} 0 & 1 \\ 1 & 0 \end{pmatrix} \tag{3.68}$$

$$S_y \doteq \begin{pmatrix} \langle+|S_y|+\rangle & \langle+|S_y|-\rangle \\ \langle-|S_y|+\rangle & \langle-|S_y|-\rangle \end{pmatrix} = \frac{\hbar}{2}\begin{pmatrix} 0 & -i \\ i & 0 \end{pmatrix} \tag{3.69}$$

$$|+\rangle \doteq \begin{pmatrix} \langle+|+\rangle \\ \langle-|+\rangle \end{pmatrix} = \begin{pmatrix} 1 \\ 0 \end{pmatrix}, \quad |-\rangle \doteq \begin{pmatrix} \langle+|-\rangle \\ \langle-|-\rangle \end{pmatrix} = \begin{pmatrix} 0 \\ 1 \end{pmatrix} \tag{3.70}$$

$$|x\pm\rangle \doteq \begin{pmatrix} \langle+|x\pm\rangle \\ \langle-|x\pm\rangle \end{pmatrix} = \frac{1}{\sqrt{2}}\begin{pmatrix} 1 \\ \pm1 \end{pmatrix} \tag{3.71}$$

$$|y\pm\rangle \doteq \begin{pmatrix} \langle+|y\pm\rangle \\ \langle-|y\pm\rangle \end{pmatrix} = \frac{1}{\sqrt{2}}\begin{pmatrix} 1 \\ \pm i \end{pmatrix} \tag{3.72}$$

例えば，S_y の行列表現の固有ベクトルが $\frac{1}{\sqrt{2}}(1, \pm i)^T$ であること，そしてその固有値が $\hbar/2$ であることは，具体的に行列を作用させることで確かめられます. スピン 1/2 系は量子力学の数理的構造を理解する上で非常に便利な系です. 第 11 章では，もう一度このスピン 1/2 系に戻って詳しく議論を行います.

> **例題** S_x, S_y, S_z の行列表現がスピン演算子の交換関係を満たすことを示してください.

> **解** 具体的に行列の演算を行って示すことができます. 例えば $[S_x, S_y] = i\hbar S_z$ は

$$\frac{\hbar^2}{4}\begin{pmatrix} 0 & 1 \\ 1 & 0 \end{pmatrix}\begin{pmatrix} 0 & -i \\ i & 0 \end{pmatrix} - \frac{\hbar^2}{4}\begin{pmatrix} 0 & -i \\ i & 0 \end{pmatrix}\begin{pmatrix} 0 & 1 \\ 1 & 0 \end{pmatrix} = i\frac{\hbar^2}{2}\begin{pmatrix} 1 & 0 \\ 0 & -1 \end{pmatrix}$$

のように示されます. □

> **例題** 状態が $|\psi\rangle = |+\rangle$ の場合に S_x, S_y の不確定性関係を求めてください.

> **解** それぞれの不確定性を $\Delta s_x, \Delta s_y$ と書くことにすると, 一般的な不確定性関係

$$\Delta s_x \cdot \Delta s_y \geq \frac{\hbar}{2}|\langle +|S_z|+\rangle| = \frac{\hbar^2}{4} \tag{3.73}$$

が得られます. さらに詳しく調べてみると, $|+\rangle$ に対しては, $\langle S_x \rangle = 0$, $\langle S_x^2 \rangle = \hbar^2/4$, $\langle S_y \rangle = 0$, $\langle S_y^2 \rangle = \hbar^2/4$ となるので

$$\Delta s_x = \frac{\hbar}{2}, \qquad \Delta s_y = \frac{\hbar}{2}$$

です. したがって, (3.73) の不等号は外れて

$$\Delta s_x \cdot \Delta s_y = \frac{\hbar^2}{4}$$

となります. □

■ 3.9 シュテルン−ゲルラッハ実験と量子暗号の原理 ■

スピン $1/2$ 系に関係して, 「不確定性関係」と「測定による状態の変化」を要因とする興味深い現象を紹介します. まずスピン測定器を3つ用意し, 1番目の測定器は x 方向スピン S_x, 2番目は z 方向スピン S_z, 3番目は再び x 方向スピン S_x を測定することとします. そして以下の順序で測定を行います (図3.4参照).

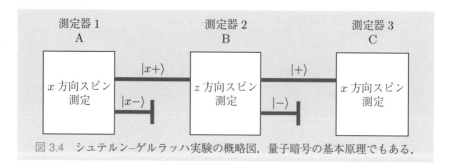

図 3.4 シュテルン−ゲルラッハ実験の概略図. 量子暗号の基本原理でもある.

(1)　スピン 1/2 を持つ多数の粒子を用意し，最初の測定器で S_x の値が $+\hbar/2$ と測定された粒子のみを取り出します．この時点で，これらの粒子の状態は $|x+\rangle$ にあります．

(2)　次に，これらの粒子について 2 番目の測定器で S_z を測定します．$|x+\rangle = \frac{1}{\sqrt{2}}(|+\rangle + |-\rangle)$ ですので，S_z の値は 1/2 の確率で $+\hbar/2$ か $-\hbar/2$ になります．ここで $+\hbar/2$ と観測された粒子のみを取り出します．この時点でこれらの粒子の状態は $|+\rangle$ にあります．

(3)　最後に，これらの粒子について 3 番目の測定器で S_x を測定します．$|+\rangle = \frac{1}{\sqrt{2}}(|x+\rangle + |x-\rangle)$ ですので，S_x の値はそれぞれ 1/2 の確率で $\pm\hbar/2$ になります．したがって，粒子の約半分ずつが $|x+\rangle$ と $|x-\rangle$ の状態にあることになります．

驚くべきことに，最初の測定器を出た時点で S_x が $+\hbar/2$ の粒子のみ存在していたにもかかわらず，最後には約半分が $-\hbar/2$ になっています．この実験は量子力学において，交換しない観測可能量の測定が独立にはできないこと，そして測定が現象に影響を与えることを明確に示す事例になっており，**シュテルン–ゲルラッハの実験**と呼ばれます．

一方，現代ではこの現象を利用して，解読不可能な暗号である**量子暗号**の開発が進んでいます．ここで，1 つ目の測定器に送信者 A，2 つ目に盗聴者 B，3 つ目に受信者 C がいるとしましょう．A が送ったのは x 方向スピン上向きの粒子であり，もし B がいなければ，C が観測する x 方向スピンは必ず上向きです．ところが，粒子の一部でも B が z 方向スピンを測定してしまえば，C が測定する x 方向スピンには下向きのものが含まれてしまいます．

測定がすべて終わった後に，A が C に連絡して C が測定した x 方向スピンがどの向きだったかを尋ねたとします．このとき，すべて上向きだったと答えれば盗み見られていない，一部下向きが含まれていたと答えれば盗み見られていた，と判断できます．このように量子暗号では途中の盗み見を検知することが可能になっているのです．

■■■■■■■■■■■■第3章 演習問題■■■■■■■■■■■■

■1 任意の状態 $|\psi\rangle$ を観測可能量 A の固有ケット $|a_i\rangle$ を基底にとることで成分表示したものは $|\psi\rangle \doteq (\langle a_1|\psi\rangle, \langle a_2|\psi\rangle, \langle a_3|\psi\rangle, \dots)^T$ です. この表示と, 別の観測可能量 B の固有ケット $|b_j\rangle$ を基底にとった表示 $|\psi\rangle \doteq (\langle b_1|\psi\rangle, \langle b_2|\psi\rangle, \langle b_3|\psi\rangle, \dots)^T$ の間の変換行列を求めてください.

■2 $[A, B+C] = [A, B] + [A, C]$ を示してください.

■3 $[A, BC] = [A, B]C + B[A, C]$ を示してください.

■4 $[A, B] = i$ のとき, $[A^2, B]$ と $[A, B^2]$ を求めてください.

■5 $[A, [B, C]] + [B, [C, A]] + [C, [A, B]] = 0$ を示してください.

■6 以下の関係式

$$e^A B e^{-A} = B + [A, B] + \frac{1}{2!}[A, [A, B]] + \frac{1}{3!}[A, [A, [A, B]]] + \cdots$$

が成り立つことを A, B の 4 次の項まで確認してください. ここで, 行列 (演算子) の指数関数は

$$e^A \equiv \sum_{n=0}^{\infty} \frac{A^n}{n!}$$

のように, 指数関数のべき展開で定義されます ($A^0 = 1$ とする).

■7 $[A, B] = c$ (ただし c は定数) のとき, $e^{A+B} = e^A e^B e^{-\frac{c}{2}}$ を示してください.

■8 スピン演算子 S_x, S_y に完備関係式を挿入し, (3.65), (3.66) の 2 式

$$S_x = \frac{\hbar}{2}\Big(|+\rangle\langle-| + |-\rangle\langle+|\Big), \quad S_y = i\frac{\hbar}{2}\Big(|-\rangle\langle+| - |+\rangle\langle-|\Big)$$

を示してください.

■9 状態が $|\psi\rangle = |+\rangle$ の場合に S_x, S_z の不確定性関係を求めてください.

■10 3.9 節の量子暗号の議論で, 盗聴者 B が送られてきた多数の粒子 (すべて x 方向スピンが正の状態 $|x+\rangle$) について x 方向スピンと z 方向スピンを 50%ずつの割合で観測したとします. その後, 受信者 C がすべての粒子について x 方向スピンを観測したとして, $-\hbar/2$ が得られる割合はおおよそどれくらいかを求めてください.

第4章

時間発展と
ハイゼンベルク方程式

本章では，量子力学の時間発展を記述するハイゼンベルク方程式を導入し，ハイゼンベルク描像とシュレーディンガー描像の比較を行った後に，シュレーディンガー方程式を導出します．量子力学では時間発展演算子によって観測可能量もしくは状態ベクトルが時間発展していくことを学びます．

■ 4.1 時間発展

この節では量子力学の時間発展について解説します．量子力学の運動方程式はハイゼンベルク方程式と呼ばれ，任意の演算子 A に対して以下で与えられます．

$$\frac{dA}{dt} = \frac{1}{i\hbar}[A, H] \tag{4.1}$$

H はハミルトニアン演算子もしくはハミルトニアンと呼ばれ，例えば 1 次元系非相対論的粒子のハミルトニアンは

$$H = \frac{P^2}{2m} + V(X) \tag{4.2}$$

で与えられます．これは古典力学で学んだ力学的エネルギーを運動量と位置座標で表した式に他なりませんので，ハミルトニアン演算子の固有値はエネルギー固有値になります．ただし，ここで現れた P, X は運動量演算子と位置演算子です．ハイゼンベルク方程式は観測可能量を含む任意の演算子の時間発展を記述する運動方程式であり，演算子 A の時間微分は，A とハミルトニアン演算子の交換関係を $i\hbar$ で割ったものと等しいということを意味しています．これは演算子についての運動方程式ですが，古典力学におけるポアソン括弧を用いた運動方程式とよく似ています．ただし，解析力学では物理量は演算子ではなく数であり，$i\hbar$ もありませんでした．古典力学はマクロな世界における量子力学の近似理論であることを考えると，このような類似性が現れるのも不思議ではあ

りません.

　ハイゼンベルク方程式の解は，ハミルトニアン演算子 H が露わに時間に依存しない場合

$$A(t) = \exp\left(\frac{iHt}{\hbar}\right) A \exp\left(-\frac{iHt}{\hbar}\right) \tag{4.3}$$

で与えられます. A は $t = 0$ での演算子で，これ自体は時間に依存しません. 一方，$A(t)$ は時刻 t での演算子です. したがって $A(0) = A$ と書けます. このように演算子自体が時間発展し，状態ベクトルは時間変化しない描像を**ハイゼンベルク描像**と呼びます. 本書では，演習問題 5 を除いてハミルトニアンが露わに時間によらない場合のみを扱います.

例題　(4.3) の $A(t)$ がハイゼンベルク方程式の解になっていることを確かめてください. ただし，A と H は一般には交換しないとします.

解　この演算子 $A(t)$ の時間微分は以下のように計算できます.

$$\begin{aligned}
\frac{dA(t)}{dt} &= \left(\frac{d}{dt}e^{iHt/\hbar}\right) A e^{-iHt/\hbar} + e^{iHt/\hbar} A \left(\frac{d}{dt}e^{-iHt/\hbar}\right) \\
&= \frac{iH}{\hbar}e^{iHt/\hbar}A e^{-iHt/\hbar} - e^{iHt/\hbar}A\frac{iH}{\hbar}e^{-iHt/\hbar} \\
&= -\frac{1}{i\hbar}e^{iHt/\hbar}HA e^{-iHt/\hbar} + \frac{1}{i\hbar}e^{iHt/\hbar}AH e^{-iHt/\hbar} \\
&= -\frac{1}{i\hbar}HA(t) + \frac{1}{i\hbar}A(t)H = \frac{1}{i\hbar}[A(t), H]
\end{aligned}$$

途中，H どうしは交換可能であること，H と A は一般には交換しないことを用いました. これにより (4.3) の $A(t)$ がハイゼンベルク方程式の一般解であることが示されました.

□

　ここで，以下の**時間発展演算子**

$$U(t) \equiv \exp\left(-\frac{iHt}{\hbar}\right) \tag{4.4}$$

を定義すると，任意の演算子 A の時間発展 (4.3) は

$$A(t) = U^{\dagger}(t)AU(t) = U^{-1}(t)AU(t) \tag{4.5}$$

のようにまとめられます. この時間発展演算子 $U(t)$ は**ユニタリー性** ($U^{\dagger} = U^{-1}$) という性質を持ちます. ユニタリー性を持つ演算子は一般に**ユニタリー演算子**と呼ばれ，時間発展演算子はその一例になっています. 次節ではユニタリー演算子の性質について詳しく学びます.

■ 4.2 ユニタリー演算子 ■

　ここでは演算子の行列表現を想定しながら，ユニタリー演算子の定義と性質について解説します．複素正方行列 A がエルミート性

$$A^\dagger = A \tag{4.6}$$

を持つ場合，$U = e^{iA}$ はユニタリー性

$$UU^\dagger = \mathbf{1} \tag{4.7}$$

を持ちます．この性質は

$$U^\dagger = U^{-1} \tag{4.8}$$

と書き直すこともできます．$A = -Ht/\hbar$ とおけば，e^{iA} は時間発展演算子に一致します．

　e^{iA} がユニタリー性を持つことを示しましょう．e^{iA} にエルミート共役を施すと以下のように変形できます．

$$\begin{aligned}
(e^{iA})^\dagger &= \left(\sum_{n=0}^{\infty} \frac{(iA)^n}{n!} \right)^\dagger = \left\{ \left(\sum_{n=0}^{\infty} \frac{(iA)^n}{n!} \right)^* \right\}^T \\
&= \left(\sum_{n=0}^{\infty} \frac{(-iA^*)^n}{n!} \right)^T = \sum_{n=0}^{\infty} \frac{(-iA^\dagger)^n}{n!} \\
&= \sum_{n=0}^{\infty} \frac{(-iA)^n}{n!} = e^{-iA} \tag{4.9}
\end{aligned}$$

つまり $(e^{iA})^\dagger = e^{-iA}$ であることがわかります．次に，$e^{iA}e^{-iA}$ を計算しましょう．このとき，エルミート演算子 A は正則行列 P で対角化されるとして，対角化された行列を $\tilde{A} = P^{-1}AP$ と書くことにします．すると，$e^{iA}e^{-iA}$ は以下のように変形できます．

$$\begin{aligned}
e^{iA}e^{-iA} &= PP^{-1}e^{iA}PP^{-1}e^{-iA}PP^{-1} \\
&= P(e^{i\tilde{A}}e^{-i\tilde{A}})P^{-1} \\
&= P\mathbf{1}P^{-1} = \mathbf{1} \tag{4.10}
\end{aligned}$$

途中，$P^{-1}A^nP = \tilde{A}^n$ を用い，対角行列の指数関数は各成分を指数関数にしたものと一致することを用いました．したがって $e^{iA}e^{-iA} = \mathbf{1}$ が示されました．これは，$U = e^{iA}$ とした場合 $U^\dagger = U^{-1}$ もしくは $UU^\dagger = \mathbf{1}$ であることを示します．

■ **4.3　位置と運動量：エーレンフェストの定理** ■

本節では，位置演算子と運動量演算子の時間発展について見ていきます．3 次元空間における位置演算子と運動量演算子の交換関係は，3.6 節で見たように

$$[X_i,\, P_j] = i\hbar\,\delta_{ij} \tag{4.11}$$

ですので

$$[P_i,\, \boldsymbol{X}^2] = \frac{2\hbar}{i} X_i \tag{4.12}$$

が成り立ちます．ただし，$\boldsymbol{X} = (X_1, X_2, X_3)$，$\boldsymbol{X}^2 = X_1^2 + X_2^2 + X_3^2$，$i,j = 1, 2, 3$ を意味します．本書では 3 次元空間ベクトルについては縦横ベクトルを区別せずに用います．

例題　(4.12) を示してください．

解　具体的に計算を行うと

$$\begin{aligned}
[P_1,\, \boldsymbol{X}^2] &= [P_1,\, X_1^2] \\
&= P_1 X_1 X_1 - X_1 X_1 P_1 \\
&= (X_1 P_1 - i\hbar)X_1 - X_1(P_1 X_1 + i\hbar) \\
&= -2i\hbar X_1
\end{aligned}$$

が成り立ちます．同様にして X_2, X_3 についても示せます．　　　□

一般に P_i と $\boldsymbol{X}$ の関数 $V(\boldsymbol{X})$ の交換関係は

$$[P_i, V(\boldsymbol{X})] = \frac{\hbar}{i} \frac{\partial}{\partial X_i} V(\boldsymbol{X}) \tag{4.13}$$

となります．また同様の議論により

$$[X_i,\, \boldsymbol{P}^2] = 2i\hbar P_i \tag{4.14}$$

も示されます．ただし $\boldsymbol{P} = (P_1, P_2, P_3)$，$\boldsymbol{P}^2 = P_1^2 + P_2^2 + P_3^2$ とします．この証明は演習問題 1 に残します．

例題　(4.13) を帰納法を用いて示してください．ただし，簡単のため 1 次元の運動量演算子 P と位置座標演算子 X の関数 $V(X)$ との交換関係について考えてください．

解　$V(X)$ が X で展開できるとすれば，P と X^n の交換関係について示せれば良いことがわかります．まず，$n = 1$ の場合には交換関係から $[P, X] = \frac{\hbar}{i} = \frac{\hbar}{i}\frac{dX}{dX}$ です．次に，$n \geq 1$ として X^n の場合に

$$[P, X^n] = \frac{\hbar}{i}nX^{n-1} = \frac{\hbar}{i}\frac{d(X^n)}{dX}$$

であると仮定します．すると，X^{n+1} に対しては

$$
\begin{aligned}
[P, X^{n+1}] &= (PX)X^n - X^n(XP) \\
&= -2i\hbar X^n + X(PX^n) - (X^nP)X \\
&= -2i\hbar X^n - 2i\hbar nX^n - [P, X^{n+1}] \\
&= 2(n+1)\frac{\hbar}{i}X^n - [P, X^{n+1}]
\end{aligned}
$$

となるので，

$$[P, X^{n+1}] = \frac{\hbar}{i}\frac{d(X^{n+1})}{dX}$$

が得られます．これで，帰納法により $[P, X^n] = \frac{\hbar}{i}\frac{d(X^n)}{dX}$ が示されました．したがって

$$[P, V(X)] = \frac{\hbar}{i}\frac{dV(X)}{dX}$$

がわかります．　　　　　　　　　　　　　　　　　　　　　　　　　　　□

　ここで，3 次元系のハミルトニアンが

$$H = \frac{\boldsymbol{P}^2}{2m} + V(\boldsymbol{X}) \tag{4.15}$$

で与えられているとします．以下ではしばらくの間，煩雑さを避けるため $\boldsymbol{X}(t) = \boldsymbol{X}$，$\boldsymbol{P}(t) = \boldsymbol{P}$ のように時間依存性を明示せずに議論します．ハイゼンベルク方程式を用いると，X_i の時間微分は

$$\frac{dX_i}{dt} = \frac{1}{i\hbar}[X_i, H] = \frac{P_i}{m} \tag{4.16}$$

となり，古典力学の運動量の定義に一致します．次に運動量 P_i の時間微分は

$$\frac{dP_i}{dt} = \frac{1}{i\hbar}[P_i, H] = -\frac{\partial}{\partial X_i}V(\boldsymbol{X}) \tag{4.17}$$

となり，これも古典力学の運動方程式と同じ形です．これらを合わせて考えると

$$\frac{d^2\boldsymbol{X}}{dt^2} = \frac{1}{i\hbar}\left[\frac{d\boldsymbol{X}}{dt}, H\right] = \frac{1}{i\hbar}\left[\frac{\boldsymbol{P}}{m}, H\right] = -\frac{1}{m}\nabla V(\boldsymbol{X}) \tag{4.18}$$

となりニュートンの運動方程式が演算子について成り立つことがわかります．ここでナブラ記号 $\nabla = (\partial_{X_1}, \partial_{X_2}, \partial_{X_3})$ を定義しました．ここで現れた $\nabla V(\boldsymbol{X})$ は $V(\boldsymbol{X})$ の勾配（グラディエント）を意味します．この運動方程式を 3 次元の成分表示で表すと

$$m\frac{d^2}{dt^2}\begin{pmatrix} X_1 \\ X_2 \\ X_3 \end{pmatrix} = -\begin{pmatrix} \frac{\partial V(\boldsymbol{X})}{\partial X_1} \\ \frac{\partial V(\boldsymbol{X})}{\partial X_2} \\ \frac{\partial V(\boldsymbol{X})}{\partial X_3} \end{pmatrix} \tag{4.19}$$

となります．任意の状態について，この運動方程式の期待値 $\langle \cdots \rangle$ をとると

$$m\frac{d^2\langle \boldsymbol{X} \rangle}{dt^2} = -\langle \nabla V(\boldsymbol{X}) \rangle \tag{4.20}$$

となり，観測可能量 $\boldsymbol{X}$ の期待値は古典的な運動方程式に従うことがわかります．この結果はエーレンフェストの定理と呼ばれます．図 4.1 には期待値が古典的な運動方程式に従うことを示した概念図を描いています．

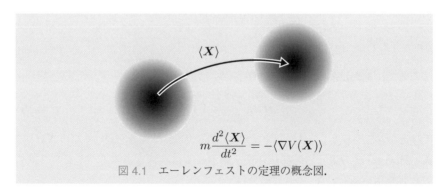

$$m\frac{d^2\langle \boldsymbol{X} \rangle}{dt^2} = -\langle \nabla V(\boldsymbol{X}) \rangle$$

図 4.1　エーレンフェストの定理の概念図．

1 次元の場合はより簡単な議論で同様の結果が得られて，1 次元位置座標演算子 X とポテンシャル $V(X)$ について

$$m\frac{d^2 X}{dt^2} = -\frac{dV(X)}{dX} \tag{4.21}$$

$$m\frac{d^2\langle X \rangle}{dt^2} = -\left\langle \frac{dV(X)}{dX} \right\rangle \tag{4.22}$$

が成り立ちます. 例えば, $V(X) = \frac{kX^2}{2}$ で与えられる調和振動子においては

$$m\frac{d^2 \langle X \rangle}{dt^2} = -k \langle X \rangle \tag{4.23}$$

となり, 位置演算子の期待値は常に古典的単振動をすることがわかります.

■ 4.4　期待値とシュレーディンガー描像

　量子力学において, 物理的に意味を持つ量は期待値であり, ハイゼンベルク描像の状態を $|\psi\rangle$ とすると

$$\langle A(t) \rangle = \langle \psi | A(t) | \psi \rangle = \langle \psi | e^{iHt/\hbar} A \, e^{-iHt/\hbar} | \psi \rangle \tag{4.24}$$

と表されます. ハイゼンベルク描像ですので, この $|\psi\rangle$ は時間に依存しません. ここで, 時間発展演算子を状態の方に押し付けることで, 時間発展する状態 $|\psi(t)\rangle \equiv e^{-iHt/\hbar}|\psi\rangle$, $\langle \psi(t)| \equiv \langle \psi | e^{iHt/\hbar}$ を定義しましょう. つまり期待値を

$$\langle \psi | A(t) | \psi \rangle = \left(\langle \psi | e^{iHt/\hbar} \right) A \left(e^{-iHt/\hbar} | \psi \rangle \right) = \langle \psi(t)|A|\psi(t)\rangle \tag{4.25}$$

のように書くわけです. このように, 期待値そのものは全く変わらないが, 演算子ではなく状態が時間発展していると解釈する見方も可能です. このような見方はシュレーディンガー描像と呼ばれます. つまりハイゼンベルク描像の状態を $|\psi\rangle_{\mathrm{H}} \equiv |\psi\rangle$, シュレーディンガー描像の状態を $|\psi(t)\rangle_{\mathrm{S}}$ と書くことにすると

$$|\psi(t)\rangle_{\mathrm{S}} = e^{-iHt/\hbar}|\psi\rangle_{\mathrm{H}} = U(t)|\psi\rangle_{\mathrm{H}} \tag{4.26}$$

という関係があります. シュレーディンガー描像においては, 演算子は時間発展せず, 状態が時間発展するため, 運動方程式は状態についての方程式となるはずです. 実際, $|\psi(t)\rangle_{\mathrm{S}}$ を時間微分すると

$$\frac{\partial}{\partial t}|\psi(t)\rangle_{\mathrm{S}} = \frac{\partial}{\partial t} e^{-iHt/\hbar}|\psi\rangle = -\frac{iH}{\hbar} e^{-iHt/\hbar}|\psi\rangle = \frac{1}{i\hbar} H|\psi(t)\rangle_{\mathrm{S}} \tag{4.27}$$

が得られます. したがってシュレーディンガー方程式と呼ばれるシュレーディンガー描像での運動方程式は

$$i\hbar\frac{\partial}{\partial t}|\psi(t)\rangle_{\mathrm{S}} = H|\psi(t)\rangle_{\mathrm{S}} \tag{4.28}$$

で与えられることになります. ハイゼンベルク方程式とシュレーディンガー方程式は等価なものであり, 描像の違いによって方程式の形が変わっているに過ぎないことに注意してください. ただし, 私たちが直観的に理解しやすいのは「観測可能量 (物理量) が時間変化」するハイゼンベルク描像であり, この見方は「世界が止まっていて, 物体が動いている」ようなごく普通の捉え方になります. 一方, 「状態が時間変化」するシュレーディンガー描像は,「物体は止まっていて, 世界全体が逆向きに動いている」ようなイメージになります. なお量子力学では, 扱いやすさの観点から, シュレーディンガー描像で時間発展を記述することが多くなります.

　シュレーディンガー描像では観測可能量 A は時間によらないため, その固有ケット $|a\rangle_{\rm S}$ も以下のように時間に依存しません.

$$A |a\rangle_{\rm S} = a |a\rangle_{\rm S} \tag{4.29}$$

$$|a\rangle_{\rm S} = |a\rangle \tag{4.30}$$

ここで, $|a\rangle$ はこれまで考えてきた時刻 0 のときの演算子 $A(0) = A$ の固有ケットです. 一方, ハイゼンベルク描像では演算子 $A(t)$ 自体が時間に依存するため, その固有ケット $|a\rangle_{\rm H}$ は以下のように時間に依存します.

$$A(t) |a\rangle_{\rm H} = a |a\rangle_{\rm H} \tag{4.31}$$

$$|a\rangle_{\rm H} = e^{iHt/\hbar} |a\rangle_{\rm S} = e^{iHt/\hbar} |a\rangle \tag{4.32}$$

このあたりは少し混乱するかもしれませんが, 演算子と固有ケットがセットになっていることを考えれば自然に理解できます.

　シュレーディンガー描像に基づいて, 時間発展演算子 $U(t)$ が持つ**ユニタリー性** $U^{\dagger} = U^{-1}$ がもたらす重要な帰結を見ておきましょう. 初期時刻 $t = 0$ のある状態 $|\psi\rangle$ がシュレーディンガー描像に基づき時間発展し, 時刻 t の状態 $|\psi(t)\rangle_{\rm S}$ になったとします. これらの状態を, 観測可能量 A の固有ケット $|a\rangle$ で以下のように展開します.

$$|\psi\rangle = \sum_a c_a |a\rangle \tag{4.33}$$

$$|\psi(t)\rangle_{\rm S} = \sum_a c_a(t) |a\rangle \tag{4.34}$$

このとき, A とハミルトニアン H が交換しない場合には, 展開係数 c_a と $c_a(t)$ は一般に異なります. しかし, 元々 $\langle\psi|\psi\rangle = \sum_a |c_a|^2 = 1$ と規格化されていたとすれば, 時刻 t においても

$$_S\langle\psi(t)|\psi(t)\rangle_S = \langle\psi|U^\dagger U|\psi\rangle = \langle\psi|\psi\rangle = 1 \tag{4.35}$$

のように規格化されたままになります. つまり以下のような結論が得られます.

$$\sum_a |c_a|^2 = \sum_a |c_a(t)|^2 = 1 \tag{4.36}$$

このように, ユニタリー演算子による時間発展は確率の和を保存します. このユニタリー性は自然の基礎理論に強い制限を与える重要な要素になります. 例えば, 素粒子標準模型における**ヒッグス粒子**は物質に質量を与えるだけでなく, 理論のユニタリー性を保つためにも不可欠なことが知られています. つまり理論のユニタリー性から物理現象を予言できる場合もあるのです.

例題 (4.36) を示してください.

解 すでに (4.35) で得られている

$$_S\langle\psi(t)|\psi(t)\rangle_S = 1$$

より

$$
\begin{aligned}
_S\langle\psi(t)|\psi(t)\rangle_S &= \sum_{a,a'} c_a^*(t)c_{a'}(t)\,\langle a|a'\rangle \\
&= \sum_{a,a'} c_a^*(t)c_{a'}(t)\delta_{a,a'} = \sum_a |c_a(t)|^2 = 1
\end{aligned}
$$

となります. □

■ **4.5 2準位系の時間発展**

ここで, ヒルベルト空間で直交する 2 状態のみを持つ **2 準位系**を考えます. この状態 $|1\rangle, |2\rangle$ が正規直交性 $\langle 2|1\rangle = \langle 1|2\rangle = 0$, $\langle 2|2\rangle = \langle 1|1\rangle = 1$ と完全性 $|1\rangle\langle 1| + |2\rangle\langle 2| = 1$ を満たすとすると, これらの状態は

$$|1\rangle \doteq \begin{pmatrix} 1 \\ 0 \end{pmatrix}, \qquad |2\rangle \doteq \begin{pmatrix} 0 \\ 1 \end{pmatrix} \tag{4.37}$$

と成分表示することができます. この 2 つの状態は観測可能量

$$A = |1\rangle\langle 1| - |2\rangle\langle 2| \doteq \begin{pmatrix} 1 & 0 \\ 0 & -1 \end{pmatrix} \tag{4.38}$$

の固有ケットになっています（1.5 節参照）.

一方, この系のハミルトニアンが

$$H = f(|1\rangle\langle 1| + |2\rangle\langle 2|) + g(|1\rangle\langle 2| + |2\rangle\langle 1|) \doteq \begin{pmatrix} f & g \\ g & f \end{pmatrix} \tag{4.39}$$

であるとします. このとき $g \neq 0$ であれば明らかに

$$[A, H] \neq \mathbf{0} \tag{4.40}$$

です. エネルギー固有値はハミルトニアンの行列表現の固有値ですので, ケーリー–ハミルトンの公式に従ってエネルギー固有値を求めると,

$$E_\pm = f \pm g \tag{4.41}$$

となります. また規格化されたエネルギー固有ケットは

$$|\pm\rangle = \frac{1}{\sqrt{2}}(|1\rangle \pm |2\rangle) \doteq \frac{1}{\sqrt{2}}\begin{pmatrix} 1 \\ \pm 1 \end{pmatrix} \tag{4.42}$$

となります. したがって, 先ほど定義した A の固有ケットは, エネルギー固有ケットを用いて

$$|1\rangle = \frac{1}{\sqrt{2}}(|+\rangle + |-\rangle) \tag{4.43}$$

$$|2\rangle = \frac{1}{\sqrt{2}}(|+\rangle - |-\rangle) \tag{4.44}$$

と書けます. エネルギー固有状態と A の固有状態の関係は図 4.2 に示してあります.

さて, シュレーディンガー描像を用いてこの系の時間発展を調べてみましょう. 時刻 $t = 0$ では観測可能量 A の固有ケット $|1\rangle$ に状態があるとします. すると, 時刻 t における状態 $|\psi(t)\rangle_\mathrm{S}$ は

$$\begin{aligned}
|\psi(t)\rangle_\mathrm{S} &= e^{-\frac{iHt}{\hbar}}|1\rangle \\
&= \frac{1}{\sqrt{2}}\left(e^{-\frac{i(f+g)t}{\hbar}}|+\rangle + e^{-\frac{i(f-g)t}{\hbar}}|-\rangle\right)
\end{aligned}$$

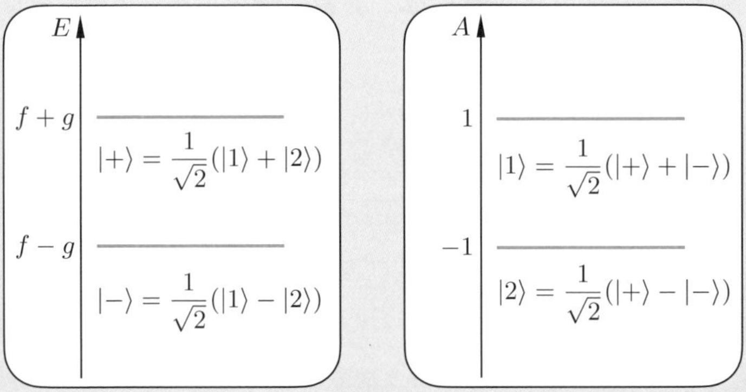

図 4.2　$H = f(|1\rangle\langle 1| + |2\rangle\langle 2|) + g(|1\rangle\langle 2| + |2\rangle\langle 1|)$ で与えられる 2 準位系の固有状態.

$$= e^{-\frac{ift}{\hbar}} \left(\cos\frac{gt}{\hbar} |1\rangle - i\sin\frac{gt}{\hbar} |2\rangle \right) \tag{4.45}$$

となります. これは $|1\rangle$ と $|2\rangle$ の間を振動しながら行き来する状態になっています. また, 物理量 A の期待値は

$$_{\mathrm{S}}\langle\psi(t)|A|\psi(t)\rangle_{\mathrm{S}} = \cos^2\frac{gt}{\hbar} - \sin^2\frac{gt}{\hbar} = \cos\frac{2gt}{\hbar} \tag{4.46}$$

となり, 周期 $T = \frac{\pi\hbar}{g}$ で期待値が振動することがわかります. ハイゼンベルク描像に基づいても同じ結果が得られますが, それについては演習問題 3 とします.

　このように, 2 準位系において観測可能量 A とハミルトニアン演算子 H が交換しない場合, 初期時点で A の固有状態にあったとしても時間の経過とともにもう 1 つの固有状態との間で振動を起こすようになります. **クォークやレプトン**と呼ばれる素粒子の時間変化, 磁場中のスピン歳差運動など, さまざまな物理現象において同種の振動が現れます.

例題　上記の設定において $t = 0$ で $|2\rangle$ にあった場合の時刻 t での状態ケットを求めてください.

解　以下のように求められます.

$$|\psi(t)\rangle_{\mathrm{S}} = e^{-\frac{iHt}{\hbar}} |2\rangle = \frac{1}{\sqrt{2}} \left(e^{-\frac{i(f+g)t}{\hbar}} |+\rangle - e^{-\frac{i(f-g)t}{\hbar}} |-\rangle \right)$$
$$= e^{-\frac{ift}{\hbar}} \left(-i\sin\frac{gt}{\hbar} |1\rangle + \cos\frac{gt}{\hbar} |2\rangle \right) \qquad\qquad \square$$

■■■■■■■■■■■■■第4章　演習問題■■■■■■■■■■■■■

■**1**　(4.14)

$$[X_i, \boldsymbol{P}^2] = 2i\hbar P_i$$

を示してください.

■**2**　$V(\boldsymbol{P})$ を $\boldsymbol{P} = (P_1, P_2, P_3)$ の関数としたとき

$$[X_i, V(\boldsymbol{P})] = i\hbar\frac{\partial}{\partial P_i}V(\boldsymbol{P})$$

が成り立つことを示してください.

■**3**　4.5 節で考えた系をハイゼンベルク描像で調べましょう.

(1)　ハイゼンベルク描像に基づいて, 時刻 t の演算子 $A(t)$ を求めてください.

(2)　時刻 $t = 0$ において $|1\rangle$ にあったとして, 時刻 t での期待値 $\langle 1|A(t)|1\rangle$ を求め, シュレーディンガー描像での結果 (4.46) と一致することを確認してください.

■**4**　4.5 節において, ハミルトニアンが

$$H = f(|1\rangle\langle 1| + |2\rangle\langle 2|) - ig(|1\rangle\langle 2| - |2\rangle\langle 1|) \doteq \begin{pmatrix} f & -ig \\ ig & f \end{pmatrix}$$

である場合の時間発展を調べましょう.

(1)　エネルギー固有値とエネルギー固有ケットを求めてください.

(2)　時刻 $t = 0$ で A の固有状態 $|1\rangle$ にあったとして, 時刻 t での A の期待値を求めてください.

■**5**　ハミルトニアンが露わに時間に依存しており, さらに異なる時間のハミルトニアンどうしが交換しない場合を考えます. このとき時間発展演算子が

$$U(t) = \mathbf{1} + \sum_{n=1}^{\infty}\left(\frac{-i}{\hbar}\right)^n \int_0^t dt_1 \int_0^{t_1} dt_2 \cdots \int_0^{t_{n-1}} dt_n \, H(t_1)H(t_2)\cdots H(t_n)$$

となることを確認してください. ただし時刻 $t = 0$ を基準とします.

■**6**　ハミルトニアンが $H = PX$ で与えられるとします. X と P の時間発展の様子をハイゼンベルク描像で示してください. このハミルトニアンはエルミート性を破っていますがここではひとまず計算を進めてください.

■**7**　ハミルトニアンが $H = (XP + PX)/2$ で与えられるとします. X と P の時間発展の様子をハイゼンベルク描像で示してください. このハミルトニアンはエルミート性を持ちます.

第5章
シュレーディンガー方程式と運動量固有ケット

　　座標表示の波動関数に関するシュレーディンガー方程式を導出し，その性質について解説します．また運動量固有ケットに対応する波動関数を調べることで，ド・ブロイ関係式を導出します．第2章の出発点であった粒子と波の二重性を，位置演算子と運動量演算子の交換関係から導出することになります．

■ 5.1　座標表示の波動関数

　この節では，座標表示の波動関数とそれを用いたシュレーディンガー方程式について解説します．本書ではすでに波動関数は何度か登場していますが，ここでは厳密にその定義を考えましょう．

　話を理解しやすくするため，なるべく以下の1次元系シュレーディンガー方程式を考えます．

$$i\hbar\frac{\partial}{\partial t}|\Psi(t)\rangle = H(P,X)|\Psi(t)\rangle \tag{5.1}$$

この章ではシュレーディンガー描像の状態ケットを $|\Psi(t)\rangle \equiv |\psi(t)\rangle_S$ と表記します．ハミルトニアン $H(P,X)$ は運動量演算子 P と位置演算子 X のみの関数とします．1次元自由粒子系や1次元調和振動子系はこの場合に含まれます．一方

$$X|x\rangle = x|x\rangle \tag{5.2}$$

を満たす位置演算子 X の位置ケット $|x\rangle$ は直交性と完全性を持つとします．直交性は

$$\langle x'|x\rangle = \delta(x'-x) = \begin{cases} \infty & (x'=x) \\ 0 & (x'\neq x) \end{cases} \tag{5.3}$$

のように，クロネッカーデルタを連続固有値の場合に拡張した**ディラックのデルタ関数**で表されます（付録 A.3 節参照）．完備関係式は連続固有値を持つ演

算子 X の固有状態 $|x\rangle$ に関しては

$$\int_{-\infty}^{\infty} dx \, |x\rangle\langle x| = \mathbf{1} \tag{5.4}$$

のように積分の形で与えられることを思い出しましょう．ここで $\mathbf{1}$ は無限次元の単位行列（恒等演算子）です．

　3 次元空間における位置ケットの完備性は，3 次元デルタ関数 $\delta(\boldsymbol{x}' - \boldsymbol{x})$ を用いて

$$\langle \boldsymbol{x}'|\boldsymbol{x}\rangle = \delta(\boldsymbol{x}' - \boldsymbol{x}) = \begin{cases} \infty & (\boldsymbol{x}' = \boldsymbol{x}) \\ 0 & (\boldsymbol{x}' \neq \boldsymbol{x}) \end{cases} \tag{5.5}$$

と書けます．また，完備関係式は

$$\int_{-\infty}^{\infty} d^3\boldsymbol{x} \, |\boldsymbol{x}\rangle\langle\boldsymbol{x}| = \mathbf{1} \tag{5.6}$$

となります．ただし $|\boldsymbol{x}\rangle$ は $X_i|\boldsymbol{x}\rangle = x_i|\boldsymbol{x}\rangle$ $(i = 1, 2, 3)$ を満たす位置固有ケットです．また $\int_{-\infty}^{\infty} d^3\boldsymbol{x}$ は 3 次元空間全体での積分を意味します．

　(5.1) のシュレーディンガー方程式の $i\hbar\frac{\partial}{\partial t}$ と $|\Psi(t)\rangle$ の間と，ハミルトニアン $H(P, X)$ と $|\Psi(t)\rangle$ の間に完備関係式 $\int dx \, |x\rangle\langle x| = \mathbf{1}$ を挿入します．すると

$$i\hbar\frac{\partial}{\partial t}\int_{-\infty}^{\infty} dx \, |x\rangle\langle x|\Psi(t)\rangle = H(P, X)\int_{-\infty}^{\infty} dx \, |x\rangle\langle x|\Psi(t)\rangle \tag{5.7}$$

が得られます．ここで現れた

$$\langle x|\Psi(t)\rangle \equiv \Psi(x, t) \tag{5.8}$$

は位置空間の波動関数，もしくは座標表示の波動関数と呼ばれます．その意味は至って明解です．この波動関数 $\Psi(x, t)$ は，シュレーディンガー描像の状態ベクトル $|\Psi(t)\rangle$ を，位置演算子 X の固有ケット $|x\rangle$ を基底にとって展開した際の展開係数です．

$$|\Psi(t)\rangle = \int_{-\infty}^{\infty} dx \, |x\rangle\langle x|\Psi(t)\rangle = \int_{-\infty}^{\infty} dx \, \Psi(x, t) \, |x\rangle \tag{5.9}$$

離散的な固有値を持つ場合に $|\Psi\rangle = \sum_a c_a|a\rangle$ のように総和記号で表していた展開が，ここでは積分記号で表され，展開係数も c_a ではなく $\Psi(x, t)$ になって

います．この展開係数，つまり座標表示の波動関数 $\Psi(x,t)$ はシュレーディンガー描像であることを反映して時間にも依存します．つまり $\Psi(x,t)$ とは

位置演算子固有ケットを基底にとった際の状態の展開係数，または状態のベクトル成分表示の成分

です．波動関数は無限次元のヒルベルト空間の元のわかりやすい例になっています．状態ベクトル $|\Psi(t)\rangle$ を $|x\rangle$ を基底として表示すると

$$|\Psi(t)\rangle \doteq \begin{pmatrix} \langle x_1|\Psi(t)\rangle \\ \langle x_2|\Psi(t)\rangle \\ \langle x_3|\Psi(t)\rangle \\ \vdots \end{pmatrix} = \begin{pmatrix} \Psi(x_1,t) \\ \Psi(x_2,t) \\ \Psi(x_3,t) \\ \vdots \end{pmatrix} \tag{5.10}$$

のように書けます．実際には x は連続的なのでこの式は数学的には正確ではないですが，波動関数がベクトル表現の一種であることを理解するには良い表式です．以降は，波動関数と言うときには特に注意をしない限りは座標表示の波動関数を指すこととします．

確率解釈に立ち戻って考えてみると，この波動関数（展開係数）の絶対値の二乗に微小変位 dx を掛けた

$$|\Psi(x,t)|^2 \, dx \tag{5.11}$$

は，時刻 t で位置 x 近傍の幅 dx の範囲内に粒子が観測される確率を表しています．そして，$|\Psi(x,t)|^2$ は**確率密度**と呼ばれます．すると，量子力学では物体は波のように空間全体に確率的に分布していると解釈できるようになります（2.2 節参照）．また確率の和が 1 であるためには，規格化条件

$$\int_{-\infty}^{\infty} |\Psi(x,t)|^2 \, dx = 1 \tag{5.12}$$

が満たされる必要があります．波動関数と確率密度の例は図 5.1 と図 5.2 に示してあります．この波動関数 $\Psi(x,t)$ を用いれば，(5.7) のシュレーディンガー方程式は

$$\int_{-\infty}^{\infty} dx' \, |x'\rangle \, i\hbar \frac{\partial}{\partial t} \Psi(x',t) = \int_{-\infty}^{\infty} dx' \, H(P,X)|x'\rangle \Psi(x',t) \tag{5.13}$$

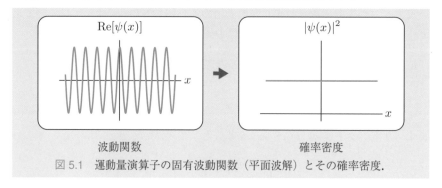

図 5.1　運動量演算子の固有波動関数（平面波解）とその確率密度.

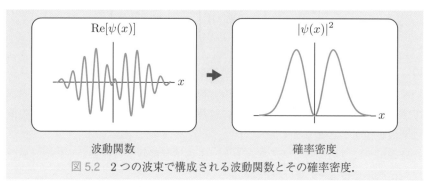

図 5.2　2 つの波束で構成される波動関数とその確率密度.

と書けます. ここでは次節の議論のために x の代わりに x' を用いました. 運動量固有ケットを基底にとった場合にも同様の関数 $\langle p | \Psi(t) \rangle$ を考えることが可能ですが, こちらは**運動量表示の波動関数**と呼ばれます.

■ 5.2　波動関数についてのシュレーディンガー方程式

　さて, 連続固有値を持つ場合の固有ケットの内積はディラックのデルタ関数 $\langle x | x' \rangle = \delta(x - x')$ となります. これから 5.3 節にかけてハミルトニアンに左右から位置演算子の固有ブラと固有ケットを作用させると

$$\langle x | H(P, X) | x' \rangle = H\left(\frac{\hbar}{i} \frac{\partial}{\partial x}, x \right) \delta(x - x') \tag{5.14}$$

となることを示します. これは, X については固有値 x に置き換わり, P については微分演算子 $\frac{\hbar}{i} \frac{\partial}{\partial x}$ に置き換わることを意味しています. ただし, XP の

ように交換しない演算子の積を含む場合は順序の問題が生じるため，エルミート性を考慮して $(XP + PX)/2$ とする必要があります．ここではこのような項を含まない場合のみを考えます．

例えば，$H = \frac{P^2}{2m} + \frac{kX^2}{2}$ という調和振動子系の場合には (5.14) は

$$\langle x| \left(\frac{P^2}{2m} + \frac{kX^2}{2} \right) |x'\rangle = \left(-\frac{\hbar^2}{2m} \frac{\partial^2}{\partial x^2} + \frac{kx^2}{2} \right) \delta(x - x') \tag{5.15}$$

となります．第 2 項については X が $\langle x|$ に作用して固有値 x が出てきたことに由来することがわかります．$|x'\rangle$ に作用して固有値 x' が生じたとして話を進めても最終的には同じ結論に至ります．一方，P が微分演算子に置き換わるところは

$$\langle x|P|x'\rangle = \frac{\hbar}{i} \frac{\partial}{\partial x} \delta(x - x') \tag{5.16}$$

を示す必要があります．これについては次節でしっかり解説します．

さて，シュレーディンガー方程式を変形した (5.13) に左から位置演算子の固有ブラ $\langle x|$ を掛けると，以下のようになります．

$$\int_{-\infty}^{\infty} dx' \, \langle x|x'\rangle \, i\hbar \frac{\partial}{\partial t} \Psi(x', t) = \int_{-\infty}^{\infty} dx' \, \langle x|H(P, X)|x'\rangle \Psi(x', t) \tag{5.17}$$

したがって (5.14) より

$$\int_{-\infty}^{\infty} dx' \, \delta(x - x') \, i\hbar \frac{\partial}{\partial t} \Psi(x', t) = \int_{-\infty}^{\infty} dx' \, H\left(\frac{\hbar}{i} \frac{\partial}{\partial x}, x \right) \delta(x - x') \Psi(x', t) \tag{5.18}$$

が得られます．最後に積分を実行して，デルタ関数に関する公式

$$\int_{-\infty}^{\infty} f(x') \delta(x - x') \, dx' = f(x) \tag{5.19}$$

を使えば

$$i\hbar \frac{\partial}{\partial t} \Psi(x, t) = H\left(\frac{\hbar}{i} \frac{\partial}{\partial x}, x \right) \Psi(x, t) \tag{5.20}$$

が得られます．これが座標表示の波動関数についてのシュレーディンガー方程式です．

$$H = \frac{P^2}{2m} + V(X) \tag{5.21}$$

というハミルトニアンの場合，シュレーディンガー方程式は

$$i\hbar\frac{\partial}{\partial t}\Psi(x,t) = \left(-\frac{\hbar^2}{2m}\frac{\partial^2}{\partial x^2} + V(x)\right)\Psi(x,t) \tag{5.22}$$

となります．状態ベクトルとして波動関数，演算子として数と微分演算子が現れています．波動関数が位置演算子固有ケットを基底とする状態ベクトルの成分表示であることを考えると，「波動関数を用いて量子力学の問題を考える」ことは「行列とベクトルを用いて量子力学の問題を考える」ことと全く同じであることがわかります．

3次元空間においては

$$i\hbar\frac{\partial}{\partial t}\Psi(\boldsymbol{x},t) = H\left(\frac{\hbar}{i}\nabla, \boldsymbol{x}\right)\Psi(\boldsymbol{x},t) \tag{5.23}$$

が座標表示の波動関数のシュレーディンガー方程式になります．例えば3次元系ハミルトニアン $H = \frac{\boldsymbol{P}^2}{2m} + V(\boldsymbol{X})$ のシュレーディンガー方程式は

$$i\hbar\frac{\partial}{\partial t}\Psi(\boldsymbol{x},t) = \left\{-\frac{\hbar^2}{2m}\left(\frac{\partial^2}{\partial x_1^2} + \frac{\partial^2}{\partial x_2^2} + \frac{\partial^2}{\partial x_3^2}\right) + V(\boldsymbol{x})\right\}\Psi(\boldsymbol{x},t) \tag{5.24}$$

となります．

■ 5.3　運動量演算子とその座標表示 ■

ここでは $\langle x|P|x'\rangle = \frac{\hbar}{i}\frac{\partial}{\partial x}\delta(x-x')$ の証明と，運動量演算子に関係する諸性質を解説します．はじめに，位置演算子と運動量演算子が以下の交換関係を満たすことを思い出します．

$$[X, P^n] = n\,i\hbar P^{n-1} = i\hbar\frac{d(P^n)}{dP} \tag{5.25}$$

これを用いると，以下のことがわかります．

$$\left[X, \exp\left(-\frac{i\Delta x\,P}{\hbar}\right)\right] = \Delta x\,\exp\left(-\frac{i\Delta x\,P}{\hbar}\right) \tag{5.26}$$

ここで Δx は実数です．この指数関数型の演算子

$$\mathcal{J}(\Delta x) \equiv \exp\left(-\frac{i\Delta x\,P}{\hbar}\right) \tag{5.27}$$

はユニタリー演算子の一例になっています．つまり $\mathcal{J}^\dagger = \mathcal{J}^{-1}$ を満たします．

この演算子 $\mathcal{J}(\Delta x)$ はどのような役割を果たすのかを見てみましょう. 固有ケット $|x\rangle$ に $\mathcal{J}(\Delta x)$ を作用させた上で, その状態に X を作用させることで固有値を調べてみます. (5.26) の交換関係を用いて

$$X\left(\mathcal{J}(\Delta x)|x\rangle\right) = \left(\mathcal{J}(\Delta x)X + \Delta x \mathcal{J}(\Delta x)\right)|x\rangle$$
$$= (x + \Delta x)\left(\mathcal{J}(\Delta x)|x\rangle\right) \tag{5.28}$$

が得られます. これにより演算子 $\mathcal{J}(\Delta x)$ は, 固有値 x を持つ状態を固有値 $x + \Delta x$ を持つ状態に変化させるということがわかります. この演算子を**平行移動演算子**と呼び, この意味で運動量演算子 P は**無限小平行移動生成子**とも呼ばれます. ここまでの議論で, 交換関係 $[X, P] = i\hbar$ のみから以下がわかりました.

$$\mathcal{J}(\Delta x)|x\rangle = |x + \Delta x\rangle \tag{5.29}$$

ここでは規格化因子を 1 としました.

次に $\mathcal{J}(\Delta x)$ が任意の状態ベクトル $|\psi\rangle$ に作用した場合を考えます. 以下のように完備関係式を挿入することで見やすく書き直すことができます.

$$\mathcal{J}(\Delta x)|\psi\rangle = \int_{-\infty}^{\infty} dx\, |x + \Delta x\rangle\langle x|\psi\rangle = \int_{-\infty}^{\infty} dx\, |x\rangle\langle x - \Delta x|\psi\rangle \tag{5.30}$$

途中, $x + \Delta x \to x$ という再定義を行うとともに, 積分範囲が $(-\infty, \infty)$ である事実を用いました. ここで, Δx を微小な数として, この式の両辺を Δx の 1 次までテイラー展開します. すると

$$\left(1 - \frac{i\Delta x P}{\hbar}\right)|\psi\rangle = \int_{-\infty}^{\infty} dx\, |x\rangle\langle x|\psi\rangle - \Delta x \int_{-\infty}^{\infty} dx\, |x\rangle \frac{\partial}{\partial x}\langle x|\psi\rangle \tag{5.31}$$

となることがわかります. 右辺第 1 項は完備関係式があるので $|\psi\rangle$ そのものであり, 左辺第 1 項も同じく $|\psi\rangle$ です. したがって

$$P|\psi\rangle = \int_{-\infty}^{\infty} dx\, |x\rangle \frac{\hbar}{i} \frac{\partial}{\partial x}\langle x|\psi\rangle \tag{5.32}$$

が得られます. この関係式は大変重要であり, 模式的に書き表すと

$$P = \int_{-\infty}^{\infty} dx\, |x\rangle \frac{\hbar}{i} \frac{\partial}{\partial x}\langle x| \tag{5.33}$$

と書くこともできます. これは, 位置ケット $|x\rangle$ を基底としたときの, 運動量

演算子 P の表示が

$$P \doteq \frac{\hbar}{i} \frac{\partial}{\partial x} \tag{5.34}$$

で与えられることを意味しています.

さて,特別な場合として $|\psi\rangle = |x'\rangle$ を考え,左から別の位置座標固有ブラ $\langle x|$ を掛けてデルタ関数の積分を実行すると

$$\langle x|P|x'\rangle = \int_{-\infty}^{\infty} dy\, \langle x|y\rangle \frac{\hbar}{i} \frac{\partial}{\partial y} \langle y|x'\rangle = \frac{\hbar}{i} \frac{\partial}{\partial x} \delta(x - x') \tag{5.35}$$

が得られます.これこそ私たちが示したかった結果であり 5.2 節冒頭の

$$\langle x|H(P,X)|x'\rangle = H\left(\frac{\hbar}{i} \frac{\partial}{\partial x}, x\right) \delta(x - x') \tag{5.36}$$

が正しいことがわかりました.

これまでの議論で,位置演算子 X の固有ケット $|x\rangle$ を基底とする表示(座標表示)においては,運動量演算子 P は $\frac{\hbar}{i} \frac{\partial}{\partial x}$ という微分演算子に対応することがわかりました.そこで,$[X, P] = i\hbar$ という交換関係がこの表示でも成り立つかを確認しておきます.

例題　座標表示においても $[X, P] = i\hbar$ が成り立つことを確認してください.

解　任意の関数 $f(x)$ に座標表示の交換関係 $\left[x, \frac{\hbar}{i} \frac{\partial}{\partial x}\right]$ を作用させてみます.ただし,ここで x は X の連続固有値を表す実数です.すると

$$\left[x, \frac{\hbar}{i} \frac{\partial}{\partial x}\right] f(x) = \frac{\hbar}{i} x \frac{\partial f(x)}{\partial x} - \frac{\hbar}{i} \left(\frac{\partial x}{\partial x} f(x) + x \frac{\partial f(x)}{\partial x}\right) = i\hbar f(x)$$

が得られます.ここで,微分演算子が右側の関数全体に作用することに注意し,途中ライプニッツルールを用いました.この結果が $f(x)$ の形を限定しない一般的な結果であることに注意すると次が得られます.

$$\left[x, \frac{\hbar}{i} \frac{\partial}{\partial x}\right] = i\hbar$$

したがって,座標表示においても交換関係は正しく成り立っていることがわかります.□

3 次元空間における運動量演算子は

$$\boldsymbol{P}|\psi\rangle = \int_{-\infty}^{\infty} d^3\boldsymbol{x}\, |\boldsymbol{x}\rangle \frac{\hbar}{i} \nabla \langle \boldsymbol{x}|\psi\rangle \tag{5.37}$$

を満たします.この積分領域は 3 次元それぞれについて $-\infty$ から ∞ とします.

したがって

$$\boldsymbol{P} = \int_{-\infty}^{\infty} d^3\boldsymbol{x}\,|\boldsymbol{x}\rangle\frac{\hbar}{i}\nabla\langle\boldsymbol{x}| \tag{5.38}$$

もしくは

$$\boldsymbol{P} \doteq \frac{\hbar}{i}\nabla = \frac{\hbar}{i}(\partial_1,\partial_2,\partial_3) \tag{5.39}$$

となります．ここで $\partial_1 = \frac{\partial}{\partial x_1}$, $\partial_2 = \frac{\partial}{\partial x_2}$, $\partial_3 = \frac{\partial}{\partial x_3}$ を意味します．

■ **5.4　運動量固有ケット**

　ここでは，位置固有ケットを基底にとった際の運動量固有ケットの表示 $\langle x|p\rangle$ に注目します．つまり運動量固有ケット $|p\rangle$ の座標表示について考えます．

　運動量演算子とその固有ケットについての方程式

$$P|p\rangle = p|p\rangle \tag{5.40}$$

に位置演算子固有ケット（以下，位置ケット）の完備関係式 $\int dx'\,|x'\rangle\langle x'| = \mathbf{1}$ を挿入し，さらに左から位置ブラ $\langle x|$ を掛けると，以下が得られます．

$$\langle x|P\int_{-\infty}^{\infty}dx'|x'\rangle\langle x'|p\rangle = p\langle x|p\rangle \tag{5.41}$$

左辺は $\langle x|P|x'\rangle = \frac{\hbar}{i}\frac{\partial}{\partial x}\delta(x-x')$ であることを用いて，積分を実行すると

$$\frac{\hbar}{i}\frac{\partial}{\partial x}\langle x|p\rangle = p\langle x|p\rangle \tag{5.42}$$

となります．$\langle x|p\rangle$ は $|p\rangle$ の座標表示波動関数 $u_p(x) \equiv \langle x|p\rangle$ であり，この式は座標表示での固有方程式になっています．この常微分方程式は容易に解くことができ

$$u_p(x) = \langle x|p\rangle = C\exp\left(\frac{ipx}{\hbar}\right) \tag{5.43}$$

が解となります．ここで C は規格化条件から定まる定数です．

例題　$u_p(x) = C\exp\left(\dfrac{ipx}{\hbar}\right)$ が (5.42) の解であることを示してください．

解　代入すると左辺と右辺が一致することが確かめられます．　□

一方

$$(\langle x|p\rangle)^* = \langle p|x\rangle \tag{5.44}$$

から

$$u_p^*(x) = \langle p|x\rangle = C^* \exp\left(-\frac{ipx}{\hbar}\right) \tag{5.45}$$

もわかります. 結局, 運動量固有ケットの座標表示は平面波解になることがわかりました（5.1 節の図 5.1 参照）.

規格化定数 C は運動量固有ケットに正規直交性を課すことで定まります. つまり, $\langle p|q\rangle = \delta(p-q)$ を課すことで

$$\delta(p-q) = \langle p|q\rangle = \int_{-\infty}^{\infty} dx\,\langle p|x\rangle\langle x|q\rangle = \int_{-\infty}^{\infty} dx\,u_p^*(x)u_q(x)$$

$$= |C|^2 \int_{-\infty}^{\infty} dx\,\exp\left(\frac{i(q-p)x}{\hbar}\right) = |C|^2\,2\pi\hbar\,\delta(p-q) \tag{5.46}$$

となります. 慣習により C を正の実数にとると

$$C = \frac{1}{\sqrt{2\pi\hbar}} \tag{5.47}$$

が得られます. 結局, 運動量固有ケットの座標表示は

$$u_p(x) = \langle x|p\rangle = \frac{1}{\sqrt{2\pi\hbar}} \exp\left(\frac{ipx}{\hbar}\right) \tag{5.48}$$

となります. これは**運動量固有波動関数**とも呼ばれます. 3 次元空間においても同様の議論を繰り返すことで, 運動量固有ケットの座標表示が

$$u_{\boldsymbol{p}}(\boldsymbol{x}) = \langle \boldsymbol{x}|\boldsymbol{p}\rangle = \left(\frac{1}{\sqrt{2\pi\hbar}}\right)^3 \exp\left(\frac{i\boldsymbol{p}\cdot\boldsymbol{x}}{\hbar}\right) \tag{5.49}$$

と得られます. ただし, $|\boldsymbol{p}\rangle$ は $P_i\,|\boldsymbol{p}\rangle = p_i\,|\boldsymbol{p}\rangle\ (i=1,2,3)$ を満たす運動量固有ケットです.

1 次元自由粒子系のハミルトニアンは

$$H = \frac{P^2}{2m} \tag{5.50}$$

で与えられるので, このハミルトニアンの固有ベクトルは運動量演算子の固有ケット $|p\rangle$ と同一です. 別の言い方をすると「$[P,H]=0$ であるため, 2 つの

演算子は同時固有ケットを持つ」ということです．したがって $H\,|p\rangle = \frac{p^2}{2m}\,|p\rangle$ より，この場合のハミルトニアンの固有値つまりエネルギー固有値は

$$E = \frac{p^2}{2m} \tag{5.51}$$

となります．これは古典力学における運動エネルギーと同じ形ですが，量子力学においては E も p も固有値であり，この関係は固有値どうしの関係を意味しています．

結局，1 次元自由粒子系のエネルギー固有状態あるいは運動量固有状態の座標表示は $u_p(x) = \frac{1}{\sqrt{2\pi\hbar}} \exp\left(\frac{ipx}{\hbar}\right)$ で与えられます．これは"波"とみなせますので，その波長について論じることができます．つまり運動量固有ケット $|p\rangle$ の座標表示 $u_p(x) = \langle x|p\rangle$ の波長 λ_p という概念を導入するのです．上記の指数関数の肩から波長を読みとると

$$\lambda_p = \frac{2\pi\hbar}{p} = \frac{h}{p} \tag{5.52}$$

であることがわかります．この関係式は**ド・ブロイ関係式**であり，運動量 p を持った粒子の状態は同時に波長 $\lambda_p = h/p$ を持った波の状態でもある，ということを意味しています．これこそ量子力学の基礎概念の 1 つである「粒子と波の二重性」を示す重要な性質であり，これを用いて第 2 章ではさまざまな量子現象を議論しました．ここでは位置と運動量の交換関係だけを用いてこの性質を"導出"しました．

例題 運動量固有波動関数 $u_p(x) = \dfrac{1}{\sqrt{2\pi\hbar}} \exp\left(\dfrac{ipx}{\hbar}\right)$ を波とみなしたときの波長が (5.52) で与えられることを示してください．

解 波長を λ_p とすると

$$\frac{p\lambda_p}{\hbar} = 2\pi$$

が波長の満たす式になります．ここから $\lambda_p = h/p$ が得られます． □

正弦波が全空間に広がっていることを思い出すと，この関係式は「運動量が定まっている状態では位置は完全に不確定になる」という不確定性関係をも含んでいることがわかります．ここまでの議論で用いたのは $[X, P] = i\hbar$ という交換関係のみであって，そこから「二重性」や「不確定性関係」などすべての

重要な性質が演繹され，豊饒な世界が生みだされていることがわかります．

　時間発展演算子の座標表示 $U(t) \doteq \exp\left(-\frac{iHt}{\hbar}\right)$ を用いることで，座標表示を用いてシュレーディンガー描像での時間発展を考えることができます．ハミルトニアンが $H \doteq -\frac{\hbar^2}{2m}\frac{\partial^2}{\partial x^2}$ で与えられる 1 次元自由粒子系を考えたとき，時刻 $t = 0$ で $u_p(x) = \frac{1}{\sqrt{2\pi\hbar}}\exp\left(\frac{ipx}{\hbar}\right)$ であった波動関数は，時刻 t では

$$u_p(x,t) = U(t)u_p(x) = \frac{1}{\sqrt{2\pi\hbar}}\exp\left(\frac{i(px - E_p t)}{\hbar}\right) \tag{5.53}$$

となります．ここで $E_p = \frac{p^2}{2m}$ です．これは正方向に進行する波長 h/p，振動数 E_p/h の平面波に他なりません．この $u_p(x,t)$ は，1 次元自由粒子ハミルトニアン $(V(X) = 0)$ に対する座標表示シュレーディンガー方程式 (5.22) の解になっていることを容易に確認でき，理論全体が首尾一貫していることがわかります．

　この節の最後に，位置固有ケット $|x\rangle$ と運動量固有ケット $|p\rangle$ の関係を簡潔に書き表しておきます．

$$|x\rangle = \int_{-\infty}^{\infty} dp\, |p\rangle\langle p|x\rangle = \frac{1}{\sqrt{2\pi\hbar}}\int_{-\infty}^{\infty} dp\, \exp\left(-\frac{ipx}{\hbar}\right)|p\rangle \tag{5.54}$$

$$|p\rangle = \int_{-\infty}^{\infty} dx\, |x\rangle\langle x|p\rangle = \frac{1}{\sqrt{2\pi\hbar}}\int_{-\infty}^{\infty} dx\, \exp\left(\frac{ipx}{\hbar}\right)|x\rangle \tag{5.55}$$

(5.55) はすでに第 2 章の議論でも紹介していました．数学的にはこれらの式はフーリエ展開に他ならず，不確定性関係はフーリエ展開の概念の自然界における実現とも言えます．途中，運動量固有ケットに関する完備関係式

$$\mathbf{1} = \int_{-\infty}^{\infty} dp\, |p\rangle\langle p| \tag{5.56}$$

を挿入しました．同様に，3 次元空間では

$$|\boldsymbol{x}\rangle = \int d^3\boldsymbol{p}\, |\boldsymbol{p}\rangle\langle\boldsymbol{p}|\boldsymbol{x}\rangle = \frac{1}{(\sqrt{2\pi\hbar})^3}\int d^3\boldsymbol{p}\, \exp\left(-\frac{i\boldsymbol{p}\cdot\boldsymbol{x}}{\hbar}\right)|\boldsymbol{p}\rangle \tag{5.57}$$

$$|\boldsymbol{p}\rangle = \int d^3\boldsymbol{x}\, |\boldsymbol{x}\rangle\langle\boldsymbol{x}|\boldsymbol{p}\rangle = \frac{1}{(\sqrt{2\pi\hbar})^3}\int d^3\boldsymbol{x}\, \exp\left(\frac{i\boldsymbol{p}\cdot\boldsymbol{x}}{\hbar}\right)|\boldsymbol{x}\rangle \tag{5.58}$$

となります．積分領域は 3 次元空間全体であるとして無限大の記号を省略しました．

■ 5.5 確率の流れ

この節では 3 次元空間でのシュレーディンガー方程式を考えます. 3.3 節ではコペンハーゲン解釈（確率解釈）においては, 波動関数の絶対値の二乗が存在確率を表すことを述べました. ここでは, **確率密度**を

$$\rho(\boldsymbol{x}, t) = |\Psi(\boldsymbol{x}, t)|^2 \tag{5.59}$$

と表記します. 一方, 時間発展を考える際には**確率の流れ**が重要になります. $|\Psi(\boldsymbol{x}, t)|^2$ が確率密度であること, そして運動量が座標表示では $P \doteq \frac{\hbar}{i}\nabla$ と表されることを考慮すると, 素朴には $\Psi^*\frac{\hbar}{im}\nabla\Psi$ が確率の流れを意味するように見えます. 残念ながらこれはエルミート性を持ちません. 実際には, 確率の流れはエルミート性を持つ以下の量で与えられます.

$$
\begin{aligned}
\boldsymbol{j}(\boldsymbol{x}, t) &= \frac{\hbar}{2im}(\Psi^*\nabla\Psi - \Psi\nabla\Psi^*) \\
&= \frac{\hbar}{2im}\begin{pmatrix} \Psi^*\partial_1\Psi - \Psi\partial_1\Psi^* \\ \Psi^*\partial_2\Psi - \Psi\partial_2\Psi^* \\ \Psi^*\partial_3\Psi - \Psi\partial_3\Psi^* \end{pmatrix}
\end{aligned}
\tag{5.60}
$$

この量の全空間積分を行うと, 部分積分を用いて $\int \boldsymbol{j}\, d^3\boldsymbol{x} = \langle\boldsymbol{P}(t)\rangle/m$ のように運動量の期待値になることが確認できます（演習問題 6 参照）. ここで $\nabla\Psi = (\partial_1\Psi, \partial_2\Psi, \partial_3\Psi)$ は勾配（グラディエント）です. 4.3 節で述べたように本書では 3 次元空間ベクトルに関しては縦横ベクトルを区別せずに用います.

ポテンシャルが実数値関数である場合, 確率の流れと確率密度は, 流体力学や電磁気学にも登場する以下の**連続の方程式**を満たします.

$$\frac{\partial\rho}{\partial t} + \nabla\cdot\boldsymbol{j} = 0 \tag{5.61}$$

ここで $\boldsymbol{j} = (j_1, j_2, j_3)$ と表すと, $\nabla\cdot\boldsymbol{j} = \partial_1 j_1 + \partial_2 j_2 + \partial_3 j_3$ であり, ベクトル関数からスカラー関数を与えるこのような多変数関数の微分は**発散**（ダイバージェンス）と呼ばれます. (5.61) は, 座標表示のシュレーディンガー方程式とその複素共役をとった方程式

$$-i\hbar\frac{\partial\Psi^*}{\partial t} = \left(-\frac{\hbar^2}{2m}\nabla^2 + V(\boldsymbol{x})\right)\Psi^* \tag{5.62}$$

の差をとることで容易に示せます（例題参照）．

　すぐにわかるように，波動関数を位相部分 $\theta(\boldsymbol{x}, t)$ と絶対値部分 $\sqrt{\rho(\boldsymbol{x}, t)}$ に分けて

$$\Psi(\boldsymbol{x}, t) = \sqrt{\rho(\boldsymbol{x}, t)}\, \exp\big(i\theta(\boldsymbol{x}, t)\big) \tag{5.63}$$

のように書くと，確率の流れ $\boldsymbol{j}$ は

$$\begin{aligned}
\boldsymbol{j}(\boldsymbol{x}, t) &= \frac{\hbar}{m}\, \rho(\boldsymbol{x}, t)\, \nabla\theta(\boldsymbol{x}, t) \\
&= \frac{\hbar}{m}\, \rho(\boldsymbol{x}, t) \begin{pmatrix} \partial_1\theta(\boldsymbol{x}, t) \\ \partial_2\theta(\boldsymbol{x}, t) \\ \partial_3\theta(\boldsymbol{x}, t) \end{pmatrix}
\end{aligned} \tag{5.64}$$

と書けます．この導出は演習問題 7 に残します．これは確率の流れが波動関数の位相の変化により引き起こされていることを意味しています．このように確率密度が時間変化していくことを考慮して，波動関数で表される波のことを**確率波**と呼ぶこともあります．

例題　連続の方程式 (5.61) を示してください．

解　シュレーディンガー方程式に左から Ψ^* を掛けたもの

$$i\hbar\Psi^* \frac{\partial\Psi}{\partial t} = \Psi^* \left(-\frac{\hbar^2}{2m}\nabla^2 + V(\boldsymbol{x}) \right)\Psi$$

から，複素共役をとったシュレーディンガー方程式に左から Ψ を掛けたもの

$$-i\hbar\Psi \frac{\partial\Psi^*}{\partial t} = \Psi \left(-\frac{\hbar^2}{2m}\nabla^2 + V(\boldsymbol{x}) \right)\Psi^*$$

を引き算して $i\hbar$ で割ると，左辺は明らかに $\partial_t\rho$ になります．右辺は $V(\boldsymbol{x})$ を実数とすると，$V(\boldsymbol{x})$ の項は相殺されて $-\nabla \cdot \boldsymbol{j}$ に等しくなります．　　　□

■ 5.6　**波動関数を用いた期待値の計算**　■

X, P を用いて書ける演算子 $A(X, P)$ があるとして，その期待値 $\langle A \rangle$ を座標表示の波動関数を用いて計算することを考えます．ここでは状態は $|\psi\rangle$ にあるとして，その座標表示は $\psi(x)$ と表記します．完備関係式を 2 つ挿入しデルタ関数の積分を実行することで，期待値は以下のように書けます．

$$
\begin{aligned}
\langle \psi | A | \psi \rangle &= \int_{-\infty}^{\infty} dx \int_{-\infty}^{\infty} dx' \, \langle \psi | x \rangle \, \langle x | A | x' \rangle \, \langle x' | \psi \rangle \\
&= \int_{-\infty}^{\infty} dx \int_{-\infty}^{\infty} dx' \, \psi^*(x) \, \langle x | A | x' \rangle \, \psi(x') \\
&= \int_{-\infty}^{\infty} dx \int_{-\infty}^{\infty} dx' \, \psi^*(x) A\left(x, \frac{\hbar}{i} \frac{\partial}{\partial x} \right) \delta(x - x') \psi(x') \\
&= \int_{-\infty}^{\infty} dx \, \psi^*(x) A\left(x, \frac{\hbar}{i} \frac{\partial}{\partial x} \right) \psi(x) \tag{5.65}
\end{aligned}
$$

$A\left(x, \frac{\hbar}{i} \frac{\partial}{\partial x} \right)$ は，$A(X, P)$ において $X \to x$, $P \to \frac{\hbar}{i} \frac{\partial}{\partial x}$ の置き換えをしたものです．特に，X^n と P^n の期待値は

$$
\langle \psi | X^n | \psi \rangle = \int_{-\infty}^{\infty} x^n \, |\psi(x)|^2 \, dx \tag{5.66}
$$

$$
\langle \psi | P^n | \psi \rangle = \int_{-\infty}^{\infty} \psi^*(x) \left(\frac{\hbar}{i} \frac{\partial}{\partial x} \right)^n \psi(x) \, dx \tag{5.67}
$$

となります．前者については $|\psi(x)|^2$ が存在確率を表すことからも理解できます．

■■■■■■■■■■■■■■**第 5 章　演習問題**■■■■■■■■■■■■■■

▌1　3 次元運動量固有状態の座標表示

$$u_{\boldsymbol{p}}(\boldsymbol{x}) = \left(\frac{1}{\sqrt{2\pi\hbar}}\right)^3 \exp\left(\frac{i\boldsymbol{p}\cdot\boldsymbol{x}}{\hbar}\right)$$

が正規直交性を持つことを示してください.

▌2

$$u_p(x,t) = \frac{1}{\sqrt{2\pi\hbar}} \exp\left(\frac{i(px - E_p t)}{\hbar}\right)$$

が 1 次元自由粒子系のシュレーディンガー方程式の解になっていることを確認してください.

▌3　1 次元系の運動量固有状態について，座標表示の波動関数を用いて運動量演算子 P, P^2 の期待値を計算してください.

▌4　1 次元系の運動量固有状態について，座標表示の波動関数を用いて位置演算子 X, X^2 の期待値を計算してください.

▌5　前問までの結果から運動量固有状態での不確定性関係を考察してください.

▌6　確率の流れ

$$\boldsymbol{j}(\boldsymbol{x},t) = \frac{\hbar}{2im}(\Psi^*\nabla\Psi - \Psi\nabla\Psi^*)$$

の空間積分が

$$\int \boldsymbol{j}\, d^3\boldsymbol{x} = \frac{\langle\boldsymbol{P}(t)\rangle}{m}$$

となることを示してください.

▌7　確率の流れ (5.64)

$$\boldsymbol{j}(\boldsymbol{x},t) = \frac{\hbar}{m}\rho\nabla\theta(\boldsymbol{x},t)$$

を示してください.

▌8　3 次元系の運動量固有波動関数

$$u_{\boldsymbol{p}}(\boldsymbol{x}) = \left(\frac{1}{\sqrt{2\pi\hbar}}\right)^3 \exp\left(\frac{i(\boldsymbol{p}\cdot\boldsymbol{x} - E_{\boldsymbol{p}}t)}{\hbar}\right)$$

について，確率の流れ $\boldsymbol{j}(\boldsymbol{x},t)$ を計算してください.

第6章

定常状態の
シュレーディンガー方程式

本章では，定常状態のシュレーディンガー方程式を導入して，シュレーディンガー方程式の解法の一般論を与えます．それを用いて 1 次元自由粒子系シュレーディンガー方程式の解の物理的性質について解説します．また，ガウス波束を導入しその性質を学びます．量子力学の基本的性質についての理解が深まってくる段階で，第 2 章を見返しながら学ぶとより深い理解が得られます．

■ 6.1 時間に依存しないシュレーディンガー方程式 ■

(5.22) で得られた座標表示波動関数 $\Psi(x, t)$ についての 1 次元系シュレーディンガー方程式

$$i\hbar \frac{\partial}{\partial t}\Psi(x, t) = H\Psi(x, t)$$

$$H = -\frac{\hbar^2}{2m}\frac{\partial^2}{\partial x^2} + V(x) \tag{6.1}$$

の解法について考えましょう．時間と位置についての偏微分方程式であるシュレーディンガー方程式に変数分離形の解

$$\Psi(x, t) = \exp\left(-\frac{iEt}{\hbar}\right)\psi(x) \tag{6.2}$$

を仮定して，x の関数 $\psi(x)$ についての常微分方程式に着目することにします．偏微分方程式に対するこの解法は**変数分離法**と呼ばれ，シュレーディンガー方程式型の偏微分方程式について有効であることが知られています．$\Psi(x, t) = e^{-\frac{iEt}{\hbar}}\psi(x)$ を代入すると，シュレーディンガー方程式 (6.1) の左辺は

$$i\hbar\frac{\partial}{\partial t}\Psi(x, t) = i\hbar\frac{\partial}{\partial t}e^{-\frac{iEt}{\hbar}}\psi(x) = Ee^{-\frac{iEt}{\hbar}}\psi(x) \tag{6.3}$$

右辺は

$$H\Psi(x, t) = e^{-\frac{iEt}{\hbar}}H\psi(x) = e^{-\frac{iEt}{\hbar}}\left(-\frac{\hbar^2}{2m}\frac{\partial^2}{\partial x^2} + V(x)\right)\psi(x) \tag{6.4}$$

となります．両辺を比較することで $\psi(x)$ についての方程式

$$H\psi(x) = E\psi(x) \tag{6.5}$$

$$H = -\frac{\hbar^2}{2m}\frac{d^2}{dx^2} + V(x) \tag{6.6}$$

が得られます．この方程式はハミルトニアン H を演算子，E をエネルギー固有値とする方程式そのものであり，$\psi(x)$ がエネルギー固有ケットの座標表示波動関数に対応します．シュレーディンガー描像では，状態が時間発展演算子 $U(t) = e^{-\frac{iHt}{\hbar}}$ により時間発展しますので，変数分離形の解 (6.2) はエネルギー固有波動関数に $U(t) = e^{-\frac{iHt}{\hbar}}$ が作用してできた時刻 t での波動関数であることがわかります．すでにこの場合の具体的な例は 1 次元自由粒子について前章の (5.53) で見ました．

　結局，量子力学の時間発展（ダイナミクス）の問題は，ハミルトニアン演算子についての固有方程式を解き，そのエネルギー固有値と固有ベクトル（固有波動関数）をすべて求めることに帰着されることがわかります．後は，それらの固有ベクトルの重ね合わせとして状態ベクトルを展開すれば，いかなる状態の時間発展も記述できるのです．この点は位置座標表示にとどまらず，他の表示においても変わりません．(6.1) に示した $\Psi(x,t)$ についてのシュレーディンガー方程式を**時間に依存するシュレーディンガー方程式**，(6.5) に示した $\psi(x)$ についての方程式を**時間に依存しないシュレーディンガー方程式**もしくは**定常状態のシュレーディンガー方程式**と呼びます．

　以下では，定常状態のシュレーディンガー方程式を考え，かつ 1 次元系を考えるときには x についての微分を偏微分ではなく $\frac{d}{dx}$ と表すこととします．ただし，時間発展を考える場合は本来偏微分記号を用いるべきですので，そのような場合には断りなく偏微分記号を用います．

　ここでエネルギー固有値の性質について述べておきます．1 次元系のハミルトニアン $H = -\frac{\hbar^2}{2m}\frac{d^2}{dx^2} + V(x)$ を考えたとき，一般に，無限遠方でのポテンシャルの値より小さいエネルギー固有値は離散的になり，それより大きいエネルギー固有値は連続的になります．特に離散的なエネルギー固有値を持つ状態は**束縛状態**と呼ばれ，この場合には波動関数の確率解釈と矛盾しないように境界条件を課した上で定常状態のシュレーディンガー方程式を解くことになり

ます．その結果，特定のエネルギー固有値を持つ場合だけシュレーディンガー方程式の解が存在することがわかります．例えば，本章で主に扱う自由粒子は $V(x) = 0, E \geq 0$ なので連続的なエネルギー固有値のみを持つ場合に対応します．6.3 節で扱う有限の空間に閉じ込められた粒子は，無限に高いポテンシャルの壁に囲まれていると解釈することができるため $V(\pm\infty) = \infty$ であり，離散的なエネルギー固有値のみを持つ場合に対応します．

さて，時刻 $t = 0$ での状態を表す波動関数 $\Psi(x,0)$ を

$$\Psi(x,0) = \sum_a c_a \psi_{E_a}(x) \tag{6.7}$$

のようにエネルギー固有波動関数 $\psi_{E_a}(x)$ で展開したとします（ここでは離散固有値を仮定しました）．a はエネルギー準位を表す添字です．すると，時刻 t における波動関数は

$$\Psi(x,t) = \sum_a e^{-\frac{iE_a t}{\hbar}} c_a \psi_{E_a}(x) \tag{6.8}$$

となります．これは第 4 章でブラケット表記を用いて行った時間発展の議論を座標表示で行っているだけです．

> **例題** 1 次元自由粒子系において，時刻 $t = 0$ で
> $$\Psi(x,0) = \frac{1}{\sqrt{4\pi\hbar}} \left(e^{\frac{ip_1 x}{\hbar}} + e^{\frac{ip_2 x}{\hbar}} \right)$$
> の状態にあったとします．時刻 t での状態（波動関数）を求めてください．

解 $\Psi(x,t)$ は

$$\Psi(x,t) = e^{-\frac{iHt}{\hbar}}\Psi(x,0) = \frac{1}{\sqrt{4\pi\hbar}} \left(e^{\frac{-iE_1 t}{\hbar}} e^{\frac{ip_1 x}{\hbar}} + e^{\frac{-iE_2 t}{\hbar}} e^{\frac{ip_2 x}{\hbar}} \right)$$

$$= \frac{1}{\sqrt{4\pi\hbar}} \left(e^{\frac{i(p_1 x - E_1 t)}{\hbar}} + e^{\frac{i(p_2 x - E_2 t)}{\hbar}} \right)$$

となります．ただし，$E_1 = \frac{p_1^2}{2m}$，$E_2 = \frac{p_2^2}{2m}$ です． □

■ 6.2 自由粒子系の波動関数

すでに議論してきたように，1 次元自由粒子系つまり $V(x) = 0$ の場合には運動量固有波動関数

$$\psi(x) = \frac{1}{\sqrt{2\pi\hbar}} \exp\left(\frac{ipx}{\hbar} \right) \tag{6.9}$$

がハミルトニアン H の固有波動関数，つまり定常状態のシュレーディンガー方程式の解になります．実際

$$H = \frac{P^2}{2m} \doteqdot -\frac{\hbar^2}{2m}\frac{d^2}{dx^2} \tag{6.10}$$

なので

$$H \exp\left(\frac{ipx}{\hbar}\right) = \frac{p^2}{2m}\exp\left(\frac{ipx}{\hbar}\right) \tag{6.11}$$

となり，確かにハミルトニアン演算子の固有波動関数であること，そしてその固有値が

$$E_p = \frac{p^2}{2m} \tag{6.12}$$

で与えられることが確認できます．

　1 次元自由粒子のエネルギー固有波動関数は時間に依存する部分も含めて

$$\Psi(x,t) = \frac{1}{\sqrt{2\pi\hbar}}\exp\left(\frac{i(px - E_p t)}{\hbar}\right) \tag{6.13}$$

となります．これは前章で見た (5.53) と同じものです．実部を考えると

$$\mathrm{Re}\left[\Psi(x,t)\right] \propto \cos\left\{2\pi\left(\frac{px - E_p t}{h}\right)\right\} \tag{6.14}$$

と書けるので，この平面波解の波長 λ と振動数 ν は

$$\lambda = \frac{h}{p} \tag{6.15}$$

$$\nu = \frac{E_p}{h} \tag{6.16}$$

であることがわかります（ド・ブロイ関係式）．角振動数 ω は

$$\omega = 2\pi\nu = \frac{E_p}{\hbar} \tag{6.17}$$

となります．自由粒子系の波動関数はまさしく「波動」として振る舞い，その波長がド・ブロイ関係式を満たし，エネルギー固有値は $E_p = h\nu$ を満たすことがわかります．

■ **6.3 周期境界条件** ■■■■■■■■■

引き続き 1 次元自由粒子系のハミルトニアン $H = -\frac{\hbar^2}{2m}\frac{d^2}{dx^2}$ を考えます．これまでは空間が無限の大きさを持つとして，デルタ関数を用いた波動関数の規格化を行ってきました．ここでは空間が $[0, L]$ に制限されており，**周期境界条件**

$$\psi(x) = \psi(x + L) \tag{6.18}$$

が課された場合を考えます．$\psi(x) = C e^{\frac{ipx}{\hbar}}$ とおくことで（C は適当な定数），この境界条件を満たす運動量固有値 p，エネルギー固有値 E を求めてみます．

自由粒子の波動関数を $\psi(x) = C \exp\left(\frac{ipx}{\hbar}\right)$ とすると，境界条件により

$$1 = \exp\left(\frac{ipL}{\hbar}\right) \tag{6.19}$$

となり，これを満たす運動量固有値 p_n は

$$p_n = \frac{2\pi\hbar n}{L} = \frac{hn}{L} \tag{6.20}$$

となることがわかります．ここで n は整数です．したがってエネルギー固有値 $E_n = p_n^2/(2m)$ は

$$E_n = \frac{2\pi^2\hbar^2 n^2}{mL^2} = \frac{h^2 n^2}{2mL^2} \tag{6.21}$$

で与えられます．2.4 節では固定端条件において 1 次元系を調べましたが，周期境界条件でも運動量そしてエネルギー固有値が離散的な値をとることがわかりました．図 6.1 に示したように，このエネルギー準位は $n = 0$ の状態のみ縮退がなく，それ以外の準位が 2 重縮退しています．$n = 0$ の状態のような最もエネルギーの低い状態は**基底状態**と呼ばれます．

次に規格化を行います．

$$\int_0^L |\psi(x)|^2 \, dx = |C|^2 \int_0^L dx = |C|^2 L = 1 \tag{6.22}$$

より

$$C = \frac{1}{\sqrt{L}} \tag{6.23}$$

が得られます．ここでも慣習に従って規格化因子を正の実数にとりました．

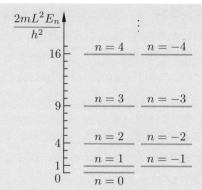

図 6.1　周期境界条件を課した 1 次元自由粒子系のエネルギー準位.

例題　以下の境界条件を持つ場合の 1 次元自由粒子系のエネルギー固有値を求めてください.

$$e^{-i\theta}\psi(x) = \psi(x+L)$$

解　境界条件から

$$1 = \exp\left\{ i\left(\frac{pL}{\hbar} + \theta \right) \right\}$$

となり, これを満たす運動量固有値 p_n は

$$p_n = (2\pi n - \theta)\frac{\hbar}{L}$$

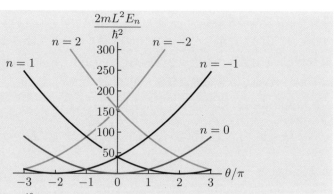

図 6.2　境界条件 $e^{-i\theta}\psi(x) = \psi(x+L)$ を課した 1 次元自由粒子系のエネルギー準位を横軸を θ/π, 縦軸を $\frac{2mL^2 E_n}{\hbar^2}$ として描いたもの.

となります. ここで n は整数です. したがってエネルギー固有値は

$$E_n = \frac{\hbar^2(2\pi n - \theta)^2}{2mL^2}$$

で与えられます. $\theta = \pi$ のときには $n = 0, 1$ や $n = -1, 2$ のような準位のペアが同じエネルギー固有値を持ちます. 他にも $\theta = (2k+1)\pi$ (k は整数) で基底状態に縮退が起こっていることが図 6.2 からわかります. □

■ **6.4　不確定性関係再考**

次に 1 次元空間が無限大だとして, (5.54) の双対ブラを思い出してみましょう.

$$\langle x| = \frac{1}{\sqrt{2\pi\hbar}} \int_{-\infty}^{\infty} dp \exp\left(\frac{ipx}{\hbar}\right) \langle p| \tag{6.24}$$

ここで, 任意の状態ケット $|\psi\rangle$ との内積をとると以下が得られます.

$$\langle x|\psi\rangle = \frac{1}{\sqrt{2\pi\hbar}} \int_{-\infty}^{\infty} dp \exp\left(\frac{ipx}{\hbar}\right) \langle p|\psi\rangle \tag{6.25}$$

それぞれの座標表示の波動関数を $\psi(x) \equiv \langle x|\psi\rangle$, 運動量表示の波動関数を $\xi(p) \equiv \langle p|\psi\rangle$ と表記することにすると

$$\psi(x) = \frac{1}{\sqrt{2\pi\hbar}} \int_{-\infty}^{\infty} dp\, \xi(p) \exp\left(\frac{ipx}{\hbar}\right) \tag{6.26}$$

が得られます. これは座標表示の波動関数と運動量表示の波動関数を関係づける式であるとともに, フーリエ展開そのものにもなっています.

さて, 状態が運動量固有状態の場合 ($|\psi\rangle = |p_0\rangle$), 正規直交性から運動量表示の波動関数は $\xi(p) = \delta(p - p_0)$ となります. そのとき, 座標表示の波動関数 $\psi(x)$ は

$$\begin{aligned}
\psi(x) &= \frac{1}{\sqrt{2\pi\hbar}} \int_{-\infty}^{\infty} dp\, \delta(p - p_0) \exp\left(\frac{ipx}{\hbar}\right) \\
&= \frac{1}{\sqrt{2\pi\hbar}} \exp\left(\frac{ip_0 x}{\hbar}\right)
\end{aligned} \tag{6.27}$$

で与えられます. 波動関数の絶対値の二乗は x 近傍における存在確率を表しますので

$$|\psi(x)|^2\,dx = \frac{1}{2\pi\hbar}\,dx \tag{6.28}$$

であり，x によらず常に一定です．つまり，運動量が確定しているとき位置は完全に不確定になっていることが見て取れます．

　次に状態が $|\psi\rangle = |x_0\rangle$ であり，運動量表示の波動関数が $\xi(p) = \langle p|x_0\rangle = \frac{1}{\sqrt{2\pi\hbar}}\exp\left(-\frac{ipx_0}{\hbar}\right)$ で与えられる場合を考えます．$\psi(x)$ は

$$\psi(x) = \frac{1}{2\pi\hbar}\int_{-\infty}^{\infty} dp\,\exp\left(\frac{ip(x-x_0)}{\hbar}\right) = \delta(x-x_0) \tag{6.29}$$

で与えられます．ここでデルタ関数の積分表示を用いました．この状態は明らかに位置が確定している一方，運動量表示の波動関数の p 近傍での存在確率は

$$|\xi(p)|^2\,dp = \frac{1}{2\pi\hbar}\,dp \tag{6.30}$$

であり，p によらず常に一定です．つまり，位置が確定していると運動量は完全に不確定になっています．これらの関係は図 6.3 に示してあります．これまで第 2 章，第 3 章などで見てきた不確定性関係を，波動関数を通して確認することができました．

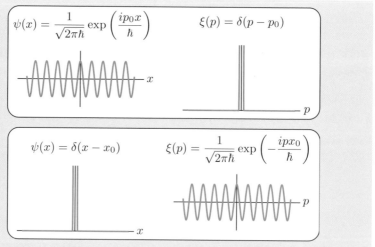

図 6.3　運動量固有波動関数と位置固有波動関数をそれぞれ座標表示と運動量表示で描いたもの．

例題　デルタ関数の積分表示

$$\delta(x - x_0) = \frac{1}{2\pi} \int_{-\infty}^{\infty} dk \exp\{ik(x - x_0)\} \tag{6.31}$$

を用いて，デルタ関数の公式

$$\int_{-\infty}^{\infty} f(x)\delta(x - x_0)\,dx = f(x_0) \tag{6.32}$$

を示してください.

解　まず $f(x)$ のフーリエ変換を $g(k)$ と定義しておきます.

$$g(k) = \frac{1}{\sqrt{2\pi}} \int_{-\infty}^{\infty} dx\, f(x)\, e^{ikx}$$

フーリエ逆変換は

$$f(x) = \frac{1}{\sqrt{2\pi}} \int_{-\infty}^{\infty} dk\, g(k)\, e^{-ikx}$$

です. ここで，(6.32) の左辺に (6.31) に示されたデルタ関数の積分表示を代入すると

$$\frac{1}{2\pi} \int_{-\infty}^{\infty} dx \int_{-\infty}^{\infty} dk\, f(x)e^{ik(x - x_0)}$$

$$= \frac{1}{\sqrt{2\pi}} \int_{-\infty}^{\infty} dk\, e^{-ikx_0} \left(\frac{1}{\sqrt{2\pi}} \int_{-\infty}^{\infty} dx\, f(x)e^{ikx} \right)$$

$$= \frac{1}{\sqrt{2\pi}} \int_{-\infty}^{\infty} dk\, e^{-ikx_0}\, g(k)$$

$$= f(x_0)$$

が得られます. したがって (6.32) が成り立つことが確認できました. 途中，フーリエ変換とフーリエ逆変換の定義を用いました.　　　　　　　　　　　　　□

■ 6.5　ガウス波束

波動関数が

$$\langle x|\psi \rangle = \psi(x) = (\pi\sigma^2)^{-\frac{1}{4}} \exp\left(-\frac{x^2}{2\sigma^2} \right) \tag{6.33}$$

のようにガウス関数で与えられる場合を考えます. このような波動関数は**ガウス波束**と呼ばれます. この場合の X, X^2, P, P^2 の期待値は以下で与えられます.

$$\langle X \rangle = 0, \qquad \langle P \rangle = 0 \tag{6.34}$$

$$\langle X^2 \rangle = \frac{\sigma^2}{2}, \qquad \langle P^2 \rangle = \frac{\hbar^2}{2\sigma^2} \tag{6.35}$$

具体的な計算については演習問題3に残します．この結果を用いて不確定性関係を求めると

$$\Delta x \cdot \Delta p = \sqrt{\langle X^2 \rangle} \cdot \sqrt{\langle P^2 \rangle} = \frac{\hbar}{2} \qquad (6.36)$$

となります．したがって，ガウス波束については不確定性関係の等号が成り立つことがわかります．そのためガウス波束は**最小不確定波束**と呼ばれます．8章以降では調和振動子を議論しますが，その際にガウス波束が再登場します．図6.4にはガウス波束の2つの例 (6.33), (6.37) を示しました．

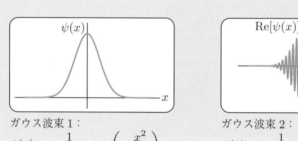

ガウス波束1：
$$\psi(x) = \frac{1}{\sqrt{\sqrt{\pi}\sigma}} \exp\left(-\frac{x^2}{2\sigma^2}\right)$$

ガウス波束2：
$$\psi(x) = \frac{1}{\sqrt{\sqrt{\pi}\sigma}} \exp\left(ikx - \frac{x^2}{2\sigma^2}\right)$$

図6.4　ガウス波束の2つの例．右図は演習問題5で扱っている変調が入ったガウス波束であり，実部のみを描いている．

■■■■■■■■■■■■■第6章　演習問題■■■■■■■■■■■■■

■**1**　図6.5のように長さ L の1次元空間が無限に高い障壁に囲まれているとします．つまりポテンシャルが

$$V(x) = \begin{cases} 0 & (0 < x < L) \\ \infty & (x < 0,\ x > L) \end{cases}$$

となっているとします．このときにできるエネルギー準位を求めてください．ただし，波動関数は左右の障壁のところでゼロになるという境界条件を課すこととします．

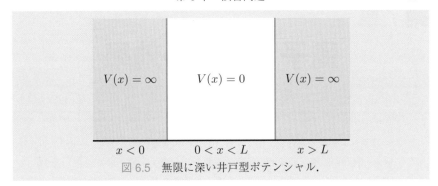

図 6.5 無限に深い井戸型ポテンシャル.

2 1 次元系と 3 次元系における波動関数の単位（次元）を求めてください．規格化条件の式から考えることができます．

3 1 次元波動関数がガウス波束

$$\langle x|\psi\rangle = \psi(x) = (\pi\sigma^2)^{-\frac{1}{4}} \exp\left(-\frac{x^2}{2\sigma^2}\right)$$

で与えられているとき，期待値 $\langle X \rangle$, $\langle X^2 \rangle$, $\langle P \rangle$, $\langle P^2 \rangle$ を求めてください．

4 1 次元波動関数がガウス波束

$$\psi(x) = (\pi\sigma^2)^{-\frac{1}{4}} \exp\left(-\frac{x^2}{2\sigma^2}\right)$$

の場合の不確定性関係 $\Delta x \cdot \Delta p$ を求めてください．

5 ガウス波束

$$\psi(x) = (\pi\sigma^2)^{-\frac{1}{4}} \exp\left(ik_0 x - \frac{x^2}{2\sigma^2}\right) \tag{6.37}$$

を考えます．このガウス波束型波動関数はガウス関数を包絡線とし，波長 $2\pi/k_0$ で振動する波を意味しています．この波動関数に対して，期待値 $\langle X \rangle$, $\langle X^2 \rangle$, $\langle P \rangle$, $\langle P^2 \rangle$ を求め，不確定性関係を調べてください．

6 1 次元自由粒子系のハミルトニアン $H = \frac{P^2}{2m}$ を考えます．$t = 0$ で波動関数がガウス波束 $\psi(x) = (\pi\sigma^2)^{-\frac{1}{4}} \exp\left(-\frac{x^2}{2\sigma^2}\right)$ であったとします．時刻 t での波動関数の表式 $\psi(x,t)$ を求めてください．

第7章
量子トンネル効果

　　量子トンネル効果とは，物体が波としての性質を持つことで，古典力学的には越えられない障壁を確率的に越える現象を指します．第2章の図2.11と図2.12に示したように，物質波は減衰しながらも障壁を越えて，確率的に障壁の向こう側へ到達します．量子トンネル効果の代表例としては，鉛より重い原子核で観察されるアルファ崩壊が知られており，原子核がアルファ粒子を放出することで軽い原子核に変わります．また，トランジスターで利用されている「トンネルダイオード」や「走査型トンネル顕微鏡」でもこの効果が実用されています．

■ 7.1　定数ポテンシャル中の量子力学

　ここでは，座標表示の波動関数に関する1次元定常状態シュレーディンガー方程式

$$\left(-\frac{\hbar^2}{2m}\frac{d^2}{dx^2} + V(x)\right)\psi(x) = E\psi(x) \tag{7.1}$$

を考えます．まず，ポテンシャル $V(x)$ が定数の場合

$$V(x) = V_0 \tag{7.2}$$

を考えましょう．ただし，$V_0 > 0$ とします．第6章で学んだように E は固有値として求まるものですが，これから扱う状況では固有値 E はあらゆる連続的な値をとり得ます．したがって，ここでは，「エネルギー固有値 E を1つ選ぶとそれに対応する波動関数 $\psi(x)$ はどのようなものになるか」という問いについて考えることとします．

　(i)　$E > V_0$

　まず，$E > V_0$ の場合，シュレーディンガー方程式の解は実数値の波数 $k \equiv p/\hbar$ と未知定数 A, B を用いて，以下のように正方向に進む平面波と負方向に進む平面波の線形結合で書けます（$k \geq 0$）．

$$\psi(x) = Ae^{ikx} + Be^{-ikx} \tag{7.3}$$

この解をシュレーディンガー方程式 (7.1) に代入することで

$$\frac{\hbar^2 k^2}{2m} + V_0 = E \tag{7.4}$$

が得られるので

$$k = \frac{\sqrt{2m(E - V_0)}}{\hbar} \tag{7.5}$$

がわかります．これは古典的にも許される状況であり，ポテンシャル障壁より高いエネルギーを持つ物体の運動を記述していることになります．

(ii) $E < V_0$

$E < V_0$ の場合，(i) と同様に計算すると減衰する解が得られることがわかります．そこで，実数 ρ と未知定数 C, D を用いて

$$\psi(x) = Ce^{-\rho x} + De^{\rho x} \tag{7.6}$$

と表します（$\rho \geq 0$）．これをシュレーディンガー方程式 (7.1) に代入すると

$$-\frac{\hbar^2 \rho^2}{2m} + V_0 = E \tag{7.7}$$

が得られるので

$$\rho = \frac{\sqrt{2m(V_0 - E)}}{\hbar} \tag{7.8}$$

がわかります．この場合には，正方向に減衰していく波動関数 $Ce^{-\rho x}$ と負方向に減衰していく波動関数 $De^{\rho x}$ の重ね合わせが解になります．全領域で $E < V_0$ という状況は非現実的ですが，一部の領域で $E < V_0$ であればその領域では減衰する波動関数が解になるという事実が次節以降で重要になります．

■ 7.2 階段型ポテンシャル

次に，以下のような階段型ポテンシャルの下で，粒子（入射波）が左から右に進む場合を考えます（図 7.1，図 7.2 参照）．

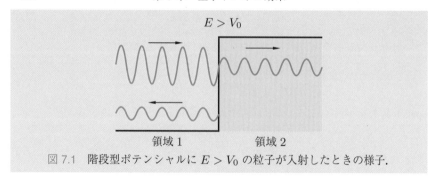

図 7.1　階段型ポテンシャルに $E > V_0$ の粒子が入射したときの様子.

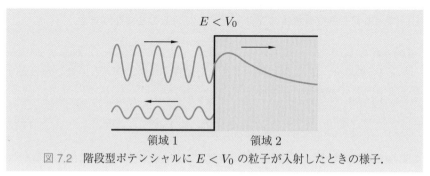

図 7.2　階段型ポテンシャルに $E < V_0$ の粒子が入射したときの様子.

$$V(x) = \begin{cases} 0 & (x < 0) \\ V_0 & (x > 0) \end{cases} \tag{7.9}$$

ここで，$x < 0$ を領域 1，$x > 0$ を領域 2 と呼ぶことにします.

(i)　$E > V_0$

$E > V_0$ の場合，領域 1 では波動関数は以下で与えられます.

$$\psi_1(x) = A e^{ik_1 x} + B e^{-ik_1 x} \tag{7.10}$$

ここで $\frac{\hbar^2 k_1^2}{2m} = E$ です. 一方，領域 2 では波動関数は以下で与えられます.

$$\psi_2(x) = C e^{ik_2 x} \tag{7.11}$$

ここで $\frac{\hbar^2 k_2^2}{2m} = E - V_0$ です. 粒子が領域 1 から 2 に入射したという前提より，$x = \infty$ から左方向に進む波は存在しないため，領域 2 では右方向に進む平面波だけが解となります.

次に，ポテンシャルが不連続（有限なとびを持つ場合）でも，波動関数 $\psi(x)$ とその微分 $\frac{d\psi}{dx} = \psi'(x)$ が連続であることを表す**連続性関係式**

$$\psi_1(0) = \psi_2(0)$$
$$\psi_1'(0) = \psi_2'(0) \tag{7.12}$$

を考えます．この関係式はシュレーディンガー方程式が2階の微分方程式であることから保証されています．これを解くことで，B/A と C/A を E, V_0 を用いて表してみましょう．ただし $k_1, k_2 \geq 0$ とします．まず，$x = 0$ における連続性関係式により

$$A + B = C \tag{7.13}$$

$$k_1 A - k_1 B = k_2 C \tag{7.14}$$

が得られます．この連立方程式を解くと

$$\frac{B}{A} = \frac{k_1 - k_2}{k_1 + k_2} = \frac{\sqrt{2mE} - \sqrt{2m(E - V_0)}}{\sqrt{2mE} + \sqrt{2m(E - V_0)}} \tag{7.15}$$

$$\frac{C}{A} = \frac{2k_1}{k_1 + k_2} = \frac{2\sqrt{2mE}}{\sqrt{2mE} + \sqrt{2m(E - V_0)}} \tag{7.16}$$

が導かれます．図 7.1 にあるように，この状況は V_0 より大きいエネルギーを持つ粒子（波）を入射させたことに対応します．結果を見ると C が有限であることから，領域 2 でも振動しながら進行する波が存在します．

(ii) $E < V_0$

$E < V_0$ の場合，領域 1 での波動関数 $\psi_1(x) = Ae^{ik_1 x} + Be^{-ik_1 x}$ は変わりません（$\frac{\hbar^2 k_1^2}{2m} = E$）．領域 2 では波動関数は以下で表されます．

$$\psi_2(x) = Ce^{-\rho x} \tag{7.17}$$

ここで $\frac{\hbar^2 \rho^2}{2m} = V_0 - E$ です．粒子が左方向から入射したという前提を考慮し，$x = +\infty$ では波動関数が収束するという境界条件を課すと，領域 2 では右方向に減衰していく波動関数 $e^{-\rho x}$ だけが解となります．再び連続性関係式

$$\psi_1(0) = \psi_2(0), \qquad \psi_1'(0) = \psi_2'(0) \tag{7.18}$$

を解くことで，B/A と C/A を E, V_0 を用いて表すことを考えます．ただし $k_1, \rho \geq 0$ とします．

$x = 0$ における連続性関係式 (7.18) より，

$$
\begin{aligned}
A + B &= C \\
k_1 A - k_1 B &= i\rho C
\end{aligned}
\tag{7.19}
$$

が得られます．これを解くと

$$
\begin{aligned}
\frac{B}{A} &= \frac{k_1 - i\rho}{k_1 + i\rho} = \frac{\sqrt{2mE} - i\sqrt{2m(V_0 - E)}}{\sqrt{2mE} + i\sqrt{2m(V_0 - E)}} \\
\frac{C}{A} &= \frac{2k_1}{k_1 + i\rho} = \frac{2\sqrt{2mE}}{\sqrt{2mE} + i\sqrt{2m(V_0 - E)}}
\end{aligned}
\tag{7.20}
$$

がわかります．定数 C はゼロではなく領域 2 まで波動関数が浸み出していることがわかりました．ただし，領域 2 では振動はせずに指数関数的に減衰していきます（図 7.2 参照）．

例題　(7.19) を用いて (7.20) を導いてください．

解　具体的に連立方程式を解くことで容易に得られます．一方，$E > V_0$ のときの結果において k_2 から $i\rho$ に置き換えを行うことでも得られます．　□

■ 7.3　矩形ポテンシャル障壁 ■

さて，いよいよ図 7.3 に示す矩形ポテンシャルの下で，粒子（入射波）が左から右に進む場合を考えましょう．ポテンシャルは以下のように与えられます．

$$
V(x) = \begin{cases} 0 & (x < 0) \\ V_0 & (0 < x < l) \\ 0 & (x > l) \end{cases}
\tag{7.21}
$$

ここではまず $E > V_0$ の状況を考えます．$x < 0$ を領域 1，$0 < x < l$ を領域 2，$x > l$ を領域 3 と呼ぶことにすると，3 つの領域での波動関数 ψ_1, ψ_2, ψ_3 は波数 k_1, k_2 と 5 つの未知定数を用いて以下で表されます．

$$
\psi_1(x) = Ae^{ik_1 x} + Be^{-ik_1 x}
\tag{7.22}
$$

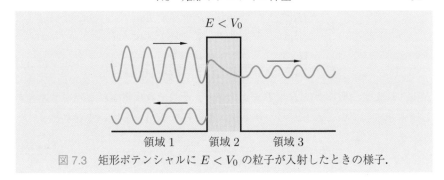

図7.3 矩形ポテンシャルに $E < V_0$ の粒子が入射したときの様子.

$$\psi_2(x) = Ce^{ik_2x} + De^{-ik_2x} \tag{7.23}$$

$$\psi_3(x) = Fe^{ik_1x} \tag{7.24}$$

ただし, $\frac{\hbar^2 k_1^2}{2m} = E, \frac{\hbar^2 k_2^2}{2m} = E - V_0$ です.

　以下では, 領域 1, 2 間そして領域 2, 3 間での連続性関係式から**反射率** $|B/A|^2$ と**透過率** $|F/A|^2$ を求めましょう. まず, $x = 0$ と $x = l$ における連続性関係式を用いると

$$A + B = C + D \tag{7.25}$$

$$k_1 A - k_1 B = k_2 C - k_2 D \tag{7.26}$$

$$Ce^{ik_2l} + De^{-ik_2l} = Fe^{ik_1l} \tag{7.27}$$

$$k_2(Ce^{ik_2l} - De^{-ik_2l}) = k_1 Fe^{ik_1l} \tag{7.28}$$

が得られます. この中で最終的に重要になるのは, 入射波の振幅 A, 反射波の振幅 B, 透過波の振幅 F です. 後半の 2 つの式から C と F, D と F の関係式を導き, 前半の 2 つの式から, A と C, D, B と C, D の関係式を出すことで, 最終的に A と F, B と F の関係式が以下のように得られます.

$$A = \left(\cos k_2 l - i\frac{k_1^2 + k_2^2}{2k_1 k_2}\sin k_2 l\right)e^{ik_1l}F \tag{7.29}$$

$$B = i\frac{k_2^2 - k_1^2}{2k_1 k_2}\sin k_2 l\, e^{ik_1l}F \tag{7.30}$$

ここから反射率 $R = |B/A|^2$ と透過率 $T = |F/A|^2$

$$R = \frac{|B|^2}{|A|^2} = \frac{(k_2^2 - k_1^2)^2 \sin^2 k_2 l}{4k_1^2 k_2^2 + (k_1^2 - k_2^2)^2 \sin^2 k_2 l} \tag{7.31}$$

$$T = \frac{|F|^2}{|A|^2} = \frac{4k_2^2 k_1^2}{4k_1^2 k_2^2 + (k_1^2 - k_2^2)^2 \sin^2 k_2 l} \tag{7.32}$$

が得られます．明らかに $R + T = 1$ であり，それぞれ反射される確率と透過する確率を表していることがわかります．これらを E, V_0 を用いて表すと

$$R = \frac{|B|^2}{|A|^2} = \frac{V_0^2 \sin^2 k_2 l}{4E(E - V_0) + V_0^2 \sin^2 k_2 l} \tag{7.33}$$

$$T = \frac{|F|^2}{|A|^2} = \frac{4E(E - V_0)}{4E(E - V_0) + V_0^2 \sin^2 k_2 l} \tag{7.34}$$

が導かれます．ここからわかる重要な物理的特徴を以下にまとめておきます．

- 波動としての振る舞いの帰結として，$E > V_0$ にもかかわらず反射される確率がゼロにならない．古典的粒子であればエネルギーがポテンシャル障壁より大きければ必ず越えていく．
- $k_2 l = n\pi$（n は整数）の場合に一切反射が起こらなくなる（$R = 0$）．これは**共鳴現象**と呼ばれる．この現象は純粋な量子力学的効果である．

このように古典的には単に障壁を越えるだけの状況であっても，量子力学的効果による非自明な現象が生じることがわかりました．

例題 (7.29), (7.30) を導いてください．

解

$$A + B = C + D, \quad k_1 A - k_1 B = k_2 C - k_2 D,$$

$$Ce^{ik_2 l} + De^{-ik_2 l} = Fe^{ik_1 l}, \quad k_2(Ce^{ik_2 l} - De^{-ik_2 l}) = k_1 Fe^{ik_1 l}$$

の後半 2 つの式から D を消去して C と F の関係式を導きます．同じ式を用いて C を消去して D と F の関係式を導きます．次に，前半の 2 つの式から，B を消去して A と C, D の関係式を導きます．また，同じ式を用いて A を消去して B と C, D の関係式を導きます．C, D に先ほど求めた F との関係式を代入することで (7.29), (7.30) が得られます． □

■ **7.4 矩形ポテンシャル障壁におけるトンネル効果** ■

次に，$E < V_0$ を考え，古典的には粒子が障壁を越えられない場合を見てみます（図 7.3）．3 つの領域での波動関数 ψ_1, ψ_2, ψ_3 は k_1, ρ を用いて以下で表されます．

$$\psi_1(x) = Ae^{ik_1x} + Be^{-ik_1x} \tag{7.35}$$

$$\psi_2(x) = Ce^{-\rho x} + De^{\rho x} \tag{7.36}$$

$$\psi_3(x) = Fe^{ik_1x} \tag{7.37}$$

ただし，$\frac{\hbar^2 k_1^2}{2m} = E$，$\frac{\hbar^2 \rho^2}{2m} = V_0 - E$ です（ただし $k_1, \rho \geq 0$）．以下では，領域 1, 2 間そして領域 2, 3 間での波動関数の連続性から反射率 $|B/A|^2$ と透過率 $|F/A|^2$ を E, V_0 で表しましょう．前節の結果において，$k_2 \to i\rho$ の置き換えを行えば良いだけなので

$$R = \frac{|B|^2}{|A|^2} = \frac{(\rho^2 + k_1^2)^2 \sinh^2 \rho l}{4k_1^2 \rho^2 + (k_1^2 + \rho^2)^2 \sinh^2 \rho l} \tag{7.38}$$

$$T = \frac{|F|^2}{|A|^2} = \frac{4k_2^2 \rho^2}{4k_1^2 \rho^2 + (k_1^2 + \rho^2)^2 \sinh^2 \rho l} \tag{7.39}$$

が得られます．この場合も $R + T = 1$ になっています．したがって

$$R = \frac{|B|^2}{|A|^2} = \frac{V_0^2 \sinh^2 \left(\sqrt{\frac{2m(V_0 - E)}{\hbar^2}} \, l \right)}{4E(V_0 - E) + V_0^2 \sinh^2 \left(\sqrt{\frac{2m(V_0 - E)}{\hbar^2}} \, l \right)} \tag{7.40}$$

$$T = \frac{|F|^2}{|A|^2} = \frac{4E(V_0 - E)}{4E(V_0 - E) + V_0^2 \sinh^2 \left(\sqrt{\frac{2m(V_0 - E)}{\hbar^2}} \, l \right)} \tag{7.41}$$

となります．$E < V_0$ にもかかわらず透過される確率がゼロでないことがわかります．このような**量子トンネル効果**は純粋に量子力学的な効果であり，古典力学的には起こり得ない現象です．

さて，$\rho l \gg 1$ となる場合，つまり V_0 が E より十分大きいかポテンシャル障壁の厚さ l が十分厚い場合を考えてみます．この場合に量子トンネル効果が起こる確率つまり透過率 $|F/A|^2$ は，$\sinh \rho l \sim e^{\rho l}/2$ という近似式を用いると

$$T \sim \frac{16E(V_0 - E)}{V_0^2} \exp \left(-\frac{2l\sqrt{2m(V_0 - E)}}{\hbar} \right) \tag{7.42}$$

と表せます．したがって，$V_0 - E$ と l が大きくなると，指数関数部分が急速に小さくなり透過率 T も急速に減少することがわかりました．しかし，透過率が小さい場合でも，実際の物理現象では入射させる粒子が数多くありますので一部は透

過していくことになります．例えば，$E = 1\,\text{eV}$, $V_0 = 2\,\text{eV}$, $m = 1 \times 10^{-30}\,\text{kg}$, $l = 1 \times 10^{-9}\,\text{m}$ だとすると

$$T \sim 9 \times 10^{-5} \tag{7.43}$$

となります．これは小さい確率に見えますが，多数の粒子が関わる現象において透過を引き起こすには十分な確率です．しかし，$l = 1 \times 10^{-8}\,\text{m}$ にすると $T \sim 2 \times 10^{-46}$ となり，アボガドロ数程度の電子があってもほとんど透過することはなくなります．このように量子トンネル効果の透過率は障壁の厚さに非常に敏感であることがよくわかります．

透過率のこの性質を利用した装置が走査型トンネル顕微鏡です（図 7.4）．走査型トンネル顕微鏡においては，先端の針と物質表面との間でトンネル電流が流れます．しかし，その間隔に敏感に反応して電流の強弱が変わるのです．

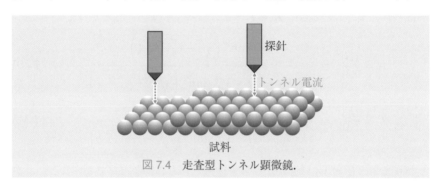

探針

トンネル電流

試料

図 7.4　走査型トンネル顕微鏡．

■ 7.5　トンネル効果の一般論

前節までの議論により，$a < x < b$ の範囲で一定のポテンシャル V_0 が存在するときの量子トンネル効果の透過率は

$$T \sim \exp\left(-\frac{2}{\hbar} \sqrt{2m(V_0 - E)}\,(b - a) \right) \tag{7.44}$$

のように近似できることがわかりました．ここで V_0 と E が同じオーダーであれば，全体の係数は数倍程度の大きさ（$\mathcal{O}(1)$ と表記される）になるため省略しました．

ここで矩形型ではありませんが，上に凸なポテンシャルにおいて，古典的展

開点が $x = a$ と $x = b$ である場合を考えます．すると，微小領域について上記の議論を繰り返すことで，トンネル効果の透過率が以下の積分として得られます．

$$T \sim \exp\left(-\frac{2}{\hbar}\int_a^b \sqrt{2m(V(x) - E)}\,dx\right) \tag{7.45}$$

この透過率の公式（**ガモフの透過率**）を用いて，核崩壊の一種であるアルファ崩壊の確率を計算することが可能になります．具体的な問題については演習問題 4, 5 で与えることとします．

■■■■■■■■■■■■■第 7 章　演習問題 ■■■■■■■■■■■■■

■ **1**　矩形ポテンシャルを考え，

$$E = 1\,\text{eV}, \quad V_0 = 2\,\text{eV}, \quad m = 1 \times 10^{-30}\,\text{kg}, \quad l = 1 \times 10^{-8}\,\text{m}$$

の場合の透過率を求めてください．

■ **2**　図 7.5 のように，長さ $2L$ の 1 次元空間が有限な高さの障壁に囲まれているとします．つまりポテンシャルが

$$V(x) = \begin{cases} -V_0 & (-L < x < L) \\ 0 & (x < -L,\ x > L) \end{cases}$$

で与えられるとします．ただし $V_0 > 0$ とします．$E < 0$ の場合のみを考え，このときにできる束縛状態のエネルギー準位と波動関数について考察してください．ただし，境界条件として無限遠方（$x = \pm\infty$）では波動関数は収束することとします．

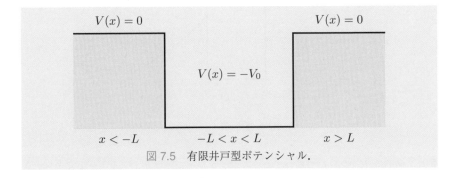

図 7.5　有限井戸型ポテンシャル．

3 図 7.6 のように，ポテンシャルが

$$V(x) = \begin{cases} 0 & (0 < x < L) \\ V_0 - fx & (x > L) \end{cases}$$

で与えられるような場合，$0 < E < V_0 - fL$ として (7.45) を用いて透過率を計算してください．ただし，$f > 0$ とします．

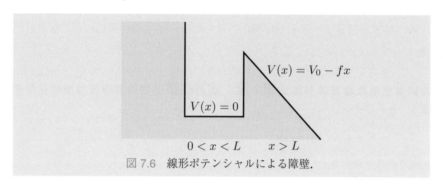

$V(x) = V_0 - fx$

$V(x) = 0$

$0 < x < L \qquad x > L$

図 7.6　線形ポテンシャルによる障壁．

4 図 7.7 のように，ポテンシャルが

$$V(x) = \begin{cases} 0 & (0 < x < L) \\ \frac{g}{x} & (x > L) \end{cases}$$

で与えられるとき，$0 < E < g/L$ として (7.45) を用いて透過率を計算してください．ただし，$g > 0$ とします．この系はアルファ崩壊を記述するモデルになっています．

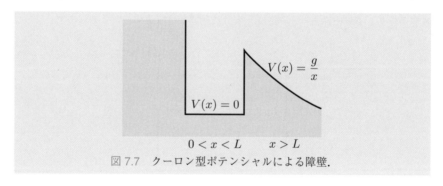

$V(x) = \frac{g}{x}$

$V(x) = 0$

$0 < x < L \qquad x > L$

図 7.7　クーロン型ポテンシャルによる障壁．

5 前問で $E \ll g/L$ の場合，つまりポテンシャル障壁がエネルギーより十分大きい場合を考え，透過率の近似的表式を求めてください．

第8章
調和振動子系の量子力学 I

　この章と次章では，単振動の物理を記述する調和振動子系ハミルトニアンを考えます（図 8.1）．古典力学においても最も重要な系の1つでしたが，量子力学においては一層その重要性が増します．微視的自然現象においては，分子振動，格子振動，電磁場を含む量子場とそれによる素粒子の記述など，非常に多くの場面で調和振動子系のハミルトニアンが登場するためです．

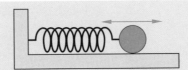

図 8.1　調和振動子の模式図.

■ 8.1　エルミート多項式とエネルギー準位 ■

　さて1次元調和振動子系ハミルトニアンは以下で与えられます．

$$H = \frac{P^2}{2m} + \frac{m\omega^2}{2}X^2 \tag{8.1}$$

バネ定数 k を $k \equiv m\omega^2$ のように，質量 m と角振動数の次元を持つ新しいパラメータ ω を用いて書いています．ここで m は物体の質量に当たりますが，実際にこの系の記述に関係するパラメータは角振動数 ω だけになります．位置ケットを基底にとった表示，つまり座標表示のハミルトニアンは

$$H = -\frac{\hbar^2}{2m}\frac{d^2}{dx^2} + \frac{m\omega^2}{2}x^2 \tag{8.2}$$

となります．このポテンシャル $V(x) = \frac{m\omega^2}{2}x^2$ は無限遠方で無限大になるため，無限遠方での境界条件 $\lim_{x \to \pm\infty} \psi(x) = 0$ を課すことで，離散的なエネルギー固有値が得られることになります．

そこで，定常状態のシュレーディンガー方程式

$$H\psi(x) = E\psi(x) \tag{8.3}$$

を解いて波動関数 $\psi(x)$ とエネルギー固有値 E を求めてみましょう．ここで以下のように変数を定義します．

$$\xi \equiv \sqrt{\frac{m\omega}{\hbar}}\, x \tag{8.4}$$

(8.3) のシュレーディンガー方程式の両辺を $\hbar\omega$ で割っておくと，自然と $\sqrt{\frac{m\omega}{\hbar}}$ という係数が現れます．この変数を用いて，シュレーディンガー方程式を

$$\left(-\frac{d^2}{d\xi^2} + \xi^2\right)\widetilde{\psi}(\xi) = \epsilon\widetilde{\psi}(\xi) \tag{8.5}$$

と書き直すことができます．ここで，ξ を変数とする関数であると強調するために $\widetilde{\psi}(\xi)$ と表記しました．また，無次元量 $\epsilon \equiv \frac{2E}{\hbar\omega}$ を定義しました．

　ξ の大きいところでは，(8.5) の左辺第 2 項に比べて右辺は無視できるので，$\left(-\frac{d^2}{d\xi^2} + \xi^2\right)\widetilde{\psi}(\xi) \approx 0$ となります．この方程式の 2 つの解 $\widetilde{\psi}(\xi) \approx e^{\pm\xi^2/2}$ のうち，無限遠方で収束する解は $\widetilde{\psi}(\xi) \approx e^{-\xi^2/2}$ です．したがって，ξ の大きいところでは $\widetilde{\psi}(\xi) \approx e^{-\xi^2/2}$ となります．そこで一般の ξ での解を $\widetilde{\psi}(\xi) = e^{-\xi^2/2}\phi(\xi)$ と書いて (8.5) に代入すると，以下の常微分方程式が得られます．

$$\left(\frac{d^2}{d\xi^2} - 2\xi\frac{d}{d\xi} + (\epsilon - 1)\right)\phi(\xi) = 0 \tag{8.6}$$

ここで，べき級数型の解 $\phi(\xi) = \sum_{n=0}^{\infty} a_n\xi^n$ を仮定して (8.6) の左辺に代入すると，ξ の各次数で恒等的に 0 になることから，以下の漸化式が得られます．

$$(n+2)(n+1)a_{n+2} = (2n+1-\epsilon)a_n \tag{8.7}$$

この級数が無限次まで続くとすると n の大きいところでは $a_{n+2} \approx \frac{2}{n}a_n$ となるため，$\phi(\xi) \approx \sum_n \frac{1}{n!}\xi^{2n} = e^{\xi^2}$ となります．これでは，$\widetilde{\psi}(\xi) \sim e^{-\xi^2/2}e^{\xi^2} = e^{\xi^2/2}$ となり，明らかに規格化できない波動関数になってしまいます．無限遠方で収束する波動関数については，(8.7) の右辺の係数 $2n+1-\epsilon$ が，ある n でゼロになる必要があります．したがって，規格化可能な波動関数についてのエネル

ギー固有値は

$$\epsilon = 2n + 1 \tag{8.8}$$

を満たします $(n = 0, 1, 2, 3, \ldots)$. この結果を (8.6) に代入すると

$$\left(\frac{d^2}{d\xi^2} - 2\xi \frac{d}{d\xi} + 2n \right) \phi_n(\xi) = 0 \tag{8.9}$$

が得られます. ただし, ここでは $\phi_n(\xi)$ と表記しました.

ここで, 以下のように定義される**エルミート多項式** $H_n(\xi)$ を導入しましょう.

$$H_n(\xi) = (-1)^n e^{\xi^2} \frac{d^n}{d\xi^n} e^{-\xi^2} \qquad (n = 0, 1, 2, 3, \ldots) \tag{8.10}$$

エルミート多項式の詳細については付録 A.4 節を参照してください. 具体的にこれを計算すると, $H_0(\xi) = 1$, $H_1(\xi) = 2\xi$, $H_2(\xi) = 4\xi^2 - 2$ のように, n を最高次数とする多項式関数になります. このエルミート多項式は以下の常微分方程式を満たします.

$$\frac{d^2}{d\xi^2} H_n(\xi) - 2\xi \frac{d}{d\xi} H_n(\xi) + 2n H_n(\xi) = 0 \tag{8.11}$$

これは (8.9) に一致しており, $\phi_n(\xi) = H_n(\xi)$ であることがわかります. 実際, $\xi \to \pm\infty$ で波動関数 $e^{-\frac{\xi^2}{2}} H_n(\xi)$ は収束しており, 無限遠方での境界条件を満たすことが確認できます.

結局, (8.8) より調和振動子のエネルギー固有値は

$$E_n = \hbar\omega \left(n + \frac{1}{2} \right) \tag{8.12}$$

で与えられ $(n = 0, 1, 2, 3, \ldots)$, 各 n に対してエネルギー固有波動関数は $e^{-\frac{\xi^2}{2}} H_n(\xi)$ となることがわかりました. 図 8.2 に示したように, n が大きくなっていくとエネルギーが大きくなるわけですから, 直観的には n が大きいほど振動が大きいと解釈できます. ただし, 単純に 1 つの局在した波が振動しているわけではないので注意が必要です. 古典的な振動との対応については 9.6 節でコヒーレント状態に関連して解説します.

すでに何度か述べたように最低エネルギー準位の固有状態は**基底状態**と呼ばれます. 調和振動子系の基底状態 $(n = 0)$ のエネルギー固有値は

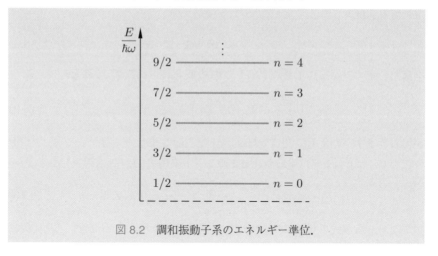

図 8.2　調和振動子系のエネルギー準位.

$$E_0 = \frac{\hbar\omega}{2} \tag{8.13}$$

となります. 興味深いことに最も低いエネルギー準位 $n = 0$ においてもそのエネルギーはゼロではありません. これは, 位置と運動量を同時にゼロにすることができないこと, つまり不確定性関係の帰結です. このエネルギー $E_0 = \frac{\hbar\omega}{2}$ を**ゼロ点エネルギー**と呼び, それを与える現象を**ゼロ点振動**と呼びます. これは純粋に量子力学的な効果であり, 自然現象のさまざまなところに現れます.

■ 8.2　規格化と波動関数の特徴

n 番目のエネルギー準位の固有波動関数は $\xi = \sqrt{\frac{m\omega}{\hbar}}\,x$ を代入すると

$$u_n(x) \propto \exp\left(-\frac{m\omega}{2\hbar}x^2\right) H_n\left(\sqrt{\frac{m\omega}{\hbar}}\,x\right) \tag{8.14}$$

に比例することがわかります. エルミート多項式 $H_n(x)$ の性質

$$\int_{-\infty}^{\infty} e^{-\xi^2} H_n(\xi) H_m(\xi)\, d\xi = \delta_{nm}\sqrt{\pi}\, 2^n n! \tag{8.15}$$

を用いると, この波動関数が直交性を持つことがわかります (付録 A.4 節参照). また, この性質を用いると, 規格化された波動関数は

$$u_n(x) = \left(\frac{m\omega}{\pi\hbar}\right)^{1/4} \frac{1}{\sqrt{2^n n!}} \exp\left(-\frac{m\omega}{2\hbar}x^2\right) H_n\left(\sqrt{\frac{m\omega}{\hbar}}\,x\right) \qquad (8.16)$$

であることがわかります.

例題 (8.16) の $u_n(x)$ が規格化された波動関数であることを確認してください. ただし, 規格化された波動関数は $\displaystyle\int_{-\infty}^{\infty} |\psi(x)|^2\,dx = 1$ を満たすことを使ってください.

解 (8.15) を用いると規格化条件を満たすことは以下のように確かめられます.

$$
\begin{aligned}
\int_{-\infty}^{\infty} |u_n(x)|^2\,dx &= \int_{-\infty}^{\infty} dx \left(\frac{m\omega}{\pi\hbar}\right)^{1/2} \frac{1}{2^n n!} \exp\left(-\frac{m\omega}{\hbar}x^2\right) H_n^2\left(\sqrt{\frac{m\omega}{\hbar}}\,x\right) \\
&= \frac{1}{2^n n!\sqrt{\pi}} \int_{-\infty}^{\infty} d\xi \exp\left(-\xi^2\right) H_n^2(\xi) \\
&= \frac{1}{2^n n!\sqrt{\pi}} \sqrt{\pi}\, 2^n n! \\
&= 1
\end{aligned}
$$

途中, $\xi \equiv \sqrt{\frac{m\omega}{\hbar}}x$ として計算を進めました. □

さて, この規格化された波動関数を用いて (8.14) の波動関数 $u_n(x)$ を $n = 0, 1, 2, 3$ の場合に大まかに図示し, その偶奇性を調べてみます. エルミート多項式の表式 (8.10) を用いて, $u_n(x)$ の具体的な形を書き下すと

$$u_0(x) = \left(\frac{m\omega}{\pi\hbar}\right)^{1/4} \exp\left(-\frac{m\omega}{2\hbar}x^2\right) \qquad (8.17)$$

$$u_1(x) = \left(\frac{4m\omega}{\pi\hbar}\right)^{1/4} \exp\left(-\frac{m\omega}{2\hbar}x^2\right) \sqrt{\frac{m\omega}{\hbar}}\,x \qquad (8.18)$$

$$u_2(x) = \left(\frac{4m\omega}{\pi\hbar}\right)^{1/4} \exp\left(-\frac{m\omega}{2\hbar}x^2\right) \left(\frac{m\omega}{\hbar}x^2 - \frac{1}{2}\right) \qquad (8.19)$$

$$u_3(x) = \left(\frac{4m\omega}{9\pi\hbar}\right)^{1/4} \exp\left(-\frac{m\omega}{2\hbar}x^2\right) \left(\left(\frac{m\omega}{\hbar}\right)^{3/2} x^3 - \frac{3}{2}\sqrt{\frac{m\omega}{\hbar}}\,x\right) \qquad (8.20)$$

となります. これらを図示すると図 8.3 のようになります. 下から上へ $n = 0, 1, 2, 3$ と準位が上がっていく図になっています. この波動関数の絶対値の二乗が存在確率密度になるので, 腹の位置が存在確率密度が極大になるところです. 波動関数の偶奇性は n の偶奇性と一致しており, 腹の数は準位が上がるとともに増えていきます.

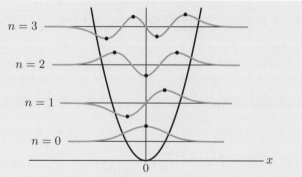

図 8.3　下から $n = 0, 1, 2, 3$ の波動関数を図示したもの．エネルギー準位との対応がつきやすいように，ポテンシャルの図とエネルギー準位の図を同時に示していることに注意．

■ 8.3　期待値と不確定性関係 ■

　ここで，位置 x や運動量 p などの物理量の不確定性 Δx, Δp は以下のように標準偏差として定義されることを思い出しておきましょう．

$$(\Delta x)^2 = \langle X^2 \rangle - \langle X \rangle^2 \tag{8.21}$$

$$(\Delta p)^2 = \langle P^2 \rangle - \langle P \rangle^2 \tag{8.22}$$

$|n\rangle$ を $E_n = \hbar\omega(n + 1/2)$ を固有値として持つ n 番目のエネルギー固有ケットだとします．そして，この状態ケット $|n\rangle$ は正規直交性と完備性を持つとします．

$$\langle m|n \rangle = \delta_{m,n} = \begin{cases} 1 & (m = n) \\ 0 & (m \neq n) \end{cases} \tag{8.23}$$

$$\sum_{n=0}^{\infty} |n\rangle \langle n| = 1 \tag{8.24}$$

これを使うと，先ほど求めた n 番目の固有波動関数 $u_n(x)$ は

$$u_n(x) = \langle x|n \rangle \tag{8.25}$$

と表されます．

本節では，各固有状態における不確定性関係を導くことを目標とします．まず，以下の期待値

$$\langle n|X|n\rangle, \qquad \langle n|X^2|n\rangle, \qquad \langle n|P|n\rangle, \qquad \langle n|P^2|n\rangle \tag{8.26}$$

を計算します．これらは 5.6 節で学んだように，波動関数 $u_n(x)$ を含む積分として以下のように表せます．

$$\langle n|X|n\rangle = \int dxdy\, \langle n|y\rangle\langle y|X|x\rangle\langle x|n\rangle = \int dx\, x|u_n(x)|^2 \tag{8.27}$$

$$\langle n|X^2|n\rangle = \int dxdy\, \langle n|y\rangle\langle y|X^2|x\rangle\langle x|n\rangle = \int dx\, x^2|u_n(x)|^2 \tag{8.28}$$

$$\langle n|P|n\rangle = \int dxdy\, \langle n|y\rangle\langle y|P|x\rangle\langle x|n\rangle = \int dx\, u_n^*(x)\frac{\hbar}{i}\frac{d}{dx}u_n(x) \tag{8.29}$$

$$\langle n|P^2|n\rangle = \int dxdy\, \langle n|y\rangle\langle y|P^2|x\rangle\langle x|n\rangle = \int dx\, u_n^*(x)\left(\frac{\hbar}{i}\frac{d}{dx}\right)^2 u_n(x) \tag{8.30}$$

簡単のため積分範囲を省略しましたが，すべての積分範囲は $-\infty$ から ∞ です．

$n=0,1$ の場合に具体的にこれらを計算し，不確定性 Δx, Δp を求めてみましょう．$\langle n|X|n\rangle$ は以下のように明らかに被積分関数が奇関数であり，必ずゼロになります．

$$\langle 0|X|0\rangle = \int_{-\infty}^{\infty} dx\, x|u_0(x)|^2 \propto \int dx\, x \exp\left(-\frac{m\omega}{\hbar}x^2\right) = 0 \tag{8.31}$$

$$\langle 1|X|1\rangle = \int_{-\infty}^{\infty} dx\, x|u_1(x)|^2 \propto \int dx\, x^3 \exp\left(-\frac{m\omega}{\hbar}x^2\right) = 0 \tag{8.32}$$

また，$\langle n|P|n\rangle$ も微分演算子が作用した後の形は明らかに奇関数でありゼロになります．

$$\langle 0|P|0\rangle = \int_{-\infty}^{\infty} dx\, u_0^*(x)\frac{\hbar}{i}\frac{d}{dx}u_0(x) \propto \int dx\, x \exp\left(-\frac{m\omega}{\hbar}x^2\right) = 0 \tag{8.33}$$

$$\langle 1|P|1\rangle = \int_{-\infty}^{\infty} dx\, u_1^*(x)\frac{\hbar}{i}\frac{d}{dx}u_1(x) = 0 \tag{8.34}$$

一般に，任意のエネルギー固有状態については位置と運動量の期待値は奇関数の積分になるため必ずゼロになります．

$$\langle n|X|n\rangle = 0, \qquad \langle n|P|n\rangle = 0 \tag{8.35}$$

これは，各エネルギー固有状態を見たときには位置の期待値は全く振動せず常にゼロであることを意味しています．一見奇妙に思うかもしれませんが，エーレンフェストの定理 (4.20) の両辺がゼロになっているため矛盾はありません．

次に $\langle n|X^2|n\rangle$ の計算を実行するため，付録 A.5 節に示した以下の公式を書き下しておきます．

$$\int_{-\infty}^{\infty} x^n e^{-x^2} dx = \frac{1}{2}\{(-1)^n + 1\}\Gamma\left(\frac{n+1}{2}\right) \tag{8.36}$$

$\Gamma(\cdots)$ は階乗の一般化であるガンマ関数を意味しており

$$\Gamma\left(n+\frac{1}{2}\right) = \left(n-\frac{1}{2}\right)\left(n-\frac{3}{2}\right)\cdots\frac{1}{2}\sqrt{\pi} \tag{8.37}$$

となります．例えば

$$\int_{-\infty}^{\infty} x^2 e^{-x^2} dx = \frac{\sqrt{\pi}}{2} \tag{8.38}$$

$$\int_{-\infty}^{\infty} x^4 e^{-x^2} dx = \frac{3\sqrt{\pi}}{4} \tag{8.39}$$

となります．

さて，これを用いて $\langle n|X^2|n\rangle$ を計算すると，以下のような結果が得られます．

$$\langle 0|X^2|0\rangle = \left(\frac{m\omega}{\pi\hbar}\right)^{1/2} \int_{-\infty}^{\infty} dx\, x^2 \exp\left(-\frac{m\omega}{\hbar}x^2\right) = \frac{\hbar}{2m\omega} \tag{8.40}$$

$$\langle 1|X^2|1\rangle = \left(\frac{4m\omega}{\pi\hbar}\right)^{1/2} \frac{m\omega}{\hbar} \int_{-\infty}^{\infty} dx\, x^4 \exp\left(-\frac{m\omega}{\hbar}x^2\right) = \frac{3\hbar}{2m\omega} \tag{8.41}$$

同様に，$\langle n|P^2|n\rangle$ はゼロにならず，以下の結果が得られます．

$$\langle 0|P^2|0\rangle = -\frac{\hbar m\omega}{\sqrt{\pi}} \int_{-\infty}^{\infty} d\xi\, e^{-\frac{\xi^2}{2}} \frac{d^2}{d\xi^2} e^{-\frac{\xi^2}{2}} = \frac{\hbar m\omega}{2} \tag{8.42}$$

$$\langle 1|P^2|1\rangle = -\frac{2\hbar m\omega}{\sqrt{\pi}} \int_{-\infty}^{\infty} d\xi\, \left(\xi e^{-\frac{\xi^2}{2}}\right) \frac{d^2}{d\xi^2}\left(\xi e^{-\frac{\xi^2}{2}}\right) = \frac{3\hbar m\omega}{2} \tag{8.43}$$

これらの結果から不確定性は $n=0$ に対して

$$\Delta x = \sqrt{\langle X^2\rangle - \langle X\rangle^2} = \sqrt{\frac{\hbar}{2m\omega}} \tag{8.44}$$

$$\Delta p = \sqrt{\langle P^2\rangle - \langle P\rangle^2} = \sqrt{\frac{\hbar m\omega}{2}} \tag{8.45}$$

となります．したがってこれら 2 つの積は

$$\Delta x \cdot \Delta p = \frac{\hbar}{2} \tag{8.46}$$

となります．3.6 節で見てきたように，$[X, P] = i\hbar$ より不確定性関係は一般に $\Delta x \cdot \Delta p \geq \frac{\hbar}{2}$ となることが示されています．調和振動子の $n = 0$ の状態については，この不確定性が最小になることがわかります．実際 $n = 0$ の固有波動関数はガウス波束になっています（6.5 節参照）．

$n = 1$ の場合の標準偏差は

$$\Delta x = \sqrt{\langle X^2 \rangle - \langle X \rangle^2} = \sqrt{\frac{3\hbar}{2m\omega}} \tag{8.47}$$

$$\Delta p = \sqrt{\langle P^2 \rangle - \langle P \rangle^2} = \sqrt{\frac{3\hbar m\omega}{2}} \tag{8.48}$$

となります．したがって，これら 2 つの積は

$$\Delta x \cdot \Delta p = \frac{3\hbar}{2} \tag{8.49}$$

となります．調和振動子の $n = 1$ の状態については，不確定性は最小にはなりません．

一般の n についても同様の計算を行うと，不確定性関係は以下のように与えられます．

$$\Delta x \cdot \Delta p = \left(n + \frac{1}{2} \right) \hbar \tag{8.50}$$

準位が上がれば上がるほど不確定性が大きくなっていくことがわかります．この関係の導出は演習問題 8 とします．

■ 8.4 基底状態エネルギー

基底状態の不確定性関係 $\Delta x \cdot \Delta p = \hbar/2$ のみを用いて，調和振動子系

$$H = \frac{P^2}{2m} + \frac{m\omega^2}{2} X^2 \tag{8.51}$$

の基底状態エネルギー（ゼロ点エネルギー）を求めることが可能です．これは水素原子系についてはすでに 2.5 節で行ったことであり，それを調和振動子系について行うわけです．基底状態におけるハミルトニアン演算子の期待値 $\langle 0|H|0 \rangle$

は基底状態エネルギーになりますので

$$\langle H \rangle = \langle 0|H|0 \rangle = \frac{(\Delta p)^2}{2m} + \frac{m\omega^2}{2}(\Delta x)^2 \tag{8.52}$$

という量に注目します．不確定性関係 $\Delta x \cdot \Delta p = \hbar/2$ を用いて右辺を書き換えると

$$\langle H \rangle = \frac{\hbar^2}{8m(\Delta x)^2} + \frac{m\omega^2}{2}(\Delta x)^2 \tag{8.53}$$

となります．この右辺を Δx についての関数とみなして，最小値をとる Δx とその最小値 E_0 を求めます．すると

$$\frac{d\langle H \rangle}{d(\Delta x)} = -\frac{\hbar^2}{4m(\Delta x)^3} + m\omega^2 \Delta x = 0 \tag{8.54}$$

より，最小値をとる Δx とその最小値 E_0 は

$$\Delta x = \sqrt{\frac{\hbar}{2m\omega}} \tag{8.55}$$

$$E_0 = \frac{\hbar\omega}{2} \tag{8.56}$$

となります（図 8.4）．これは (8.13), (8.44) に示した基底状態エネルギーと基底状態の位置の不確定さであり，不確定性関係によって基底状態とそのエネルギーが決まることが改めて確認できました．

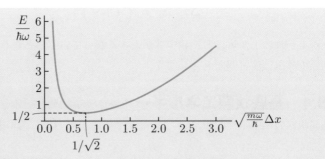

図 8.4　$\sqrt{\frac{m\omega}{\hbar}}\Delta x$ の関数としての半古典的な基底状態エネルギー．最小値が $\frac{E}{\hbar\omega} = 1/2$ になっている．

■■■■■■■■■■■■■■**第8章 演習問題**■■■■■■■■■■■■■■■

▌1 　規格化された調和振動子系のエネルギー固有波動関数 $u_n(x)$ の完全性は

$$\psi(x) = \sum_{n=0}^{\infty} c_n u_n(x)$$

と表されます．$\psi(x)$ は任意の関数です．係数 c_n を $\psi(x)$ と $u_n(x)$ を用いて表してください．

▌2 　エルミート多項式が

$$\frac{dH_n(\xi)}{d\xi} = 2\xi H_n(\xi) - H_{n+1}(\xi)$$

を満たすことを示してください．

▌3 　調和振動子系において，波動関数が時刻 $t = 0$ で $\psi(x) = C_0 u_0(x) + C_1 u_1(x)$ であるとき，時刻 t での波動関数を求めてください．ただし，u_0, u_1 は調和振動子系の $n = 0, 1$ のエネルギー固有波動関数であり，C_0, C_1 として実数をとります．

▌4 　前問において時刻 t での X^2 の期待値を求めてください．

▌5 　調和振動子系において，波動関数が時刻 $t = 0$ で $\psi(x) = C_0 u_0(x) + C_2 u_2(x)$ であるとき，時刻 t での波動関数を求め，その時刻での X^2 の期待値を計算してください．ただし，u_0, u_2 は調和振動子系の $n = 0, 2$ のエネルギー固有波動関数であり，C_0, C_2 として実数をとります．

▌6 　X^2 の期待値を n 番目の調和振動子エネルギー固有状態について求めてください．

▌7 　P^2 の期待値を n 番目の調和振動子エネルギー固有状態について求めてください．

▌8 　n 番目の調和振動子エネルギー固有状態について，不確定性関係 $\Delta x \cdot \Delta p$ を求めてください．

第9章
調和振動子系の量子力学 II

生成・消滅演算子を用いた調和振動子系の解析方法を学ぶとともに，その応用として，時間発展，コヒーレント状態，摂動計算，連成振動系を学びます．最後に，連成振動系のある種の極限として場の量子論が現れることを見ます．この章の 9.6 節以降は少し高度な内容になります．

■ 9.1 生成・消滅演算子の導入

第 8 章に続いて調和振動子系ハミルトニアン

$$H = \frac{P^2}{2m} + \frac{m\omega^2}{2}X^2 \tag{9.1}$$

を考えましょう．ここでは特に表示は定めずに議論を行います．ここで**消滅演算子** a と**生成演算子** $a^\dagger$ を位置演算子 X と運動量演算子 P の線形結合で

$$a = \sqrt{\frac{m\omega}{2\hbar}}\left(X + \frac{iP}{m\omega}\right), \qquad a^\dagger = \sqrt{\frac{m\omega}{2\hbar}}\left(X - \frac{iP}{m\omega}\right) \tag{9.2}$$

のように定義します．これらの生成・消滅演算子は 9.2 節で示すようにエネルギー固有状態の昇降を与える演算子になっており（9.2 節の図 9.1 参照），この演算子を用いることで調和振動子系の解析が簡単化されます．

まず，交換関係 $[X, P] = i\hbar$ を用いると

$$[a, a^\dagger] = 1 \tag{9.3}$$

が以下のように示されます．

$$\begin{aligned}
[a, a^\dagger] &= \frac{m\omega}{2\hbar}\left(-\frac{i}{m\omega}[X, P] + \frac{i}{m\omega}[P, X]\right) \\
&= \frac{m\omega}{2\hbar}\left(-\frac{i}{m\omega}i\hbar + \frac{i}{m\omega}(-i\hbar)\right) = 1
\end{aligned} \tag{9.4}$$

これらの生成演算子と消滅演算子はエルミート共役の関係にあり

$$(a)^\dagger = a^\dagger, \quad (a^\dagger)^\dagger = a \tag{9.5}$$

$$(a\,|n\rangle)^\dagger = \langle n|\,a^\dagger, \quad (a^\dagger\,|n\rangle)^\dagger = \langle n|\,a \tag{9.6}$$

となります.

調和振動子系ハミルトニアンは生成・消滅演算子を用いて

$$H = \hbar\omega\left(a^\dagger a + \frac{1}{2}\right) \tag{9.7}$$

と書けます. これにより, 調和振動子系ハミルトニアンが生成・消滅演算子 $(a, a^\dagger)$ を用いて大変明瞭な形に書き直せることがわかりました.

例題 (9.7) を示してください.

解 以下のように示せます.

$$\begin{aligned}
\hbar\omega\left(a^\dagger a + \frac{1}{2}\right) &= \hbar\omega\left\{\frac{m\omega}{2\hbar}\left(X^2 + \frac{1}{m^2\omega^2}P^2 + \frac{i}{m\omega}[X, P]\right) + \frac{1}{2}\right\} \\
&= \frac{P^2}{2m} + \frac{m\omega^2}{2}X^2 \qquad \qquad \square
\end{aligned}$$

9.2 生成・消滅演算子の役割

以下のように $a^\dagger a$ を**数演算子** $\widehat{N}$ と名付けます. ただし, 整数の N と混同しないようにこの演算子だけハット記号を用いることにします.

$$\widehat{N} \equiv a^\dagger a \tag{9.8}$$

これはエルミート演算子であり, 任意の状態 $|\psi\rangle$ について

$$\begin{aligned}
\langle\psi|\widehat{N}|\psi\rangle &= ((\langle\psi|a^\dagger)(a|\psi\rangle) \\
&= \|a\,|\psi\rangle\|^2 \geq 0 \tag{9.9}
\end{aligned}$$

が成り立つので, $\widehat{N}$ の固有値は必ずゼロ以上の実数になります.

9.1 節で求めた

$$H = \hbar\omega\left(\widehat{N} + \frac{1}{2}\right) \tag{9.10}$$

と, 8.1 節で求めた調和振動子系のエネルギー固有値 $E_n = \hbar\omega(n + 1/2)$ を比較すると

$$\hbar\omega\left(\widehat{N}+\frac{1}{2}\right)|n\rangle = \hbar\omega\left(n+\frac{1}{2}\right)|n\rangle \tag{9.11}$$

$$\widehat{N}|n\rangle = n|n\rangle \tag{9.12}$$

がわかります．つまり，n 番目のエネルギー固有状態に対して，数演算子 $\widehat{N}$ は固有値 n を持つということがわかります．

　以下では，生成・消滅演算子の性質だけを用いて，この数演算子 $\widehat{N}$ の固有値が $n = 0, 1, 2, 3, \ldots$ であり，エネルギー固有ケットが n でラベルされることを改めて示していきます．ただし，ここで固有状態 $|n\rangle$ は正規直交性 $\langle n|m\rangle = \delta_{n,m}$ を満たすようにとっているとします．

　はじめに，生成・消滅演算子がどのような役割を持つ演算子かを調べていきます．まずは，$a|n\rangle$ という状態を考え，この状態に $\widehat{N}$ を作用させることでそれがどのような状態であるかを調べます．ここで，$[a, a^{\dagger}] = aa^{\dagger} - a^{\dagger}a = 1$ を用いて，以下の変形を行います．

$$\begin{aligned}
\widehat{N}a|n\rangle &= a^{\dagger}aa|n\rangle = (aa^{\dagger} - 1)a|n\rangle \\
&= (a\widehat{N} - a)|n\rangle = (an - a)|n\rangle \\
&= (n-1)a|n\rangle \tag{9.13}
\end{aligned}$$

これにより

$$\widehat{N}a|n\rangle = (n-1)\,a|n\rangle \tag{9.14}$$

が示され，$a|n\rangle$ という状態について，$\widehat{N}$ の固有値が $n-1$ であることが判明しました．つまり

$$a|n\rangle = C_{-}|n-1\rangle \tag{9.15}$$

のように，消滅演算子 a がエネルギー準位を 1 つ下げる役割を果たすことがわかります．この係数 C_{-} は規格化定数であり，(9.15) の双対（エルミート共役）をとり，内積をとることで以下のように求められます．

$$\begin{aligned}
\langle n|a^{\dagger}a|n\rangle = |C_{-}|^{2}\langle n-1|n-1\rangle \quad &\rightarrow \quad n = |C_{-}|^{2} \\
&\rightarrow \quad C_{-} = \sqrt{n} \tag{9.16}
\end{aligned}$$

ここでエネルギー固有状態について正規直交性を用い，慣習により C_- を正の実数にとりました．したがって

$$a\,|n\rangle = \sqrt{n}\,|n-1\rangle \qquad (9.17)$$

が導かれます．

同様にして $a^\dagger|n\rangle$ という状態は

$$a^\dagger\,|n\rangle = \sqrt{n+1}\,|n+1\rangle \qquad (9.18)$$

であることがわかります．これにより，生成演算子 $a^\dagger$ がエネルギー準位を 1 つ上げる役割を持つことがわかります．

例題 (9.18) を示してください．

解 まず以下の変形を行いましょう．

$$\widehat{N}\,a^\dagger|n\rangle = a^\dagger a a^\dagger|n\rangle = a^\dagger(a^\dagger a+1)|n\rangle = (n+1)a^\dagger|n\rangle$$

これにより

$$\widehat{N}\,a^\dagger|n\rangle = (n+1)\,a^\dagger|n\rangle$$

が示されたことになり

$$a^\dagger\,|n\rangle = C_+\,|n+1\rangle$$

がわかります．この係数 C_+ は規格化定数であり

$$\langle n|\,aa^\dagger\,|n\rangle = |C_+|^2\,\langle n+1|n+1\rangle \quad \rightarrow \quad n+1 = |C_+|^2$$
$$\rightarrow \quad C_+ = \sqrt{n+1}$$

がわかります．したがって

$$a^\dagger\,|n\rangle = \sqrt{n+1}\,|n+1\rangle$$

が導出されました． □

次に，$\widehat{N}$ の固有値 n が $n=0,1,2,3,\ldots$ であることを示します．まず，$\widehat{N}$ の最小固有値を $n_{\min} \geq 0$ とすると，その固有状態 $|n_{\min}\rangle$ より低い状態はないので $a\,|n_{\min}\rangle = \mathbf{0}$ となります．a を作用させて $\mathbf{0}$ になるということは $\widehat{N}=a^\dagger a$ を作用させても $\mathbf{0}$ です．つまり

$$\widehat{N}\,|n_{\min}\rangle = \mathbf{0} \qquad (9.19)$$

となり，最小固有値とその固有状態は

$$n_{\min} = 0, \qquad |0\rangle \tag{9.20}$$

であることがわかります. $a^\dagger$ を作用させることにより $|n\rangle \to |n+1\rangle$ のように状態が上がることを示しました. したがって, 最小固有値の状態 $|0\rangle$ に $a^\dagger$ を作用させることで, 固有値の大きい状態 $|1\rangle, |2\rangle, |3\rangle, \dots$ を構成していくことができます. 結局, $\widehat{N}$ の固有値は $n = 0, 1, 2, 3, \dots$ であり, その固有ケットは $|n\rangle$ $(n = 0, 1, 2, 3, \dots)$ となることがわかりました. ハミルトニアンが $H = \hbar\omega\left(\widehat{N} + \frac{1}{2}\right)$ と書けることから, エネルギー固有値が $E_n = \hbar\omega\left(n + \frac{1}{2}\right)$ であることもわかります.

ここまでの議論で, a は $\widehat{N}$ もしくはハミルトニアンの固有状態を 1 つ下げる演算子, $a^\dagger$ は状態を 1 つ上げる演算子

$$a|n\rangle = \sqrt{n}\,|n-1\rangle, \qquad a^\dagger|n\rangle = \sqrt{n+1}\,|n+1\rangle \tag{9.21}$$

であることを見てきました (図 9.1). ただし $a|0\rangle = \mathbf{0}$ です. $a,\ a^\dagger$ ともにエルミート演算子ではないので, 観測可能量ではありませんが, 調和振動子が関わる物理を調べる上で非常に重要な働きをします. 今後の計算のために, $X,\ P$ を生成・消滅演算子を用いて書き表しておきます.

$$X = \sqrt{\frac{\hbar}{2m\omega}}\,(a^\dagger + a), \quad P = i\sqrt{\frac{\hbar m\omega}{2}}\,(a^\dagger - a) \tag{9.22}$$

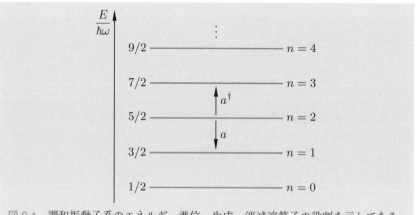

図 9.1　調和振動子系のエネルギー準位. 生成・消滅演算子の役割を示してある.

■ 9.3 生成・消滅演算子を用いた解析 ■

8.3 節で位置座標表示の波動関数を用いて計算した $\langle n|X|n\rangle$, $\langle n|P|n\rangle$, $\langle n|X^2|n\rangle$, $\langle n|P^2|n\rangle$ を，今度は生成・消滅演算子を用いて計算してみます．そのために (9.22) を用いて X, P を $a, a^\dagger$ で表します．$a, a^\dagger$ は演算子であり順序を入れ替えられないことに注意しましょう．

生成・消滅演算子とその性質 (9.21) を使って，以下のように代数的に計算を実行できます．

$$\langle n|X|n\rangle = \langle n|\sqrt{\frac{\hbar}{2m\omega}}\,(a + a^\dagger)|n\rangle$$
$$= \sqrt{\frac{\hbar}{2m\omega}}\left(\langle n|\sqrt{n}\,|n-1\rangle + \langle n|\sqrt{n+1}\,|n+1\rangle\right) = 0 \quad (9.23)$$

$$\langle n|P|n\rangle = \langle n|i\sqrt{\frac{\hbar m\omega}{2}}\,(-a + a^\dagger)|n\rangle$$
$$= i\sqrt{\frac{\hbar m\omega}{2}}\left(\langle n|(-\sqrt{n})|n-1\rangle + \langle n|\sqrt{n+1}\,|n+1\rangle\right) = 0$$
$$(9.24)$$

$$\langle n|X^2|n\rangle = \langle n|\frac{\hbar}{2m\omega}\,(aa^\dagger + a^\dagger a + a^2 + (a^\dagger)^2)|n\rangle$$
$$= \frac{\hbar}{2m\omega}\langle n|((\sqrt{n+1})^2 + (\sqrt{n})^2)|n\rangle = \frac{\hbar}{2m\omega}(2n+1) \quad (9.25)$$

$$\langle n|P^2|n\rangle = -\frac{\hbar m\omega}{2}\langle n|(-aa^\dagger - a^\dagger a + a^2 + (a^\dagger)^2)|n\rangle$$
$$= -\frac{\hbar m\omega}{2}\langle n|(-(\sqrt{n+1})^2 - (\sqrt{n})^2)|n\rangle = \frac{\hbar m\omega}{2}(2n+1)$$
$$(9.26)$$

ここで，(9.21) を用いて $a, a^\dagger$ が作用する際に $\sqrt{n}, \sqrt{n+1}$ がでることを使いました．また $a, a^\dagger, a^2, (a^\dagger)^2$ の項は，直交性 $\langle n|n-1\rangle = 0$, $\langle n|n+1\rangle = 0$, $\langle n|n-2\rangle = 0$, $\langle n|n+2\rangle = 0$ などからすべてゼロになることを用いました．これを用いると，一般の n での不確定性関係を以下のように導出できます．

$$(\Delta x)^2 = \langle X^2\rangle - \langle X\rangle^2 = \langle X^2\rangle = \frac{\hbar}{2m\omega}(2n+1) \quad (9.27)$$

$$(\Delta p)^2 = \langle P^2\rangle - \langle P\rangle^2 = \langle P^2\rangle = \frac{\hbar m\omega}{2}(2n+1) \quad (9.28)$$

$$\Delta x \cdot \Delta p = \frac{\hbar}{2}(2n+1) \tag{9.29}$$

座標表示の波動関数を用いた方法と比べて計算が遥かに容易であることがわかると思います.

例題 $\langle n|X^{2k+1}|n\rangle = 0$, $\langle n|P^{2k+1}|n\rangle = 0$ となることを示してください. ただし, $k = 0, 1, 2, 3, 4, \ldots$ です.

解 (9.22) より, X, P の奇数乗は, a もしくは $a^\dagger$ の奇数乗の項のみを含みます. 例えば, $aaa^\dagger$ や $a^\dagger aa^\dagger a^\dagger a$ です. 一方, このような生成・消滅演算子を $|n\rangle$ に作用させたものは決して $|n\rangle$ には戻りません. つまり, $F(a, a^\dagger)$ を $a, a^\dagger$ の奇数乗の項のみを含む関数だとすると

$$F(a, a^\dagger)|n\rangle \neq C|n\rangle$$

ここで C は何らかの係数です. したがって, 直交性から次のようになります.

$$\langle n|F(a, a^\dagger)|n\rangle = 0$$

X, P の奇数乗は, a もしくは $a^\dagger$ の奇数乗の項のみを含むので次が示せました.

$$\langle n|X^{2k+1}|n\rangle = 0, \qquad \langle n|P^{2k+1}|n\rangle = 0 \qquad \square$$

次に生成・消滅演算子 $a, a^\dagger$ を用いて以下の量を計算してみましょう.

$$\langle n|X|n+1\rangle, \qquad \langle n|X^2|n+2\rangle, \qquad \langle n|P|n+1\rangle, \qquad \langle n|P^2|n+2\rangle \tag{9.30}$$

先ほどと同様に, 具体的に計算してみると

$$\begin{aligned}
\langle n|X|n+1\rangle &= \langle n|\sqrt{\frac{\hbar}{2m\omega}}\,(a+a^\dagger)|n+1\rangle \\
&= \sqrt{\frac{\hbar}{2m\omega}}\,\sqrt{n+1}
\end{aligned} \tag{9.31}$$

$$\begin{aligned}
\langle n|X^2|n+2\rangle &= \langle n|\frac{\hbar}{2m\omega}\,(aa^\dagger + a^\dagger a + a^2 + (a^\dagger)^2)|n+2\rangle \\
&= \frac{\hbar}{2m\omega}\,\sqrt{(n+2)(n+1)}
\end{aligned} \tag{9.32}$$

$$\begin{aligned}
\langle n|P|n+1\rangle &= \langle n|i\sqrt{\frac{\hbar m\omega}{2}}\,(-a+a^\dagger)|n+1\rangle \\
&= -i\sqrt{\frac{\hbar m\omega}{2}}\,\sqrt{n+1}
\end{aligned} \tag{9.33}$$

$$\langle n|P^2|n+2\rangle = -\frac{\hbar m\omega}{2}\langle n|\left(-aa^\dagger - a^\dagger a + a^2 + (a^\dagger)^2\right)|n+2\rangle$$

$$= -\frac{\hbar m\omega}{2}\sqrt{(n+2)(n+1)} \tag{9.34}$$

が得られます. $|n\rangle$ を基底にとった行列表現を考えると, X, P の対角成分 $\langle n|X|n\rangle$, $\langle n|P|n\rangle$ はゼロでしたが, 非対角成分は残ることがわかります. 同時に, X, P に $a, a^\dagger$ が 1 つずつしか含まれていないことから, $\langle n|X|n+1\rangle$, $\langle n|P|n+1\rangle$ とその複素共役以外の成分はすべてゼロになることもわかります.

したがって, エネルギー固有ケット $|n\rangle$ を基底にとった X, P, H の行列表現は以下で与えられます.

$$X \doteq \begin{pmatrix} \langle 0|X|0\rangle & \langle 0|X|1\rangle & \langle 0|X|2\rangle & \cdots \\ \langle 1|X|0\rangle & \langle 1|X|1\rangle & \langle 1|X|2\rangle & \cdots \\ \langle 2|X|0\rangle & \langle 2|X|1\rangle & \langle 2|X|2\rangle & \cdots \\ \vdots & \vdots & \vdots & \end{pmatrix}$$

$$= \sqrt{\frac{\hbar}{2m\omega}} \begin{pmatrix} 0 & 1 & 0 & 0 & \cdots \\ 1 & 0 & \sqrt{2} & 0 & \cdots \\ 0 & \sqrt{2} & 0 & \sqrt{3} & \cdots \\ 0 & 0 & \sqrt{3} & & \ddots \\ \vdots & \vdots & \vdots & \ddots & \end{pmatrix} \tag{9.35}$$

$$P \doteq \begin{pmatrix} \langle 0|P|0\rangle & \langle 0|P|1\rangle & \langle 0|P|2\rangle & \cdots \\ \langle 1|P|0\rangle & \langle 1|P|1\rangle & \langle 1|P|2\rangle & \cdots \\ \langle 2|P|0\rangle & \langle 2|P|1\rangle & \langle 2|P|2\rangle & \cdots \\ \vdots & \vdots & \vdots & \end{pmatrix}$$

$$= i\sqrt{\frac{\hbar m\omega}{2}} \begin{pmatrix} 0 & -1 & 0 & 0 & \cdots \\ 1 & 0 & -\sqrt{2} & 0 & \cdots \\ 0 & \sqrt{2} & 0 & -\sqrt{3} & \cdots \\ 0 & 0 & \sqrt{3} & & \ddots \\ \vdots & \vdots & \vdots & & \ddots \end{pmatrix} \tag{9.36}$$

$$H \doteq \begin{pmatrix} \langle 0|H|0\rangle & \langle 0|H|1\rangle & \langle 0|H|2\rangle & \cdots \\ \langle 1|H|0\rangle & \langle 1|H|1\rangle & \langle 1|H|2\rangle & \cdots \\ \langle 2|H|0\rangle & \langle 2|H|1\rangle & \langle 2|H|2\rangle & \cdots \\ \vdots & \vdots & \vdots & \end{pmatrix} = \hbar\omega \begin{pmatrix} \frac{1}{2} & 0 & 0 & 0 & \cdots \\ 0 & \frac{3}{2} & 0 & 0 & \cdots \\ 0 & 0 & \frac{5}{2} & 0 & \cdots \\ 0 & 0 & 0 & \frac{7}{2} & \cdots \\ \vdots & \vdots & \vdots & \vdots & \end{pmatrix}$$

$$(9.37)$$

このように，エネルギー固有ケット $|n\rangle$ を用いて，各物理量の行列表現を得られました．これらの行列は無限次元行列ですが，固有値が離散化されているため上記のように具体的に書き表すことができたのです．

例題 X, P の行列表現の二乗が X^2, P^2 の行列表現になることを示してください．

解 X^2, P^2 の行列表現は対角成分と $\langle n|X^2|n+2\rangle$, $\langle n+2|X^2|n\rangle$ のみに値を持ち，その結果はすでに得られています．X, P の行列表現の二乗も容易に計算可能で，それらを比較することで一致が確かめられます． □

一方，状態については，$|n\rangle$ の成分表示を行うと以下のような無限次元の単位ベクトルになります．これらの表示はこれまで学んできた演算子と状態の行列表現の具体的な例になっています．

$$|0\rangle \doteq \begin{pmatrix} \langle 0|0\rangle \\ \langle 1|0\rangle \\ \langle 2|0\rangle \\ \vdots \end{pmatrix} = \begin{pmatrix} 1 \\ 0 \\ 0 \\ \vdots \end{pmatrix} \qquad (9.38)$$

$$|1\rangle \doteq \begin{pmatrix} \langle 0|1\rangle \\ \langle 1|1\rangle \\ \langle 2|1\rangle \\ \vdots \end{pmatrix} = \begin{pmatrix} 0 \\ 1 \\ 0 \\ \vdots \end{pmatrix} \qquad (9.39)$$

$$|2\rangle \doteq \begin{pmatrix} \langle 0|2\rangle \\ \langle 1|2\rangle \\ \langle 2|2\rangle \\ \vdots \end{pmatrix} = \begin{pmatrix} 0 \\ 0 \\ 1 \\ \vdots \end{pmatrix} \qquad (9.40)$$

例題 行列表現を用いて $H|n\rangle = E_n|n\rangle$ を確かめてください.

解 $|n\rangle$ は単位ベクトル, H は対角行列なので, 固有値が $E_n = \hbar\omega(n+1/2)$ になることが確かめられます. □

■ 9.4 座標表示との関係

ここでは位置固有ケットを基底にとった場合の表示, つまり座標表示の波動関数が, 生成・消滅演算子を用いて得られることを見てみましょう. シュレーディンガー方程式に $|x\rangle$ の完備関係式を挟んで座標表示に移行すると, 演算子と状態ベクトルは微分演算子と波動関数で置き換えられます.

$$X \to x, \qquad P \to \frac{\hbar}{i}\frac{d}{dx}, \qquad |n\rangle \to u_n(x) \tag{9.41}$$

この表示では消滅演算子, 生成演算子はそれぞれ以下のように書けます.

$$a \doteq \sqrt{\frac{m\omega}{2\hbar}}\left(x + \frac{\hbar}{m\omega}\frac{d}{dx}\right) = \frac{1}{\sqrt{2}}\left(\xi + \frac{d}{d\xi}\right) \tag{9.42}$$

$$a^\dagger \doteq \sqrt{\frac{m\omega}{2\hbar}}\left(x - \frac{\hbar}{m\omega}\frac{d}{dx}\right) = \frac{1}{\sqrt{2}}\left(\xi - \frac{d}{d\xi}\right) \tag{9.43}$$

ここで簡単のため無次元変数 $\xi \equiv x\sqrt{\frac{m\omega}{\hbar}}$ を再び用いました.

9.2 節で基底状態 $|0\rangle$ に消滅演算子 a を作用させるとゼロベクトルが与えられることを学びました. したがって, $u_0 = \langle x|0\rangle$ に a の座標表示を作用させることで, 以下のように波動関数がゼロになるはずです.

$$a|0\rangle = 0 \quad \to \quad a\langle x|0\rangle = a\,u_0(x) = 0 \tag{9.44}$$

これにより

$$\frac{1}{\sqrt{2}}\left(\xi + \frac{d}{d\xi}\right)u_0 = 0 \tag{9.45}$$

という微分方程式が得られます. この方程式の解は簡単に得られて

$$u_0(x) = C\exp\left(-\frac{\xi^2}{2}\right) = C\exp\left(-\frac{m\omega x^2}{2\hbar}\right) \tag{9.46}$$

となります. 規格化を考えると, 係数 C は以下のように求められます.

$$\lvert C \rvert^2 \int_{-\infty}^{\infty} dx \exp\left(-\frac{m\omega x^2}{\hbar} \right) = \lvert C \rvert^2 \sqrt{\frac{\pi\hbar}{m\omega}} = 1 \tag{9.47}$$

係数を正の実数にとる慣習に従うと

$$\langle x \vert 0 \rangle = u_0(x) = \left(\frac{m\omega}{\pi\hbar} \right)^{1/4} \exp\left(-\frac{m\omega x^2}{2\hbar} \right) \tag{9.48}$$

となり，エルミート多項式を用いて議論した基底状態の波動関数 (8.17) に一致します．

次に，この状態に生成演算子の座標表示 $a^\dagger$ を作用させて第 1 励起状態（$n = 1$）の波動関数を求めます．

$$u_1(x) = a^\dagger u_0 = \frac{1}{\sqrt{2}} \left(\xi - \frac{d}{d\xi} \right) \left(\frac{m\omega}{\pi\hbar} \right)^{1/4} \exp\left(-\frac{\xi^2}{2} \right)$$
$$= \left(\frac{4m\omega}{\pi\hbar} \right)^{1/4} \sqrt{\frac{m\omega}{\hbar}}\, x \exp\left(-\frac{m\omega x^2}{2\hbar} \right) \tag{9.49}$$

これにより $n = 1$ の波動関数も正しく得られることがわかりました．このように基底状態の波動関数に生成演算子を作用させることですべてのエネルギー固有状態の波動関数が得られます．

例題 上記の方法によって $n = 2$ の固有波動関数 $u_2(x)$ を求めてください．

解 以下のように得られます．

$$u_2(x) = \frac{1}{\sqrt{2}} a^\dagger u_1 = \frac{1}{\sqrt{2}} (a^\dagger)^2 u_0 = \left(\frac{4m\omega}{\pi\hbar} \right)^{1/4} \exp\left(-\frac{m\omega}{2\hbar} x^2 \right) \left(\frac{m\omega}{\hbar} x^2 - \frac{1}{2} \right) \quad \square$$

■ 9.5 調和振動子系の時間発展

調和振動子系のエネルギー固有ケットの重ね合わせ状態について時間発展を調べましょう．ここでは

$$\lvert \psi \rangle = c_n \lvert n \rangle + c_{n+1} \lvert n+1 \rangle \tag{9.50}$$

という状態の時間発展を考えます．簡単のため c_n, c_{n+1} は実数だとします．シュレーディンガー描像に基づくと時刻 $t = 0$ で $\lvert \psi \rangle$ にあった状態は時刻 t では

$$\lvert \psi(t) \rangle = e^{-\frac{iHt}{\hbar}} \lvert \psi \rangle = c_n e^{-\frac{iE_n t}{\hbar}} \lvert n \rangle + c_{n+1} e^{-\frac{iE_{n+1} t}{\hbar}} \lvert n+1 \rangle \tag{9.51}$$

となります．したがって，時刻 t での X の期待値は

$$\langle \psi(t)|X|\psi(t)\rangle$$

$$= \left(\langle n|\, c_n e^{\frac{iE_n t}{\hbar}} + \langle n+1|\, c_{n+1} e^{\frac{iE_{n+1} t}{\hbar}} \right)$$

$$\times \sqrt{\frac{\hbar}{2m\omega}} \left(a + a^\dagger \right) \left(c_n e^{-\frac{iE_n t}{\hbar}} |n\rangle + c_{n+1} e^{-\frac{iE_{n+1} t}{\hbar}} |n+1\rangle \right)$$

$$= c_n c_{n+1} \sqrt{n+1}\, e^{-i\omega t} + c_{n+1} c_n \sqrt{n+1}\, e^{i\omega t}$$

$$= 2 c_n c_{n+1} \sqrt{n+1} \cos \omega t \tag{9.52}$$

となります. つまり, 角振動数 ω (周期 $2\pi/\omega$) で X の期待値が振動していることがわかります. ただし, このケースでは期待値が振動しているだけで, 局在した波束が振動しているわけではありません.

例題 $|\psi\rangle = c_n |n\rangle + c_{n+2} |n+2\rangle$ について X の期待値を求めてください.

解 $|n\rangle$ に戻る項がないため, $\langle \psi(t)|X|\psi(t)\rangle = 0$ となります. $\qquad \Box$

調和振動子系の時間発展をハイゼンベルク描像で記述してみましょう. まず, 調和振動子系ハミルトニアンと X, P との交換関係は,

$$[H, X] = -i\hbar \frac{P}{m}, \qquad [H, P] = i\hbar m\omega^2 X \tag{9.53}$$

となります. ベーカー–ハウスドルフの公式 $e^A B e^{-A} = B + [A, B] + \frac{1}{2!}[A, [A, B]] + \frac{1}{3!}[A, [A, [A, B]]] + \cdots$ を用いると, 時刻 $t = 0$ で $X(0) = X$ である位置演算子は時刻 t で

$$X(t) = e^{\frac{iHt}{\hbar}} X e^{-\frac{iHt}{\hbar}} = X \cos \omega t + \frac{P}{m\omega} \sin \omega t \tag{9.54}$$

となります. 同様に, 時刻 $t = 0$ で $P(0) = P$ である運動量演算子は時刻 t で

$$P(t) = e^{\frac{iHt}{\hbar}} P e^{-\frac{iHt}{\hbar}} = P \cos \omega t - m\omega X \sin \omega t \tag{9.55}$$

となります. これらの導出については章末の演習問題 2 とします. これらの結果を用いると, 時刻 t における交換関係 $[X(t), P(t)] = i\hbar$ が確認できます. またハイゼンベルク方程式を用いることで古典力学と同じ形の運動方程式

$$\frac{dX(t)}{dt} = \frac{P(t)}{m}, \qquad \frac{dP(t)}{dt} = -m\omega^2 X(t) \tag{9.56}$$

が確認できます.

■ 9.6 　コヒーレント状態

　ここでは，古典的な調和振動子に類似した「局在した波束が単振動する状態」
を構成してみます．そこで，以下の**コヒーレント状態**を定義します．

$$|\ell\rangle = \exp\left(\ell\sqrt{\frac{m\omega}{2\hbar}}\,a^\dagger\right)|0\rangle$$

$$= \sum_{n=0}^{\infty}\left(\ell\sqrt{\frac{m\omega}{2\hbar}}\right)^n \frac{1}{\sqrt{n!}}\,|n\rangle \tag{9.57}$$

ここで ℓ は長さの次元を持つ数とします．したがって $\ell\sqrt{\frac{m\omega}{2\hbar}}$ は無次元量です．
ただしこの時点では $|\ell\rangle$ は規格化されていません．

　このコヒーレント状態は以下のように消滅演算子 a の固有状態になってい
ます．

$$a\,|\ell\rangle = \ell\sqrt{\frac{m\omega}{2\hbar}}\,|\ell\rangle, \qquad \langle\ell|\,a^\dagger = \langle\ell|\,\ell^*\sqrt{\frac{m\omega}{2\hbar}} \tag{9.58}$$

コヒーレント状態は係数の違いを除いて以下のように表すこともできます．

$$|\ell\rangle = \exp\left(-\frac{iP\ell}{\hbar}\right)|0\rangle \tag{9.59}$$

(9.59) に $P = i\sqrt{\frac{\hbar m\omega}{2}}\,(-a+a^\dagger)$ を代入し，$[A,B] = \text{const.}$ の場合に $e^{A+B} = e^A e^B e^{-\frac{1}{2}[A,B]}$ が成り立つことを用いれば，(9.59) の表式が (9.57) の表式と係
数を除いて一致することが示せます．

　以下では ℓ を実数にとります．この場合，$e^{-\frac{iP\ell}{\hbar}}$ がユニタリー演算子である
ことから，(9.59) の表式は明らかに規格化されています．つまり $\langle\ell|\ell\rangle = 1$ で
す．このコヒーレント状態の座標表示の波動関数は

$$\langle x|\ell\rangle = \langle x|e^{-\frac{iP\ell}{\hbar}}|0\rangle$$

$$= \langle x-\ell|0\rangle$$

$$= u_0(x-\ell)$$

$$= \left(\frac{m\omega}{\pi\hbar}\right)^{1/4}\exp\left(-\frac{m\omega(x-\ell)^2}{2\hbar}\right) \tag{9.60}$$

であり，原点が ℓ だけずれたガウス型関数であることがわかります．ここで

$\exp\left(\frac{iP\ell}{\hbar}\right)|x\rangle = |x - \ell\rangle$ であることを用いました（第 5 章 (5.29) 参照）．このようにコヒーレント状態の波動関数は**ガウス波束**になります．X の期待値はガウス波束の中心 ℓ になると推測できますが，実際 (9.58) を用いると

$$\langle\ell|X|\ell\rangle = \langle\ell|\sqrt{\frac{\hbar}{2m\omega}}\,(a + a^\dagger)|\ell\rangle = \frac{\ell + \ell^*}{2} = \ell \tag{9.61}$$

となり，確かにガウス波束の中心 ℓ になることが確認できます．したがって，時刻ゼロでは ℓ を中心として $\sqrt{\frac{\hbar}{m\omega}}$ 程度の広がりを持つガウス波束が実現できており，問題は時間発展の過程でこのガウス波束が維持されたまま振動するかどうかになります．

　それではコヒーレント状態の時間発展を調べましょう．時刻 $t = 0$ でコヒーレント状態 $|\ell\rangle$ にあったとすると，時刻 t では

$$\begin{aligned}
|\psi(t)\rangle &= e^{-\frac{iHt}{\hbar}}|\ell\rangle \\
&= e^{-\frac{i\omega t}{2}}e^{-i\omega t a^\dagger a}|\ell\rangle = e^{-\frac{i\omega t}{2}}\exp\left(-\frac{iP\ell e^{-i\omega t}}{\hbar}\right)|0\rangle \\
&= e^{-\frac{i\omega t}{2}}|\ell e^{-i\omega t}\rangle
\end{aligned} \tag{9.62}$$

となります．途中，(9.57) の表式を用いて

$$\begin{aligned}
e^{-i\omega t a^\dagger a}|\ell\rangle &\propto e^{-i\omega t a^\dagger a}\sum_{n=0}^\infty\left(\ell\sqrt{\frac{m\omega}{2\hbar}}\right)^n\frac{1}{\sqrt{n!}}|n\rangle \\
&= \sum_{n=0}^\infty\left(\ell e^{-i\omega t}\sqrt{\frac{m\omega}{2\hbar}}\right)^n\frac{1}{\sqrt{n!}}|n\rangle
\end{aligned} \tag{9.63}$$

となることを用いました．したがって座標表示の波動関数は

$$\begin{aligned}
\langle x|\psi(t)\rangle &= e^{-\frac{i\omega t}{2}}\langle x|\ell e^{-i\omega t}\rangle \\
&= e^{-\frac{i\omega t}{2}}\left(\frac{m\omega}{\pi\hbar}\right)^{1/4}\exp\left(-\frac{m\omega(x - \ell e^{-i\omega t})^2}{2\hbar}\right)
\end{aligned} \tag{9.64}$$

となります．図 9.2 に示したように，時間とともに中心位置が変化していきますが，波束全体はガウス波束のままであることが確認できました．時刻 t での X の期待値は

$$\langle\psi(t)|X|\psi(t)\rangle = \langle\ell|e^{\frac{iHt}{\hbar}}Xe^{-\frac{iHt}{\hbar}}|\ell\rangle$$

$$= \langle \ell | \left(X \cos \omega t + \frac{P}{m\omega} \sin \omega t \right) | \ell \rangle$$

$$= \langle \ell | X \cos \omega t | \ell \rangle$$

$$= \ell \cos \omega t \tag{9.65}$$

となり，確かに期待値が単振動していることが確認できます．ここで

$$e^{\frac{iHt}{\hbar}} X e^{-\frac{iHt}{\hbar}} = X \cos \omega t + \frac{P}{m\omega} \sin \omega t \tag{9.66}$$

という関係を用いました．また (9.58) より，ℓ が実数の場合には $\langle \ell | P | \ell \rangle \propto \langle \ell | a^{\dagger} | \ell \rangle - \langle \ell | a | \ell \rangle = 0$ であることも用いました．

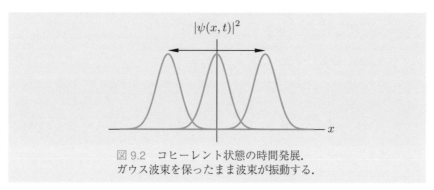

図 9.2　コヒーレント状態の時間発展．
ガウス波束を保ったまま波束が振動する．

　このように，コヒーレント状態は，ガウス波束を形成していること，そしてその波束が形を保ったまま単振動する，という特徴を持つことがわかりました．コヒーレント状態は古典的描像との関連だけでなく，量子電磁気学，量子光学においても重要な概念になります．

■ 9.7　摂 動 計 算

　調和振動子系のようにエネルギー固有値と固有状態が完全にわかっているハミルトニアンに小さな別の項が加わった理論においては，摂動論と呼ばれる手法で近似的にエネルギー固有値や固有状態を求めることができます．このような項を**摂動項**，この計算手法を**摂動論**もしくは**摂動計算**と呼びます．具体的には以下のような状況を考えます．

$$H = H_0 + \lambda V \tag{9.67}$$

ここで，H は全体のハミルトニアン，H_0 は調和振動子系のハミルトニアン，$V = V(X)$ は X を含む何らかの摂動項，$\lambda \ll 1$ は十分小さい値をとるパラメータとします．摂動計算においては，波動関数とエネルギー固有値を λ のべき級数として表し，λ の次数ごとに逐次的にシュレーディンガー方程式を解いていきます．このようにして得られる級数解は**摂動級数**と呼ばれます．

まず，全体のハミルトニアン H の n 番目の固有状態 $|n\rangle_H$ を定義し，これを正規直交完全基底である調和振動子系 H_0 の固有ケット $|l\rangle$ $(l = 0, 1, 2, 3, 4, \ldots)$ によって展開した表式を考えます．

$$|n\rangle_H = \sum_{l=0}^{\infty} c_{n,l} |l\rangle \tag{9.68}$$

その上で，この係数 $c_{n,l}$ について，λ のべき級数として展開した表式を考えます．

$$c_{n,l} = \sum_{k=0}^{\infty} \lambda^k c_{n,l}^{(k)} \tag{9.69}$$

$c_{n,l}^{(k)}$ については，以下のようにまとめることができます：

全体のハミルトニアン H の n 番目の固有ケット $|n\rangle_H$ を，調和振動子系の固有ケット $|l\rangle$ で展開したときの l 番目の係数 $c_{n,l}$ を考える．これを λ のべきで展開したときの k 次の係数が $c_{n,l}^{(k)}$ である．

$\lambda = 0$ のときには $|n\rangle_H$ が調和振動子系の n 番目の固有ケット $|n\rangle$ と一致すべきなので，ゼロ次の係数 $c_{n,l}^{(0)}$ は

$$c_{n,l}^{(0)} = \begin{cases} 1 & (n = l) \\ 0 & (n \neq l) \end{cases} \tag{9.70}$$

となります．少し複雑ですが，順を追って考えればそれほど難しい話ではありません．

一方，エネルギー固有値も λ のべき級数型を仮定します．

$$E_n = \sum_{k=0}^{\infty} \lambda^k E_n^{(k)} \tag{9.71}$$

これは全体のハミルトニアンの n 番目のエネルギー固有値を λ のべきとして表

したもので，$E_n^{(k)}$ は n 番目のエネルギー固有値を展開したときの k 次の係数を表しています．ゼロ次の係数は調和振動子系の n 番目のエネルギー固有値になります．つまり，$E_n^{(0)} = \hbar\omega(n + 1/2)$ です．

これらをシュレーディンガー方程式 $(H_0 + \lambda V)\,|n\rangle_H = E_n\,|n\rangle_H$ に代入すると

$$(H_0 + \lambda V)\left\{|n\rangle + \lambda\left(\sum_l c_{n,l}^{(1)}\,|l\rangle\right) + \lambda^2\left(\sum_l c_{n,l}^{(2)}\,|l\rangle\right) + \cdots\right\}$$

$$= (E_n^{(0)} + \lambda E_n^{(1)} + \lambda^2 E_n^{(2)} + \cdots)$$

$$\times\left\{|n\rangle + \lambda\left(\sum_l c_{n,l}^{(1)}\,|l\rangle\right) + \lambda^2\left(\sum_l c_{n,l}^{(2)}\,|l\rangle\right) + \cdots\right\} \tag{9.72}$$

となります．$|n\rangle_H$ のように添字に H がついているケットは全体のハミルトニアン H の固有ケット，$|n\rangle$ や $|l\rangle$ は調和振動子ハミルトニアン H_0 の固有ケットであることに注意してください．以下では λ の 0 次と 1 次について両辺を比較してみます．

(i)　λ の 0 次の摂動

まず λ の 0 次について両辺を比較すると

$$H_0\,|n\rangle = E_n^{(0)}\,|n\rangle \tag{9.73}$$

となり，確かに調和振動子系のシュレーディンガー方程式を満たすことがわかります．

(ii)　λ の 1 次の摂動

λ の 1 次について両辺を比較すると

$$V\,|n\rangle + \left(\sum_l c_{n,l}^{(1)} H_0\,|l\rangle\right) = E_n^{(1)}\,|n\rangle + \left(\sum_l c_{n,l}^{(1)} E_n^{(0)}\,|l\rangle\right) \tag{9.74}$$

となります．左から $\langle n|$ を作用させると

$$E_n^{(1)} = \langle n|V|n\rangle \tag{9.75}$$

がわかります．一般に k 次の摂動についても同様にして逐次解いていくことが

できます.

　具体例として, ここでは調和振動子に摂動項 λX^4 が加わった以下のハミルトニアンを考えましょう.

$$H = \frac{P^2}{2m} + \frac{m\omega^2}{2}X^2 + \lambda X^4 \tag{9.76}$$

λ が十分小さい場合 ($\lambda \ll 1$) には, n 番目のエネルギー固有値は λ の摂動級数として表され

$$E_n = E_n^{(0)} + \lambda E_n^{(1)} + \lambda^2 E_n^{(2)} + \cdots \tag{9.77}$$

と書けます. ここで $E_n^{(0)} = \hbar\omega(n + 1/2)$ は摂動項がない場合の n 番目の固有エネルギーになります. 今の場合 $E_n^{(1)}$ は

$$E_n^{(1)} = \langle n|X^4|n \rangle \tag{9.78}$$

となるので, $n = 0, 1$ の場合にこの量を計算し, λ の 1 次までの近似で E_0, E_1 を求めましょう.

　$n = 0$ に対しては

$$E_0^{(1)} = \langle 0|X^4|0 \rangle = \frac{\hbar^2}{4m^2\omega^2}\langle 0|(a^4 + a^3a^\dagger + \cdots + (a^\dagger)^4)|0 \rangle \tag{9.79}$$

となります. $a, a^\dagger$ の項は全部で 16 項ありますが, ブラとケットが両方 $n = 0$ であることから生き残るのは a と $a^\dagger$ の数が同数である項だけです. したがって

$$\begin{aligned}
E_0^{(1)} &= \frac{\hbar^2}{4m^2\omega^2}\langle 0|(aaa^\dagger a^\dagger + aa^\dagger aa^\dagger + a^\dagger aaa^\dagger \\
&\qquad\qquad + a^\dagger aa^\dagger a + a^\dagger a^\dagger aa + aa^\dagger a^\dagger a)|0 \rangle \\
&= \frac{\hbar^2}{4m^2\omega^2}\langle 0|(aaa^\dagger a^\dagger + aa^\dagger aa^\dagger)|0 \rangle \\
&= \frac{3\hbar^2}{4m^2\omega^2} \tag{9.80}
\end{aligned}$$

となります. ここで, $a|0\rangle = \mathbf{0}$ を用いました. 同様にして, $n = 1$ の場合には

$$E_1^{(1)} = \frac{15\hbar^2}{4m^2\omega^2} \tag{9.81}$$

が得られます. 一般の n については

$$E_n^{(1)} = \langle n|X^4|n\rangle = \frac{(6n^2 + 6n + 3)\hbar^2}{4m^2\omega^2} \tag{9.82}$$

となりますが，この証明は章末の演習問題 4 とします．

結局，λ の 1 次までの近似で $n = 0, 1$ のエネルギー固有値は

$$E_0 = \frac{\hbar\omega}{2} + \lambda\frac{3\hbar^2}{4m^2\omega^2} \tag{9.83}$$

$$E_1 = \frac{3\hbar\omega}{2} + \lambda\frac{15\hbar^2}{4m^2\omega^2} \tag{9.84}$$

と与えられることがわかります．ここで学んだ摂動計算は，自由度の大きい量子力学系，特に無限自由度の量子論である場の量子論の解析において，非常に重要な役割を果たします．

例題 $E_1^{(1)} = \langle 1|X^4|1\rangle$ の計算を行ってください．

解 $n = 0$ の場合と同様の計算を行うと

$$
\begin{aligned}
E_1^{(1)} &= \frac{\hbar^2}{4m^2\omega^2}\langle 1|(aaa^\dagger a^\dagger + aa^\dagger aa^\dagger + a^\dagger aaa^\dagger \\
&\qquad\qquad + a^\dagger aa^\dagger a + a^\dagger a^\dagger aa + aa^\dagger a^\dagger a)|1\rangle \\
&= \frac{\hbar^2}{4m^2\omega^2}\langle 1|(6 + 4 + 2 + 1 + 0 + 2)|1\rangle \\
&= \frac{15\hbar^2}{4m^2\omega^2}
\end{aligned}
$$

が得られます．例えば，最初の項は

$$
\begin{aligned}
\langle 1|aaa^\dagger a^\dagger|1\rangle &= \sqrt{2}\,\langle 1|aaa^\dagger|2\rangle = \sqrt{2}\sqrt{3}\,\langle 1|aa|3\rangle \\
&= \sqrt{2}\sqrt{3}\sqrt{3}\,\langle 1|a|2\rangle = \sqrt{2}\sqrt{3}\sqrt{3}\sqrt{2}\,\langle 1|1\rangle = 6
\end{aligned}
$$

のように得られます．他の項も同様に計算できます． $\square$

■ 9.8 連成振動と場の量子論

バネと質点を多数繋げた系の運動は**連成振動**と呼ばれ，格子振動（フォノン）の模型として知られています．ここでは，図 9.3 のような 1 次元連成振動系を考え，質点の質量を m，質点の数を N（偶数），質点間の間隔を a，バネ定数を κ とします．ただし，振動を加えない状況ではつりあいが保たれているとします．この系について調和振動子系の解析を応用して調べてみましょう．

n 番目の質点のつりあいの位置からの変位を X_n，その共役運動量を $P_n =$

図 9.3　1 次元連成振動系

$m\dot{X}_n = m\frac{dX_n}{dt}$ とします．この変数 X_n は周期境界条件 $X_{n+N} = X_n$ を満たすとします．このとき，隣り合う質点の変位の差 $X_{n+1} - X_n$ がバネの伸びになります．したがって全エネルギーは

$$H = \sum_n \left(\frac{P_n^2}{2m} + \frac{\kappa}{2}(X_{n+1} - X_n)^2 \right) \tag{9.85}$$

となります．$\sum_n$ は以下の議論でも N 個の質点 $n = 1, 2, 3, \ldots, N$ についての総和であるとします．ここで出てきた P_n, X_n を演算子と捉え，交換関係

$$[X_n, P_m] = i\hbar\delta_{n,m} \tag{9.86}$$

を満たすとすると，(9.85) の全エネルギーはこの系の量子力学的ハミルトニアンとみなせます．ここで，ξ_k と η_k という演算子を導入することで，X_n と P_n をフーリエ展開して

$$X_n = \frac{1}{\sqrt{N}} \sum_k \xi_k e^{ikna} \tag{9.87}$$

$$P_n = \frac{1}{\sqrt{N}} \sum_k \eta_k e^{-ikna} \tag{9.88}$$

と書くことにします．$X_{n+N} = X_n$ という境界条件と，$k \to k + 2\pi/a$ の変換に対して e^{ikna} が不変であるという事実から

$$X_{n+N} = X_n \quad \rightarrow \quad e^{ikNa} = 1 \quad \rightarrow \quad ka \text{ は } \frac{2\pi}{N} \text{ の整数倍} \tag{9.89}$$

$$e^{i(k+\frac{2\pi}{a})na} = e^{ikna} \quad \rightarrow \quad ka \text{ は } 2\pi \text{ の周期性} \quad \rightarrow \quad -\pi < ka \leq \pi \tag{9.90}$$

がわかります．ここでは ka がとる値の範囲を $-\pi < ka \leq \pi$ に選びました．したがって

$$ka = -\pi + \frac{2\pi}{N}, -\pi + \frac{4\pi}{N}, \ldots, \pi - \frac{2\pi}{N}, \pi \tag{9.91}$$

のように k は離散的かつ制限された範囲で値をとり，その自由度は N であるこ

とがわかります．ここで N が偶数であることを用いました．したがって (9.87)，(9.88) のフーリエ展開における総和 $\sum_k$ はこれら N 個の k についての和を意味し，以下の議論でも $\sum_k$ はすべて (9.91) を満たす k についての和であるとします．新しい変数である演算子 ξ_k と η_k は交換関係

$$[\xi_k, \eta_{k'}] = i\hbar \delta_{k,k'} \tag{9.92}$$

を満たすことが $[X_n, P_m] = i\hbar \delta_{n,m}$ から確認できます．一方，ξ_k どうし，η_k どうしは交換します．またエルミート性 $X_n^\dagger = X_n$, $P_n^\dagger = P_n$ から，$\xi_k^\dagger = \xi_{-k}$, $\eta_k^\dagger = \eta_{-k}$ がわかります．

さて，フーリエ展開された X_n をハミルトニアン (9.85) に代入して，n についての総和をとると

$$H = \sum_k \left(\frac{\eta_k \eta_{-k}}{2m} + \frac{m\omega_k^2}{2} \xi_k \xi_{-k} \right) = \sum_k \left(\frac{\eta_k \eta_k^\dagger}{2m} + \frac{m\omega_k^2}{2} \xi_k \xi_k^\dagger \right) \tag{9.93}$$

と書き換えられます．ここで ω_k は

$$\omega_k = \sqrt{\frac{2\kappa}{m}(1 - \cos ka)} \tag{9.94}$$

を意味します．

例題 (9.93) を示してください．

解 以下のように示されます．

$$
\begin{aligned}
H &= \frac{1}{N} \sum_{n,k,k'} \left\{ \frac{\eta_k \eta_{k'}}{2m} e^{i(k+k')na} + \frac{\kappa}{2} \xi_k \xi_{k'} e^{i(k+k')na}(e^{ika}-1)(e^{ik'a}-1) \right\} \\
&= \sum_{k,k'} \left\{ \frac{1}{2m} \eta_k \eta_{k'} \delta_{k,-k'} + \frac{\kappa}{2} \xi_k \xi_{k'} \delta_{k,-k'}(e^{ika}-1)(e^{ik'a}-1) \right\} \\
&= \sum_k \left\{ \frac{1}{2m} \eta_k \eta_{-k} + \frac{\kappa}{2} \xi_k \xi_{-k}(e^{ika}-1)(e^{-ika}-1) \right\} \\
&= \sum_k \left(\frac{\eta_k \eta_{-k}}{2m} + \frac{m\omega_k^2}{2} \xi_k \xi_{-k} \right)
\end{aligned}
$$

1 行目から 2 行目に移行する際に n についての和をとりました．その結果 2 行目にはクロネッカーデルタが現れています（付録 A.3 節）．2 行目から 3 行目に移るときには k' についての和をとり，クロネッカーデルタに関する公式を用いました．最後に $(e^{ika}-1)(e^{-ika}-1) = 4\sin^2(ka/2) = 2(1 - \cos ka)$ を用いました． □

ここで, 生成・消滅演算子 $a_k^\dagger, a_k$ を

$$a_k \equiv \sqrt{\frac{1}{2m\hbar\omega_k}}\left(m\omega_k\xi_k + i\eta_{-k}\right) = \sqrt{\frac{1}{2m\hbar\omega_k}}\left(m\omega_k\xi_k + i\eta_k^\dagger\right) \tag{9.95}$$

$$a_k^\dagger \equiv \sqrt{\frac{1}{2m\hbar\omega_k}}\left(m\omega_k\xi_k^\dagger - i\eta_{-k}^\dagger\right) = \sqrt{\frac{1}{2m\hbar\omega_k}}\left(m\omega_k\xi_k^\dagger - i\eta_k\right) \tag{9.96}$$

のように定義します. これらは交換関係

$$[a_k, a_{k'}^\dagger] = \delta_{k,k'} \tag{9.97}$$

を満たします. さて, ξ_k, η_k を $a_k, a_k^\dagger$ で書き表したものをハミルトニアン (9.93) に代入することで

$$H = \sum_k \hbar\omega_k\left(a_k^\dagger a_k + \frac{1}{2}\right) \tag{9.98}$$

が得られます. これは k ごとに異なる角振動数 ω_k を持つ調和振動子ハミルトニアンの和と解釈できるので, 独立した N 個の調和振動子系とみなせます. (9.98) の導出は後の例題として残します.

以下では N 個の k を, $k_i\ (i = 1, 2, 3, \ldots, N)$ のように添字をつけて表しましょう. すると, この系の固有ケットは

$$|n_1, n_2, n_3, \ldots, n_N\rangle \tag{9.99}$$

のように, i 番目の調和振動子のエネルギー準位を表す n_i でラベルされます. したがってエネルギー固有値は

$$E(n_1, n_2, n_3, \ldots, n_N) = \sum_{i=1}^N \hbar\omega_{k_i}\left(n_i + \frac{1}{2}\right) \tag{9.100}$$

となります. これは, 横軸を ka, 縦軸をエネルギー固有値とすると, 図 9.4 のように描くことができます. ka は離散的な値をとりますが, この図では連続的に描かれており, このような図は**エネルギーバンド図**とも呼ばれます. ka ごとに角振動数 ω_k の調和振動子エネルギー準位が存在していることが見て取れます.

特に, この系の基底状態エネルギーは

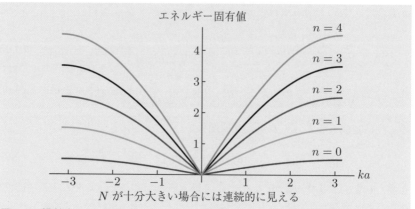

図 9.4　横軸を ka, 縦軸をエネルギー固有値とした連成振動系のエネルギーバンド図. それぞれのエネルギーバンドは $\hbar\omega_k(n+1/2)$ が描かれている. ただし $\omega_k = \sqrt{\frac{2\kappa}{m}(1-\cos ka)}$ である.

$$\langle 0,0,0,\ldots,0|H|0,0,0,\ldots,0\rangle = \sum_{i=1}^{N} \frac{\hbar\omega_{k_i}}{2} \tag{9.101}$$

となり, 質点の数 N に応じて大きくなっていくことがわかります.

　この連成振動系で $\sqrt{\frac{m}{a}}X_n \equiv \varphi_n$, $\frac{1}{\sqrt{ma}}P_n \equiv \pi_n$ と再定義すると

$$H = \sum_n a\left\{ \frac{\pi_n^2}{2} + \frac{\kappa a^2}{2m}\left(\frac{\varphi_{n+1}-\varphi_n}{a}\right)^2 \right\} \tag{9.102}$$

と書けます. ここで, Na を固定しながら $N \to \infty$, $a \to 0$ の極限をとって無限自由度の連成振動系にすると, 質点の位置 $na \equiv x$ は連続的な値をとるようになり, $\frac{\varphi_{n+1}-\varphi_n}{a}$ は φ_n の空間微分になります. これに伴い, 和の記号は積分に置き換わります. したがってこの極限では以下のハミルトニアンが得られます.

$$H = \int dx \left\{ \frac{(\pi(x))^2}{2} + \frac{(\partial_x\varphi(x))^2}{2} \right\} \tag{9.103}$$

ここで, この極限で速度の二乗の次元を持つ $\kappa a^2/m$ が 1 になるように κ/m を調整したとします. この理論は**場の量子論**の一例である $(1+1)$ 次元自由スカラー場の量子論と呼ばれます. 場の量子論では, $\varphi(x)|0\rangle$ は x という点に粒子

が 1 つ存在している状態を意味し, $a_k^\dagger|0\rangle$ は k という波数を持った粒子が 1 つ存在している状態を意味します. つまり空間の各点に存在する調和振動子が量子力学的に振動していれば粒子が存在し, 振動していなければ粒子は存在しないという描像で自然現象が記述されます (図 9.5). 粒子が移動するときには, 振動する場所が移動していくと考えるのです. この記述の仕方であれば, 多粒子系を記述できるばかりか, 粒子の生成や消滅という現象も記述できます.

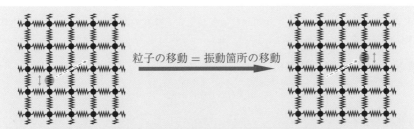

図 9.5 場の量子論では量子力学的に振動している点に粒子が存在していると解釈される. 粒子の移動は振動点の移動であり, エネルギーさえあれば無から粒子 (振動) が生成されることもある.

素粒子を記述する場の量子論では, (9.101) の基底状態エネルギーは無限大に発散することになり, そのようなエネルギーは**真空のエネルギー**と呼ばれます. 発散する真空のエネルギーが自然現象に寄与するか否かは興味深い問題であり, 素粒子物理, 宇宙物理では現在でも中心的な研究テーマになっています.

例題 (9.98) を示してください.

解 (9.98) の右辺に $a_k, a_k^\dagger$ の定義を代入して変形していきます.

$$\sum_k \hbar\omega_k \left(a_k^\dagger a_k + \frac{1}{2} \right)$$

$$= \sum_k \hbar\omega_k \left(\frac{m\omega_k}{2\hbar}\xi_k\xi_{-k} + \frac{1}{2m\hbar\omega_k}\eta_k\eta_{-k} + \frac{i}{2\hbar}(\xi_{-k}\eta_{-k} - \eta_k\xi_k) + \frac{1}{2} \right)$$

$$= \sum_k \hbar\omega_k \left(\frac{m\omega_k}{2\hbar}\xi_k\xi_{-k} + \frac{1}{2m\hbar\omega_k}\eta_k\eta_{-k} + \frac{i}{2\hbar}(\xi_k\eta_k - \eta_k\xi_k) + \frac{1}{2} \right)$$

$$= \sum_k \left(\frac{\eta_k\eta_{-k}}{2m} + \frac{m\omega_k^2}{2}\xi_k\xi_{-k} \right) = H$$

最後に $\sum_k \omega_k \xi_{-k}\eta_{-k} = \sum_k \omega_k \xi_k \eta_k$ であることを用いました. □

■■■■■■■■■■■■第9章　演習問題■■■■■■■■■■■■

■ 1　調和振動子系において座標演算子，運動量演算子の行列表現（エネルギー固有状態を基底とする）での交換関係を調べ，

$$[X, P] = i\hbar$$

を確認してください．

■ 2　調和振動子系においてハイゼンベルク描像を考えます．時刻 $t = 0$ で演算子は $X(0) = X$，$P(0) = P$ で与えられるとします．時刻 t でのこれらの演算子の表式 $X(t), P(t)$ を求めてください．

■ 3　時刻 t における交換関係

$$[X(t), P(t)] = i\hbar$$

を確認してください．

■ 4　調和振動子系において生成・消滅演算子を用いて，以下の値を求めてください．

(1)　$\langle n|X^4|n \rangle$

(2)　$\langle n|P^4|n \rangle$

(3)　$\langle n|X^4|n+2 \rangle$

(4)　$\langle n|P^4|n+2 \rangle$

■ 5　生成演算子の座標表示を $u_2(x)$ に作用させて $u_3(x)$ を構成してください．

■ 6　反交換関係

$$\{b, b^\dagger\} = bb^\dagger + b^\dagger b = 1, \quad \{b, b\} = \{b^\dagger, b^\dagger\} = 0$$

を満たす生成・消滅演算子について，ハミルトニアンが

$$H = \hbar\omega\left(b^\dagger b - \frac{1}{2}\right)$$

で与えられるとします．この系のエネルギー準位を求めてください．

第10章
3次元空間の量子力学

　本章では，3次元空間の量子力学系についていくつかの具体例を用いて学びます．すでに3次元空間の量子力学系については，第3, 4章で交換関係や自由粒子系を中心に学んできました．ここでは特に，等方的調和振動子系，一様磁場中の荷電粒子系について解説します．これらはすでに第8, 9章で学んだ調和振動子系の応用例にもなっています．

■ 10.1　周期境界条件

　3次元の量子力学の基本事項について第3, 4章の内容を復習しておきます．以下，3次元ベクトルは縦横ベクトルを区別せずに表記します．位置座標演算子と共役運動量演算子の交換関係は

$$[X_i, P_j] = \delta_{ij}\, i\hbar \tag{10.1}$$

で与えられます．ここで $i, j = 1, 2, 3$ です．ポテンシャルがない場合の自由粒子系ハミルトニアン $H = \frac{\boldsymbol{P}^2}{2m}$ については

$$\begin{aligned} [X_i, H] &= i\hbar \frac{P_i}{m} \\ [H, P_i] &= \boldsymbol{0} \end{aligned} \tag{10.2}$$

が成り立ち，したがって X_i, P_i についてのハイゼンベルク方程式は

$$\frac{dX_i}{dt} = \frac{1}{i\hbar}[X_i, H] = \frac{P_i}{m} \tag{10.3}$$

$$\frac{dP_i}{dt} = \frac{1}{i\hbar}[P_i, H] = \boldsymbol{0} \tag{10.4}$$

となります．これは古典的には等速直線運動する系に対応します．

　座標表示での3次元系の定常状態のシュレーディンガー方程式は

$$H\psi(\boldsymbol{x}) = E\psi(\boldsymbol{x})$$

$$H = -\frac{\hbar^2}{2m}\nabla^2 + V(\boldsymbol{x}) \tag{10.5}$$

で与えられます．特に自由粒子系（$V(\boldsymbol{x}) = 0$）の場合には

$$\psi(\boldsymbol{x}) = \exp\left(\frac{i\boldsymbol{p}\cdot\boldsymbol{x}}{\hbar}\right) = \exp\left(\frac{i(p_1x_1 + p_2x_2 + p_3x_3)}{\hbar}\right) \tag{10.6}$$

が解になります．シュレーディンガー方程式に代入すると

$$
\begin{aligned}
H\psi(\boldsymbol{x}) &= \left(-\frac{\hbar^2}{2m}\left(\partial_1^2 + \partial_2^2 + \partial_3^2\right)\right)\psi(\boldsymbol{x}) \\
&= \left(\frac{1}{2m}\left(p_1^2 + p_2^2 + p_3^2\right)\right)\psi(\boldsymbol{x}) \tag{10.7}
\end{aligned}
$$

となります．したがって，この 3 次元平面波解が自由粒子系のシュレーディンガー方程式の解であることと，そのエネルギー固有値が

$$E = \frac{\boldsymbol{p}^2}{2m} \tag{10.8}$$

で与えられることがわかります．

　ここで，同じく $V(\boldsymbol{x}) = 0$ の場合を考え，各次元の長さが L の 3 次元空間 $[0, L]^3$ において周期境界条件

$$\psi(\boldsymbol{x}) = \psi(\boldsymbol{x} + L\boldsymbol{e}_i) \qquad (i = 1, 2, 3) \tag{10.9}$$

を課したとします．ただし，$\boldsymbol{e}_i$ は x_i 方向の単位ベクトルを表しています．ここで，波動関数の規格化条件を以下のように定めます．

$$\int_0^L \int_0^L \int_0^L |\psi(\boldsymbol{x})|^2 \, dx_1 dx_2 dx_3 = 1 \tag{10.10}$$

3 次元自由粒子系の波動関数 $\psi(\boldsymbol{x}) = C\exp\left(\frac{i\boldsymbol{p}\cdot\boldsymbol{x}}{\hbar}\right)$ と x_1 方向の周期境界条件 $\psi(x_1, x_2, x_3) = \psi(x_1 + L, x_2, x_3)$ により

$$1 = e^{\frac{ip_1L}{\hbar}} \tag{10.11}$$

が得られます．これを満たす p_1 は

$$p_1 = \frac{2\pi\hbar n_1}{L} \tag{10.12}$$

となります．ただし n_1 は整数です．同様に $i = 2, 3$ について調べると

$$p_2 = \frac{2\pi\hbar n_2}{L} \tag{10.13}$$

$$p_3 = \frac{2\pi\hbar n_3}{L} \tag{10.14}$$

が得られます. 先ほどと同様に n_2, n_3 は整数です. まとめると

$$\boldsymbol{p} = \frac{2\pi\hbar}{L}(n_1, n_2, n_3) \tag{10.15}$$

となります. エネルギー固有値 $E = \frac{\boldsymbol{p}^2}{2m}$ は,

$$E = \frac{2\pi^2\hbar^2}{mL^2}(n_1^2 + n_2^2 + n_3^2) \tag{10.16}$$

となります. 規格化因子 C は規格化条件

$$\int_0^L \int_0^L \int_0^L |\psi(\boldsymbol{x})|^2 \, dx_1 dx_2 dx_3 = |C|^2 L^3$$
$$= 1 \tag{10.17}$$

を用いて

$$C = \frac{1}{L^{3/2}} \tag{10.18}$$

と定まります. ここで C を正の実数にとりました.

例題 各次元に異なる位相 θ_i が入った境界条件

$$e^{-i\theta_i}\psi(x_i) = \psi(x_i + L)$$

を課した場合の 3 次元自由粒子のエネルギー固有値を求めてください.

解 境界条件から

$$1 = \exp\left\{i\left(\frac{p_i L}{\hbar} + \theta_i\right)\right\}$$

となり, これを満たす運動量固有値 p_i は

$$p_i = (2\pi n_i - \theta_i)\frac{\hbar}{L}$$

です. したがってエネルギー固有値 (10.8) は

$$E = \frac{\hbar^2}{2mL^2}\left((2\pi n_1 - \theta_1)^2 + (2\pi n_2 - \theta_2)^2 + (2\pi n_3 - \theta_3)^2\right)$$

で与えられます. $\theta_1 = \theta_2 = \theta_3 = \pi$ の場合には, $n_i = 0, 1$ の 8 つの準位が同じエネルギーになるため 8 重縮退が起こっています. $\square$

■ 10.2 3 次元等方的調和振動子系 ■■■■■■

　ここでは，以下の 3 次元等方的調和振動子系ハミルトニアン（座標表示）を考えます．

$$H = -\frac{\hbar^2}{2m}\nabla^2 + \frac{m\omega^2}{2}\boldsymbol{x}^2 \tag{10.19}$$

このポテンシャルは $r^2 = x_1^2 + x_2^2 + x_3^2$ とすると

$$V(\boldsymbol{x}) = \frac{m\omega^2}{2}r^2 \tag{10.20}$$

とも書けます．$r \, (\geq 0)$ は原点からの距離を意味します．したがって，中心から離れ過ぎれば引き戻す力が働き，中心に近づき過ぎれば引き離す力が働く系に対応します．

　以下では，時間に依存しないシュレーディンガー方程式

$$H\psi(\boldsymbol{x}) = E\psi(\boldsymbol{x}) \tag{10.21}$$

について，$\psi(\boldsymbol{x}) = \phi_1(x_1)\phi_2(x_2)\phi_3(x_3)$ のように変数分離形の解を仮定して解き，固有エネルギー E と波動関数 $\psi(\boldsymbol{x})$ を求めます．この形の解をシュレーディンガー方程式 (10.21) に代入し，両辺を $\psi(\boldsymbol{x}) = \phi_1\phi_2\phi_3$ で割ると，以下が得られます．

$$\frac{H_1\phi_1(x_1)}{\phi_1(x_1)} + \frac{H_2\phi_2(x_2)}{\phi_2(x_2)} + \frac{H_3\phi_3(x_3)}{\phi_3(x_3)} = E \tag{10.22}$$

$$H_i = -\frac{\hbar^2}{2m}\partial_i^2 + \frac{m\omega^2}{2}x_i^2 \quad (i = 1, 2, 3) \tag{10.23}$$

(10.22) の右辺は x_1, x_2, x_3 によらない定数ですが，左辺は第 1 項が x_1 だけの関数，第 2 項が x_2 だけの関数，第 3 項が x_3 だけの関数になっています．したがって，左辺の各項がそれぞれ定数になっており，それらの和が E になっているということを意味します．そこで，それぞれの定数を E_1, E_2, E_3 と名付け，$E_1 + E_2 + E_3 = E$ を満たすとします．すると (10.22) の方程式は

$$\left(-\frac{\hbar^2}{2m}\partial_1^2 + \frac{m\omega^2}{2}x_1^2\right)\phi_1 = E_1\phi_1 \tag{10.24}$$

$$\left(-\frac{\hbar^2}{2m}\partial_2^2 + \frac{m\omega^2}{2}x_2^2\right)\phi_2 = E_2\phi_2 \tag{10.25}$$

$$\left(-\frac{\hbar^2}{2m}\partial_3^2 + \frac{m\omega^2}{2}x_3^2\right)\phi_3 = E_3\phi_3 \tag{10.26}$$

という 3 つの方程式に分離できます．明らかにそれぞれが 1 次元調和振動子系のシュレーディンガー方程式になっています．したがって，第 8 章の結果からそれぞれのエネルギー固有値と固有波動関数は

$$E_i = \hbar\omega\left(n_i + \frac{1}{2}\right) \tag{10.27}$$

$$\phi_i(x_i) = \left(\frac{m\omega}{\pi\hbar}\right)^{1/4}\frac{1}{\sqrt{2^{n_i}n_i!}}\exp\left(-\frac{m\omega}{2\hbar}x_i^2\right)H_{n_i}\left(\sqrt{\frac{m\omega}{\hbar}}\,x_i\right) \tag{10.28}$$

となります．ただし，$i = 1, 2, 3,\ n_i = 0, 1, 2, 3, 4, \ldots$ です．

まとめると，固有エネルギー E は

$$E_{n_1,n_2,n_3} = \hbar\omega\left(n_1 + n_2 + n_3 + \frac{3}{2}\right) \tag{10.29}$$

となります．3 次元では基底状態のエネルギーが $E_{0,0,0} = 3\hbar\omega/2$ となります．各次元の振動数 ω_i が異なる異方的調和振動子系については演習問題 3 とします．

■ **10.3　1 次元調和振動子 ＋ 2 次元自由粒子**

次にもう少し特殊な状況として，3 次元のうち x_1 方向は調和振動子系ポテンシャル，x_2, x_3 方向についてはポテンシャルがなく，長さ L の空間 $[0, L]^2$ において境界条件 $\psi(x_1, x_2, x_3) = \psi(x_1, x_2+L, x_3),\ \psi(x_1, x_2, x_3) = \psi(x_1, x_2, x_3+L)$ が課されている場合を考えましょう．座標表示のハミルトニアンは以下で与えられます．

$$H = -\frac{\hbar^2}{2m}\nabla^2 + \frac{m\omega^2}{2}x_1^2 \tag{10.30}$$

この場合も時間に依存しないシュレーディンガー方程式 $H\psi(\boldsymbol{x}) = E\psi(\boldsymbol{x})$ を，$\psi(\boldsymbol{x}) = \phi_1(x_1)\phi_2(x_2)\phi_3(x_3)$ のように変数分離することで解き，固有エネルギー E を求めることができます．

変数分離形を仮定して計算を進めていくと

$$\left(-\frac{\hbar^2}{2m}\partial_1^2 + \frac{m\omega^2}{2}x_1^2\right)\phi_1 = E_1\phi_1 \tag{10.31}$$

$$\left(-\frac{\hbar^2}{2m}\partial_2^2\right)\phi_2 \;=\; E_2\phi_2 \tag{10.32}$$

$$\left(-\frac{\hbar^2}{2m}\partial_3^2\right)\phi_3 \;=\; E_3\phi_3 \tag{10.33}$$

という 3 つの方程式に分離できます．最初のものは 1 次元調和振動子系，後の
2 つは自由粒子系のシュレーディンガー方程式です．したがって第 6, 8 章の結
果から

$$E_1 = \hbar\omega\left(n_1 + \frac{1}{2}\right), \quad E_2 = \frac{2\pi^2\hbar^2}{mL^2}n_2^2, \quad E_3 = \frac{2\pi^2\hbar^2}{mL^2}n_3^2 \tag{10.34}$$

となります．ただし，n_1 はゼロを含む自然数，n_2, n_3 は整数です．固有エネル
ギー E は次のようになります．

$$E \;=\; \hbar\omega\left(n_1 + \frac{1}{2}\right) + \frac{2\pi^2\hbar^2}{mL^2}(n_2^2 + n_3^2) \tag{10.35}$$

■ 10.4　一様磁場中の量子力学

　この節では 3 次元空間における粒子の運動の例として，z 方向に一様な磁場
がかかっている場合の荷電粒子の量子力学的運動を考えます．つまり，古典的
には荷電粒子がサイクロトロン運動する系を量子力学的に扱います．以下では
一貫して磁束密度は $\boldsymbol{B} = (0, 0, B)$ とします．本節に出てくる磁束密度やベク
トルポテンシャルはすべて外部から与えられた場（外場）であるとし，演算子
ではなく数として扱います．

　電磁気学で学ぶように磁場（磁束密度）はベクトルポテンシャル $\boldsymbol{A} = (A_1, A_2,$
$A_3)$ を用いて

$$\boldsymbol{B} = \nabla \times \boldsymbol{A} \tag{10.36}$$

と書くことができます．ここで $\nabla \times \boldsymbol{A} = (\partial_2 A_3 - \partial_3 A_2, \partial_3 A_1 - \partial_1 A_3, \partial_1 A_2 -$
$\partial_2 A_1)$ であり，ベクトル関数からベクトル関数を与えるこのような多変数関数
の微分は**回転**（ローテーション）と呼ばれます．ここで

$$\boldsymbol{A} = (0, Bx_1, 0) \tag{10.37}$$

というベクトルポテンシャルを考えます．回転（ローテーション）の定義に従っ

て計算を行うと $\boldsymbol{B}$ は

$$\boldsymbol{B} = \nabla \times \boldsymbol{A}$$
$$= (\partial_2 A_3 - \partial_3 A_2, \partial_3 A_1 - \partial_1 A_3, \partial_1 A_2 - \partial_2 A_1) = (0, 0, B) \quad (10.38)$$

となることがわかります．仮に $\boldsymbol{A} = (-Bx_2/2,\, Bx_1/2,\, 0)$ という一見異なるベクトルポテンシャルを採用しても，全く同じ $\boldsymbol{B} = (0,\, 0,\, B)$ が得られます．このようなベクトルポテンシャルの任意性は**ゲージ自由度**と呼ばれ，量子論と特殊相対論を無矛盾に統合した理論体系である場の量子論において重要な役割を果たします．以下では $\boldsymbol{A} = (0,\, Bx_1,\, 0)$ を採用し，x_3 方向に一様な磁場（磁束密度）B がかかっている系での荷電粒子の運動を考えましょう．

　磁場中でローレンツ力を受ける素電荷 e を持つ粒子を考えます．実際の電子は電荷 $-e$ を持ちますが，ここでは簡単のため正の素電荷を持つ粒子を扱います．ローレンツ力は運動量演算子 $\boldsymbol{P} = (P_1, P_2, P_3)$ を以下のように置き換えることで記述することができます．

$$\boldsymbol{P} \;\rightarrow\; \boldsymbol{P} - e\boldsymbol{A} \quad (10.39)$$

磁場がない場合の自由粒子のハミルトニアンが $H = \frac{\boldsymbol{P}^2}{2m}$ と書けることを考慮すると，運動量演算子に $\boldsymbol{P} \rightarrow \boldsymbol{P} - e\boldsymbol{A}$ の置き換えをして

$$H = \frac{(\boldsymbol{P} - e\boldsymbol{A})^2}{2m} = \frac{1}{2m}\left(P_1^2 + (P_2 - eBX_1)^2 + P_3^2 \right) \quad (10.40)$$

が得られます．このハミルトニアンには X_2, X_3 が含まれないことに注意しましょう．すると P_2 との交換関係は

$$[H, P_2] = 0 \quad (10.41)$$

となることがわかります．なぜなら P_2 と交換しない位置演算子は X_2 だけだからです．これにより，ハミルトニアンと P_2 の同時固有状態（同時固有波動関数）が存在し，エネルギー固有波動関数が P_2 の固有波動関数である平面波解 $e^{ip_2 x_2/\hbar}$ を含むことがわかります．続いて，P_3 と交換しない位置演算子は X_3 だけであることに注意すると，(10.40) のハミルトニアンは明らかに X_3 を含んでいないので

$$[H, P_3] = 0 \quad (10.42)$$

となります. これにより, ハミルトニアンと P_3 の同時固有状態を構成可能であり, エネルギー固有波動関数は平面波解 $e^{ip_3 x_3/\hbar}$ を含むことがわかります.

以下では座標表示で磁場中の荷電粒子の問題を考えます. ハミルトニアン (10.40) は

$$H = -\frac{\hbar^2}{2m}\left\{\partial_1^2 + \left(\partial_2 - \frac{ieB}{\hbar}x_1\right)^2 + \partial_3^2\right\} \tag{10.43}$$

となりますが, これまでの結果から x_2 と x_3 に依存する部分については平面波解になることがわかっています. ここで, x_2, x_3 方向は長さ L_2, L_3 の空間であるとして, 周期境界条件

$$\begin{aligned}
\psi(x_1, x_2, x_3) &= \psi(x_1, x_2 + L_2, x_3) \\
\psi(x_1, x_2, x_3) &= \psi(x_1, x_2, x_3 + L_3)
\end{aligned} \tag{10.44}$$

を満たすとします.

ここで

$$\psi(\boldsymbol{x}) = \phi_1(x_1)\phi_2(x_2)\phi_3(x_3) \tag{10.45}$$

のように変数分離形の波動関数を仮定します. x_2, x_3 方向については $\phi_2(x_2) = C_2 \exp\left(\frac{ip_2 x_2}{\hbar}\right)$, $\phi_3(x_3) = C_3 \exp\left(\frac{ip_3 x_3}{\hbar}\right)$ となることがわかっており, それぞれの方向に周期境界条件 (10.44) が課されていることから, p_2, p_3 と規格化定数は,

$$p_2 = \frac{2\pi\hbar n_2}{L_2}, \qquad p_3 = \frac{2\pi\hbar n_3}{L_3} \tag{10.46}$$

$$C_2 = \frac{1}{\sqrt{L_2}}, \qquad C_3 = \frac{1}{\sqrt{L_3}} \tag{10.47}$$

となります. ただし, n_2, n_3 は整数です. したがって, x_2, x_3 に依存する部分は

$$\begin{aligned}
\phi_2(x_2) &= \frac{1}{\sqrt{L_2}} \exp\left(\frac{ip_2 x_2}{\hbar}\right) \\
\phi_3(x_3) &= \frac{1}{\sqrt{L_3}} \exp\left(\frac{ip_3 x_3}{\hbar}\right)
\end{aligned} \tag{10.48}$$

となります. ただし, $p_2 = \frac{2\pi\hbar n_2}{L_2}$, $p_3 = \frac{2\pi\hbar n_3}{L_3}$ です.

次に, ϕ_2, ϕ_3 をシュレーディンガー方程式に代入すると

$$-\frac{\hbar^2}{2m}\left\{\partial_1^2 - \left(\frac{p_2}{\hbar} - \frac{eB}{\hbar}x_1\right)^2 - \left(\frac{p_3}{\hbar}\right)^2\right\}\phi_1\phi_2\phi_3 = E\phi_1\phi_2\phi_3 \quad (10.49)$$

となります。ただし、$\phi_1(x_1)$ などの引数は省略して ϕ_1 とだけ表記しました。ここで両辺を $\phi_2\phi_3$ で割ることで

$$-\frac{\hbar^2}{2m}\left\{\partial_1^2 - \left(\frac{p_2}{\hbar} - \frac{eB}{\hbar}x_1\right)^2 - \left(\frac{p_3}{\hbar}\right)^2\right\}\phi_1(x_1) = E\phi_1(x_1) \quad (10.50)$$

が得られ、これが ϕ_1 が満たすシュレーディンガー方程式になります。

例題 (10.49) を導いてください。

解 (10.43) のハミルトニアンのシュレーディンガー方程式に、(10.48) を代入することで得られます。　　□

ここで、x_1x_2 平面の運動に起因するエネルギー $E_{2\mathrm{d}}$ を定義することで、全体のエネルギー固有値 E を

$$E = E_{2\mathrm{d}} + \frac{p_3^2}{2m} \quad (10.51)$$

と書き換えます。(10.50) を変形して $E = E_{2\mathrm{d}} + \frac{p_3^2}{2m}$ を代入すると

$$-\frac{\hbar^2}{2m}\left\{\partial_1^2 - \left(\frac{p_2}{\hbar} - \frac{eB}{\hbar}x_1\right)^2\right\}\phi_1(x_1) = E_{2\mathrm{d}}\phi_1(x_1) \quad (10.52)$$

に帰着できます。ここで p_2 は数ですので、この方程式は x_1 方向の 1 次元シュレーディンガー方程式とみなすことができます。さて、この方程式をさらに変形すると

$$\left\{-\frac{\hbar^2}{2m}\partial_1^2 + \frac{m}{2}\left(\frac{eB}{m}\right)^2\left(x_1 - \frac{p_2}{eB}\right)^2\right\}\phi_1(x_1) = E_{2\mathrm{d}}\phi_1(x_1) \quad (10.53)$$

が得られます。これは角振動数が $\frac{eB}{m}$ である調和振動子系のシュレーディンガー方程式に他なりません。ただし、x_1 軸の原点が $p_2/(eB)$ にずれています。したがって、固有エネルギーである $E_{2\mathrm{d}}$ は

$$E_{2\mathrm{d}} = \hbar\omega_{\mathrm{c}}\left(n + \frac{1}{2}\right) \quad (10.54)$$

となります（$n = 0, 1, 2, 3, \ldots$）。$\omega_{\mathrm{c}} = \frac{eB}{m}$ は**サイクロトロン振動数**と呼ばれます。また、調和振動子系の波動関数の表式を用いて ϕ_1 は

$\phi_1(x_1)$

$$= \left(\frac{m\omega_c}{\pi\hbar}\right)^{\frac{1}{4}} \frac{1}{\sqrt{2^n n!}} \exp\left\{-\frac{m\omega_c}{2\hbar}\left(x_1 - \frac{p_2}{eB}\right)^2\right\} H_n\left(\sqrt{\frac{m\omega_c}{\hbar}}\left(x_1 - \frac{p_2}{eB}\right)\right) \tag{10.55}$$

となります.

最後に, これまでの議論をまとめて E を求めると, (10.54) より

$$E = E_{2d} + \frac{p_3^2}{2m} = \hbar\omega_c\left(n + \frac{1}{2}\right) + \frac{p_3^2}{2m} \tag{10.56}$$

となります. ここで, x_1 方向次元も $0 \le x_1 < L_1$ のように有限な場合を考えます. (10.55) に示された調和振動子系の波動関数の $\phi_1(x_1)$ の振動中心 x_c は

$$x_c = \frac{p_2}{eB} \tag{10.57}$$

となっている一方

$$p_2 = \frac{2\pi\hbar}{L_2} n_2 \tag{10.58}$$

(n_2 は整数) です. そこで, x_1 方向の振動の中心 $x_c = \frac{p_2}{eB}$ に $p_2 = \frac{hn_2}{L_2}$ を代入すると,

$$x_c = \frac{n_2}{L_2}\frac{h}{eB} \tag{10.59}$$

が得られます. すると, $0 \le x_c < L_1$ なので

$$0 \le n_2 < L_1 L_2 \frac{eB}{h} \tag{10.60}$$

という条件式が導かれます. したがって整数 n_2 の範囲は, 0 から $L_1 L_2 \frac{eB}{h}$ の間に制限されます.

ここで調べた n_2 は 2 次元系のエネルギー固有値 E_{2d} には影響しませんが, 運動量 p_2 に関係する**量子数**です. つまり, 可能な n_2 の数は, 同じエネルギー準位に縮退して入っている状態の数を表しているのです. このような数は**縮退度**と呼ばれます. つまり, 一様磁場中の荷電粒子は, 2 次元平面に制限して考えると, 調和振動子のエネルギー準位に大きな縮退が存在する系になっているのです (図 10.1). $L_1 L_2$ は $x_1 x_2$ 平面の面積なので $S_{12} = L_1 L_2$ と書くことにすると, 縮退度は

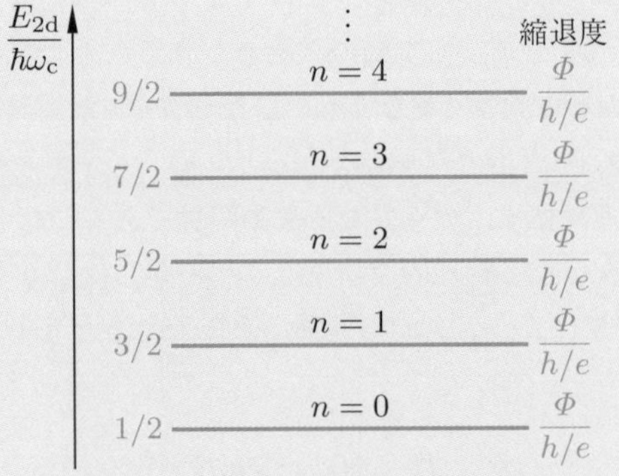

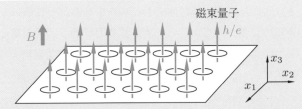

図 10.1　ランダウ準位を図示したもの.

図 10.2　一様磁場中にてランダウ準位が形成された際の磁束量子の様子を示したもの.

$$S_{12}B\frac{e}{h} = \frac{\Phi}{h/e} \tag{10.61}$$

と書けます. これは磁束の最小単位である**磁束量子** h/e で磁束の大きさ $\Phi = S_{12}B$ を割ったものです. つまり, 2 次元平面に入ることが可能な磁束量子の本数こそが縮退度になっているのです. このエネルギー準位は**ランダウ準位**と呼ばれ, この現象は**ランダウ量子化**と呼ばれます. これらは整数量子ホール効果など物性物理において重要な役割を果たします. 図 10.1 にはランダウ準位の様子を示しています. また図 10.2 には 2 次元平面を貫く磁束量子の様子を描いています.

例題　(10.60) を導いてください.

解

$$x_c = \frac{p_2}{eB} \quad (0 \le x_c < L_1), \quad p_2 = \frac{hn_2}{L_2}$$

から導かれます.　　　□

物理現象はゲージの取り方によらないはずなので，例えば対称ゲージ $\boldsymbol{A} = (-Bx_2/2,\ Bx_1/2,\ 0)$ をとって本節の議論を行うことも可能です．ところが，得られる波動関数の形は大きく異なるものになります（演習問題 5, 6 参照）．また $\boldsymbol{A} = (-Bx_2,\ 0,\ 0)$ というゲージをとると，x_1 と x_2 が入れ替わったものが波動関数として得られます．全く異なる波動関数であるにもかかわらず，期待値やエネルギー固有値など物理的な結果はすべて同じになります（**ゲージ不変性**）．実はこの系では，x_1, x_2 方向の運動量演算子にあたる $\Pi_1 \equiv P_1 - eA_1$ と $\Pi_2 \equiv P_2 - eA_2$ が

$$[\Pi_1,\ \Pi_2] = i\hbar eB \tag{10.62}$$

のように交換せず，またこれらに共役な x_1, x_2 方向の位置演算子どうしも交換しないため，2 方向の位置を同時に確定させられません．それが，上記のような波動関数の不定性に繋がっているのです．量子力学的な運動を描くことは難しいですが，図 10.3 には一様磁場をかけた 2 次元平面上の荷電粒子の運動を模式的に描いています．

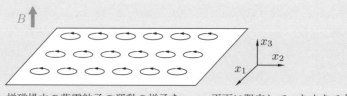

図 10.3　一様磁場中の荷電粒子の運動の様子を x_1x_2 平面に限定して，あくまで古典的なサイクロトロン運動を模して描いている．

■■■■■■■■■■■■■第 10 章　演習問題■■■■■■■■■■■■■

■ 1　3 次元すべての方向に周期境界条件が課された自由粒子系において，

$$E = \frac{2\pi^2 \hbar^2}{mL^2}$$

というエネルギーを持つ準位の縮退度を求めてください．

■ 2　3 次元等方的調和振動子系において

$$E = \hbar\omega \left(N + \frac{3}{2} \right)$$

となるエネルギー準位の縮退度を求めてください．ただし N は自然数とします．

■ 3　3 次元異方的調和振動子系においては振動数 ω_i が方向（$i = 1, 2, 3$）によって異なります．この場合のエネルギー固有値を求めてください．

■ 4　3 次元系で 2 方向が調和振動子系になっており，もう 1 方向が周期境界条件を課した自由粒子系である系のエネルギー準位を求めてください．

■ 5　一様な磁束密度 B がかかっている系での荷電粒子（電荷 e）の運動を考えます．ランダウ準位

$$E_{2\mathrm{d}} = \hbar\omega_{\mathrm{c}} \left(n + \frac{1}{2} \right)$$

を $A = (-Bx_2/2, Bx_1/2, 0)$ というゲージで求めてください．

■ 6　前問において $A = (-Bx_2/2, Bx_1/2, 0)$ というゲージで，最もエネルギーの低いランダウ準位（**最低ランダウ準位**）の波動関数を求めてください．

第11章
角運動量の量子力学

本章では，角運動量の量子力学を学びます．この章には量子情報理論を学ぶ上で欠かせないスピン 1/2 系についての解説が含まれます．角運動量の一般論やその合成について学び，最後に量子もつれ状態と量子テレポーテーションについて紹介します．本章では 3 次元空間を x, y, z，対応する位置演算子を X, Y, Z という記号で表します．

■ 11.1 角運動量とは ■

角運動量は古典力学においては「回転の勢い」を表す物理量で，$\boldsymbol{L} = \boldsymbol{r} \times \boldsymbol{p}$ のように定義されていました．量子力学では，運動量が状態の無限小並進の生成子であったのに対して，角運動量は状態の無限小回転の生成子となります．例えば，3 次元の位置ケットを $|x, y, z\rangle$ とし，z 方向の角運動量演算子を L_z と表すと

$$e^{-\frac{iL_z\theta}{\hbar}} |x, y, z\rangle = |x\cos\theta - y\sin\theta, x\sin\theta + y\cos\theta, z\rangle \tag{11.1}$$

のように，z 軸の周りに θ だけ回転された位置を固有値として持つ固有ケットになります．ここで θ は z 軸周りの回転角を表します．(11.1) は，$L_z = XP_y - YP_x$ を用いて容易に示すことができます．

> **例題** (11.1) の無限小変換の場合（$\theta \ll 1$）にあたる式
> $$\left(1 - \frac{iL_z\theta}{\hbar}\right) |x, y, z\rangle = |x - y\theta, y + x\theta, z\rangle$$
> を示してください．

解 運動量が無限小平行移動生成子であることに注意します．すると

$$\left(1 - \frac{i(XP_y - YP_x)\theta}{\hbar}\right) |x, y, z\rangle = \left(1 - \frac{i(xP_y - yP_x)\theta}{\hbar}\right) |x, y, z\rangle$$
$$= |x - \theta y, y + \theta x, z\rangle$$

となります．これは (11.1) の $\theta \ll 1$ の場合と一致します． □

x, y, z 方向の角運動量 $L_x = YP_z - ZP_y,\ L_y = ZP_x - XP_z,\ L_z = XP_y - YP_x$ は以下の交換関係を満たします.

$$[L_x, L_y] = i\hbar L_z \tag{11.2}$$

$$[L_y, L_z] = i\hbar L_x \tag{11.3}$$

$$[L_z, L_x] = i\hbar L_y \tag{11.4}$$

例題 L_x, L_y, L_z の交換関係（(11.2) から (11.4)）を示してください.

解 例えば, L_x, L_y の交換関係 (11.2) については, $[Z, P_z] = i\hbar$ を用いて

$$\begin{aligned}
[L_x, L_y] &= [YP_z, ZP_x] - [ZP_y, XP_z] \\
&= YP_x(-i\hbar) - XP_y(-i\hbar) \\
&= i\hbar(XP_y - YP_x) = i\hbar L_z
\end{aligned}$$

と求められます. 同様に, 他の交換関係についても導出されます. □

より正確には, ここで議論した物体の回転に関係する角運動量は**軌道角運動量**と呼ばれます. 一方, 量子力学においては, 第3章で導入した粒子が固有に持つ**スピン角運動量**という物理量があります. これは粒子が回転せずとも持ちうる角運動量であり, 最も小さいスピン角運動量を持つスピン 1/2 系の場合, $\hbar/2$ か $-\hbar/2$ という2つの固有値をとります. これはまさしく, 第1章で議論した箱A, 箱Bどちらに入っている状態か, という設定を実現する2次元ヒルベルト空間を持つ系になります. 量子情報技術にもスピン角運動量やそれに類似した物理量が利用されています.

位置と運動量の量子力学がそうであったように, 角運動量の量子力学においても, 本質的な物理的性質はすべて交換関係から導くことができます. そこで, 軌道角運動量, スピン角運動量という区別をせずに x, y, z 方向の角運動量演算子をそれぞれ J_x, J_y, J_z と表すことにすると, 交換関係

$$[J_x, J_y] = i\hbar J_z \tag{11.5}$$

$$[J_y, J_z] = i\hbar J_x \tag{11.6}$$

$$[J_z, J_x] = i\hbar J_y \tag{11.7}$$

を満たします. このような代数関係は $su(2)$ **リー代数**と呼ばれています. 演算

子がこの代数（交換関係）を満たしても，それが作用するヒルベルト空間の次元には $d = 1, 2, 3, \ldots$ のように任意性があります．そして，その次元を決めることが角運動量の大きさを定めることに対応します．例えば，$d = 2$ はスピン $1/2$，$d = 3$ はスピン 1 もしくは軌道角運動量 1 に対応します．

この交換関係から角運動量が関わる量子力学的性質をすべて導出できますが，スピン角運動量と軌道角運動量の違いは，可能なヒルベルト空間の次元に現れます．スピン角運動量の次元は $d = 1, 2, 3, \ldots$ という自然数すべてが可能ですが，軌道角運動量は $d = 1, 3, 5, 7, \ldots$ という奇数次元のみが可能です．

本章では，はじめに構造が簡単なスピン $1/2$ 系を学んだ後，11.5 節以降で角運動量の一般論を議論します．

■ 11.2 スピン $1/2$ 系

最初に，3.8 節で学んだスピン $1/2$ 系について復習しましょう．スピン角運動量演算子を S_x, S_y, S_z と表します．z 方向スピン演算子 S_z の固有値 $\pm\hbar/2$ を持つ固有ケットを $|\pm\rangle$ と表すと，$S_z |\pm\rangle = \pm\frac{\hbar}{2} |\pm\rangle$ を満たします．この 2 つの固有ケットは正規直交性 $\langle +|-\rangle = \langle -|+\rangle = 0$，$\langle +|+\rangle = \langle -|-\rangle = 1$ と完全性 $|+\rangle\langle +| \, + \, |-\rangle\langle -| = 1$ を持ちます．したがってスピン $1/2$ 系のヒルベルト空間は 2 次元であり，この系のあらゆる状態は $|+\rangle, |-\rangle$ の線形結合で表されます．

3 つの演算子の交換関係は以下になります．

$$[S_x, S_y] = i\hbar S_z, \quad [S_y, S_z] = i\hbar S_x, \quad [S_z, S_x] = i\hbar S_y \tag{11.8}$$

これは軌道角運動量が満たす交換関係（(11.2) から (11.4)）と同一です．観測可能量が交換しないということは，「一方の固有状態はもう一方の固有状態の重ね合わせでしか表せない」ことを意味しますので，これらの観測可能量が同時に確定することは決してありません．実際 S_x, S_y の固有状態 $|x\pm\rangle, |y\pm\rangle$ は $|\pm\rangle$ を用いて以下のように表されます．

$$|x\pm\rangle = \frac{1}{\sqrt{2}}(|+\rangle \pm |-\rangle), \quad |y\pm\rangle = \frac{1}{\sqrt{2}}(|+\rangle \pm i\,|-\rangle) \tag{11.9}$$

これらも正規直交性と完全性を持ちます．

例題 $|x\pm\rangle$, $|y\pm\rangle$ の正規直交性と完全性を示してください.

解 (11.9) を用いると,

$$\langle x+|x+\rangle = \frac{1}{2}(\langle+|+\rangle + \langle-|-\rangle) = 1$$

$$|x+\rangle\langle x+| + |x-\rangle\langle x-| = \frac{1}{2}(2|+\rangle\langle+| + 2|-\rangle\langle-|) = \mathbf{1}$$

などが示せます. $|y\pm\rangle$ についても同様に示せます. □

スピン 1/2 系の固有状態の特徴については, 第 3 章の図 3.2, 3.3 と同様の概念図を図 11.1 に示しておきました. 何より, 実空間でのスピンの向きとヒルベルト空間でのスピンの向きを認識しておくことが重要です. z 方向上向きスピンと下向きスピンは実空間では逆向きですが, ヒルベルト空間の状態ベクトルとしては直交しています. 一方, x 方向上向きスピンは z 方向上向きスピンに対して実空間で直交していますが, ヒルベルト空間では直交せず z 方向上下スピンの状態ベクトルの和になります.

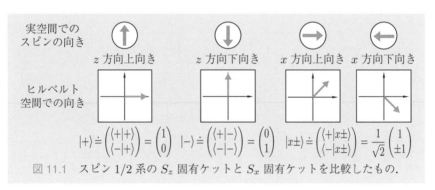

図 11.1 スピン 1/2 系の S_z 固有ケットと S_x 固有ケットを比較したもの.

スピン演算子 S_x, S_y, S_z は, 以下のように表されます.

$$S_z = \frac{\hbar}{2}\Big(|+\rangle\langle+| - |-\rangle\langle-|\Big)$$
$$S_x = \frac{\hbar}{2}\Big(|+\rangle\langle-| + |-\rangle\langle+|\Big) \tag{11.10}$$
$$S_y = i\frac{\hbar}{2}\Big(|-\rangle\langle+| - |+\rangle\langle-|\Big)$$

これらの表式が固有方程式と交換関係を満たすことは容易に確認できます.

これらの演算子と固有状態の行列表現は, S_z の固有ケット $|\pm\rangle$ を正規直交基

底にとることで，以下のように与えられます．

$$S_z \doteq \frac{\hbar}{2} \begin{pmatrix} 1 & 0 \\ 0 & -1 \end{pmatrix}, \quad S_x \doteq \frac{\hbar}{2} \begin{pmatrix} 0 & 1 \\ 1 & 0 \end{pmatrix}, \quad S_y \doteq \frac{\hbar}{2} \begin{pmatrix} 0 & -i \\ i & 0 \end{pmatrix} \tag{11.11}$$

$$|+\rangle \doteq \begin{pmatrix} 1 \\ 0 \end{pmatrix}, \quad |-\rangle \doteq \begin{pmatrix} 0 \\ 1 \end{pmatrix}, \quad |x\pm\rangle \doteq \frac{1}{\sqrt{2}} \begin{pmatrix} 1 \\ \pm 1 \end{pmatrix}, \quad |y\pm\rangle \doteq \frac{1}{\sqrt{2}} \begin{pmatrix} 1 \\ \pm i \end{pmatrix}$$
$$\tag{11.12}$$

例題　スピン演算子の行列表現の固有ベクトルを求め，それぞれが $|x\pm\rangle$, $|y\pm\rangle$, $|\pm\rangle$ のベクトル成分表示に一致することを確認してください．

解　スピン演算子の行列表現の固有値・固有ベクトルは，ケーリー–ハミルトンの公式を用いて容易に求められます．例えば，S_y の固有値は

$$\mathrm{Det} \begin{pmatrix} -\lambda & -\frac{i\hbar}{2} \\ \frac{i\hbar}{2} & -\lambda \end{pmatrix} = \lambda^2 - \frac{\hbar^2}{4} = 0$$

より，$\lambda_\pm = \pm \frac{\hbar}{2}$ となります．これらに対応する規格化された固有ベクトルを $(a_\pm, b_\pm)^T$ とすると

$$\frac{\hbar}{2} \begin{pmatrix} \mp 1 & -i \\ i & \mp 1 \end{pmatrix} \begin{pmatrix} a_\pm \\ b_\pm \end{pmatrix} = 0$$

より，

$$\begin{pmatrix} a_\pm \\ b_\pm \end{pmatrix} = \frac{1}{\sqrt{2}} \begin{pmatrix} 1 \\ \pm i \end{pmatrix}$$

がわかります．これは $|y\pm\rangle$ のベクトル成分表示に他なりません．同様に S_x, S_z についても確認できます．固有値と固有ベクトルの導出については付録 A.1 節にまとめてあります．　　　　　　　　□

次に，スピンの大きさの二乗を表す演算子

$$\boldsymbol{S}^2 = S_x^2 + S_y^2 + S_z^2 \tag{11.13}$$

を考えます．この演算子は S_x, S_y, S_z それぞれと交換します．

$$[\boldsymbol{S}^2, S_x] = 0, \qquad [\boldsymbol{S}^2, S_y] = 0, \qquad [\boldsymbol{S}^2, S_z] = 0 \tag{11.14}$$

これは演算子の交換関係に基づいて確認できます．例えば

$$[\boldsymbol{S}^2, S_x] = [S_x^2 + S_y^2 + S_z^2, S_x] = [S_y^2 + S_z^2, S_x]$$

$$= \{S_y(S_xS_y - i\hbar S_z) - (S_yS_x + i\hbar S_z)S_y\}$$
$$+ \{S_z(S_xS_z + i\hbar S_y) - (S_zS_x - i\hbar S_y)S_z\} = 0 \qquad (11.15)$$

が示せます. この交換関係はスピン 1/2 系の行列表現を用いるとさらに明確になります. 実際に行列表現を用いて $\boldsymbol{S}^2$ を計算すると

$$\boldsymbol{S}^2 \doteq \frac{\hbar^2}{4}\mathbf{1} + \frac{\hbar^2}{4}\mathbf{1} + \frac{\hbar^2}{4}\mathbf{1} = \frac{3\hbar^2}{4}\mathbf{1} \qquad (11.16)$$

という単位行列に比例した行列が得られます. したがって各方向のスピン演算子と交換することが自明にわかります. さらに, この行列表現に基づけば, $\boldsymbol{S}^2$ の固有値は状態によらず常に

$$\frac{3\hbar^2}{4} \qquad (11.17)$$

となることもわかります. $\boldsymbol{S}^2$ は各方向のスピン演算子と交換することから, 同時対角化可能もしくは同時固有状態を持つことが可能です. 実際, 各方向のスピン演算子の固有状態はすべて $\boldsymbol{S}^2$ の固有状態でもあり, その固有値は $3\hbar^2/4$ となっています.

ここで驚くべきことは, 各方向のスピン角運動量を測定するとその値は $\pm\hbar/2$ であるにもかかわらず, スピン角運動量の大きさの二乗に対応する $\boldsymbol{S}^2$ の固有値は $\hbar^2/4$ ではなく $3\hbar^2/4$ となることです. 量子論においては, 古典的直観は捨て去る必要があることを強く示しています.

例題 期待値 $\langle+|S_z|+\rangle$, $\langle-|S_z|-\rangle$, $\langle x+|S_z|x+\rangle$, $\langle x-|S_z|x-\rangle$ を求めてください.

解 $|\pm\rangle$ は z 方向スピン演算子 S_z の固有状態なので容易に計算できます.

$$\langle+|S_z|+\rangle = \langle+|\frac{\hbar}{2}|+\rangle = \frac{\hbar}{2}, \quad \langle-|S_z|-\rangle = \langle-|\frac{\hbar}{2}|-\rangle = -\frac{\hbar}{2}$$

また

$$\langle x+|S_z|x+\rangle = \frac{1}{2}\left((\langle+| + \langle-|) S_z (|+\rangle + |-\rangle)\right)$$
$$= \frac{1}{2}\left((\langle+| + \langle-|) \left(\frac{\hbar}{2}|+\rangle - \frac{\hbar}{2}|-\rangle\right)\right)$$
$$= \frac{1}{2}\frac{\hbar}{2}\left(\langle+|+\rangle - \langle-|-\rangle\right) = 0$$
$$\langle x-|S_z|x-\rangle = \frac{1}{2}\left((\langle+| - \langle-|) S_z (|+\rangle - |-\rangle)\right)$$

$$= \frac{1}{2} \left(\langle +| - \langle -| \right) \left(\frac{\hbar}{2}|+\rangle + \frac{\hbar}{2}|-\rangle \right)$$

$$= \frac{1}{2} \frac{\hbar}{2} \left(\langle +|+\rangle - \langle -|-\rangle \right) = 0$$

となります. この結果は, S_x が定まっている状態では S_z は完全に不確定になりその結果として期待値がゼロになることを示しています. 同様にして

$$\langle y+|S_z|y+\rangle = \frac{1}{2} \left(\langle +| - i\langle -| \right) S_z \left(|+\rangle + i|-\rangle \right)$$

$$= \frac{1}{2} \frac{\hbar}{2} \left(\langle +|+\rangle - \langle -|-\rangle \right) = 0$$

$$\langle y-|S_z|y-\rangle = \frac{1}{2} \left(\langle +| + i\langle -| \right) S_z \left(|+\rangle - i|-\rangle \right)$$

$$= \frac{1}{2} \frac{\hbar}{2} \left(\langle +|+\rangle - \langle -|-\rangle \right) = 0$$

となります. この結果も, S_y が定まっている状態では S_z は完全に不確定になりその結果として期待値がゼロになることを示しています. これらの計算は行列表現を用いて行うことも可能です.　　　　　　　　　　　　　　　　　　　　　　　　　□

■ 11.3　スピン歳差運動

スピン $1/2$ 系のハミルトニアン演算子が

$$H = \omega S_z \tag{11.18}$$

と与えられる場合を考えましょう. これは磁場中のスピン系ハミルトニアンであり, 古典電磁気学における**ラーモア歳差運動**を起こす系に対応します (図 11.2).

まず, 初期時刻 $t = 0$ でスピン $1/2$ 系が S_x の固有状態 $|x+\rangle$ にあるとしましょ

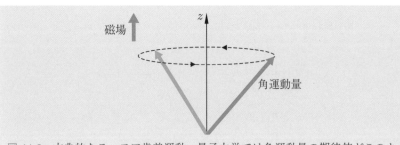

図 11.2　古典的なラーモア歳差運動. 量子力学では角運動量の期待値がこのような振る舞いをする.

う．シュレーディンガー描像での時刻 t の状態は時間発展演算子 $U(t) = e^{-\frac{iHt}{\hbar}}$ を作用させることで，以下のように得られます．

$$|x+;t\rangle = e^{-\frac{iHt}{\hbar}} \left(\frac{1}{\sqrt{2}} |+\rangle + \frac{1}{\sqrt{2}} |-\rangle \right) = \frac{1}{\sqrt{2}} e^{-\frac{i\omega t}{2}} |+\rangle + \frac{1}{\sqrt{2}} e^{\frac{i\omega t}{2}} |-\rangle$$
(11.19)

ここで時刻 t で系が $|x-\rangle$ の状態に見いだされる確率を調べます．つまり初期時刻では明らかに $|x-\rangle$ の成分は含まれていなかった訳ですが，t 秒経った後はどうなっているか，を調べるのです．そこでまずは，以下の量を計算します．

$$\begin{aligned}\langle x-|x+;t\rangle &= \frac{1}{2} \left\{ \left(\langle+| - \langle-| \right) \left(e^{-\frac{i\omega t}{2}} |+\rangle + e^{\frac{i\omega t}{2}} |-\rangle \right) \right\} \\ &= \frac{1}{2} \left(e^{-\frac{i\omega t}{2}} - e^{\frac{i\omega t}{2}} \right) = -i \sin \frac{\omega t}{2}\end{aligned}$$
(11.20)

これは時刻 t での状態を S_x の固有状態で展開した際の $|x-\rangle$ の係数に他なりません．このような量を**確率振幅**と呼びます．したがって，この数の絶対値の二乗こそが $|x-\rangle$ の状態が観測される確率 P_{x-} であり，以下で与えられます．

$$P_{x-} = |\langle x-|x+;t\rangle|^2 = \sin^2 \frac{\omega t}{2}$$
(11.21)

一方，$|x+\rangle$ の状態が観測される確率 P_{x+} も全く同様に計算できて

$$P_{x+} = |\langle x+|x+;t\rangle|^2 = \cos^2 \frac{\omega t}{2}$$
(11.22)

となります．確率の和（$P_{x+} + P_{x-} = 1$）を保ちながら，時間発展していることがわかります．(11.22) を用いて，時刻 t での S_x の期待値を求めると

$$\langle x+;t|S_x|x+;t\rangle = \frac{\hbar}{2} \left(\cos^2 \frac{\omega t}{2} - \sin^2 \frac{\omega t}{2} \right) = \frac{\hbar}{2} \cos \omega t$$
(11.23)

となり，期待値が振動していることがわかります．

一方，y 方向スピンについても同様に観測される確率を求めると

$$\begin{aligned}\langle y+|x+;t\rangle &= \frac{1}{2} \left\{ \left(\langle+| - i\langle-| \right) \left(e^{-\frac{i\omega t}{2}} |+\rangle + e^{\frac{i\omega t}{2}} |-\rangle \right) \right\} \\ &= \frac{1}{2} \left(e^{-\frac{i\omega t}{2}} - ie^{\frac{i\omega t}{2}} \right) \\ &= \frac{1}{2} e^{i\pi/4} \left(e^{-\frac{i\omega t}{2} - i\pi/4} - e^{\frac{i\omega t}{2} + i\pi/4} \right)\end{aligned}$$

$$= e^{-i\pi/4} \sin\left(\frac{\omega t}{2} + \frac{\pi}{4}\right) \tag{11.24}$$

などから

$$P_{y+} = |\langle y+|x+;t\rangle|^2 = \sin^2\left(\frac{\omega t}{2} + \frac{\pi}{4}\right) \tag{11.25}$$

$$P_{y-} = |\langle y-|x+;t\rangle|^2 = \cos^2\left(\frac{\omega t}{2} + \frac{\pi}{4}\right) \tag{11.26}$$

が得られます．したがって S_y の期待値は

$$\langle x+;t|S_y|x+;t\rangle = \frac{\hbar}{2}\left\{\sin^2\left(\frac{\omega t}{2} + \frac{\pi}{4}\right) - \cos^2\left(\frac{\omega t}{2} + \frac{\pi}{4}\right)\right\}$$

$$= -\frac{\hbar}{2}\cos\left(\omega t + \frac{\pi}{2}\right) = \frac{\hbar}{2}\sin\omega t \tag{11.27}$$

となります．再び期待値が振動していることがわかります．$(\langle S_x\rangle, \langle S_y\rangle) = \frac{\hbar}{2}(\cos\omega t, \sin\omega t)$ となることから，量子力学ではスピン角運動量の期待値が図 11.2 のように歳差運動することがわかります．これらの導出の別解は演習問題 6 に与えています．

例題 (11.22) の $P_{x+} = \cos^2\frac{\omega t}{2}$, (11.26) の $P_{y-} = \cos^2\left(\frac{\omega t}{2} + \frac{\pi}{4}\right)$ を確認してください．

解 例えば

$$\langle x+|x+;t\rangle = \frac{1}{2}\left\{\left(\langle +| + \langle -|\right)\left(e^{-\frac{i\omega t}{2}}|+\rangle + e^{\frac{i\omega t}{2}}|-\rangle\right)\right\}$$

$$= \frac{1}{2}\left(e^{-\frac{i\omega t}{2}} + e^{\frac{i\omega t}{2}}\right) = \cos\frac{\omega t}{2}$$

のようにして求められます．P_{y-} についても同様にして求められます． $\square$

■ 11.4　回転生成子としてのスピン演算子 ■

この章の初めで，軌道角運動量が回転の生成子であることを見ましたが，スピン角運動量についても同様のことが言えます．実際，前節で現れた時間発展演算子

$$\exp\left(-\frac{iHt}{\hbar}\right) = \exp\left(-i\frac{S_z}{\hbar}\omega t\right) \tag{11.28}$$

は $|x+\rangle$ に作用したときに，(11.23), (11.27) で見たように $\theta = \omega t$ だけスピンの期待値を回転させていました．

そこで，スピン 1/2 系の任意の状態ケット $|\psi\rangle$ に $e^{-\frac{iS_z\theta}{\hbar}}$ というユニタリー演算子を作用させた新たな状態

$$|\psi'\rangle = e^{-\frac{iS_z\theta}{\hbar}}|\psi\rangle \tag{11.29}$$

を考えましょう．この状態について，S_x の期待値

$$\langle\psi'|S_x|\psi'\rangle = \langle\psi|e^{\frac{iS_z\theta}{\hbar}}S_x e^{-\frac{iS_z\theta}{\hbar}}|\psi\rangle \tag{11.30}$$

を計算してみます．ここで

$$\begin{aligned}
e^{\frac{iS_z\theta}{\hbar}}S_x e^{-\frac{iS_z\theta}{\hbar}} &= e^{\frac{iS_z\theta}{\hbar}}\frac{\hbar}{2}(|+\rangle\langle-| + |-\rangle\langle+|)e^{-\frac{iS_z\theta}{\hbar}} \\
&= \frac{\hbar}{2}(e^{i\theta}|+\rangle\langle-| + e^{-i\theta}|-\rangle\langle+|) \\
&= S_x\cos\theta - S_y\sin\theta
\end{aligned} \tag{11.31}$$

ですので

$$\langle\psi'|S_x|\psi'\rangle = \langle\psi|S_x|\psi\rangle\cos\theta - \langle\psi|S_y|\psi\rangle\sin\theta \tag{11.32}$$

となります．同様に

$$\langle\psi'|S_y|\psi'\rangle = \langle\psi|S_x|\psi\rangle\sin\theta + \langle\psi|S_y|\psi\rangle\cos\theta \tag{11.33}$$

も得られます．したがって

$$\begin{pmatrix}\langle\psi'|S_x|\psi'\rangle \\ \langle\psi'|S_y|\psi'\rangle\end{pmatrix} = \begin{pmatrix}\cos\theta & -\sin\theta \\ \sin\theta & \cos\theta\end{pmatrix}\begin{pmatrix}\langle\psi|S_x|\psi\rangle \\ \langle\psi|S_y|\psi\rangle\end{pmatrix} \tag{11.34}$$

のように，期待値が回転していることが確認できます．その意味で $e^{-\frac{iS_z\theta}{\hbar}}$ はスピンを z 軸周りに回転させる**回転演算子**であることがわかります．

例題 (11.33) を示してください．

解 以下のように示せます．

$$\begin{aligned}
e^{\frac{iS_z\theta}{\hbar}}S_y e^{-\frac{iS_z\theta}{\hbar}} &= e^{\frac{iS_z\theta}{\hbar}}\frac{\hbar}{2}(-i|+\rangle\langle-| + i|-\rangle\langle+|)e^{-\frac{iS_z\theta}{\hbar}} \\
&= \frac{\hbar}{2}(e^{i\theta}(-i)|+\rangle\langle-| + e^{-i\theta}i|-\rangle\langle+|) = S_x\sin\theta + S_y\cos\theta
\end{aligned}$$

これと (11.29) より，$\langle\psi'|S_y|\psi'\rangle = \langle\psi|S_x|\psi\rangle\sin\theta + \langle\psi|S_y|\psi\rangle\cos\theta$ となります．$\square$

ここで，z 軸周りに θ だけ回転されたスピン状態 $|\psi'\rangle$ について考えてみましょう．途中で完備関係式を挿入して書き直すと

$$|\psi'\rangle = e^{-\frac{iS_z\theta}{\hbar}}|\psi\rangle = e^{-\frac{i\theta}{2}}|+\rangle\langle+|\psi\rangle + e^{\frac{i\theta}{2}}|-\rangle\langle-|\psi\rangle \tag{11.35}$$

となります．ここで $\theta = 2\pi$ を代入して 1 回転させた状態を考えると，

$$|\psi'\rangle = -(|+\rangle\langle+|\psi\rangle + |-\rangle\langle-|\psi\rangle) = -|\psi\rangle \tag{11.36}$$

となり元の状態ケットに戻りません．元の状態に戻すには $\theta = 4\pi$ つまり 2 回転させる必要があります．つまり，スピン $1/2$ 系を $360°$ 回転させた状態は，期待値自体は同じですが，状態ベクトルの符号が反転しており，元の状態ベクトルに戻すには $720°$ 回転させる必要があるのです．このような奇妙な性質は**スピン 1/2 系の二価性**と呼ばれ，量子的な干渉が起きる現象では物理的に観測されます．

■ 11.5　角運動量の一般論

ここではスピン角運動量や軌道角運動量に限定せず，以下の交換関係を満たす 3 次元角運動量演算子 $\boldsymbol{J} = (J_x, J_y, J_z)$ について考えましょう．

$$[J_x, J_y] = i\hbar J_z\,, \qquad [J_y, J_z] = i\hbar J_x\,, \qquad [J_z, J_x] = i\hbar J_y \tag{11.37}$$

$\boldsymbol{J}$ としては，一般的には

$$\boldsymbol{J} = \boldsymbol{L} + \boldsymbol{S} \tag{11.38}$$

のような軌道角運動量とスピン角運動量の和である**全角運動量**を考えます．以下では，$\boldsymbol{J}^2 = J_x^2 + J_y^2 + J_z^2$ と第 3 方向角運動量演算子 J_z に注目し，(11.37) の交換関係のみを用いてすべての固有値と固有状態を分類します．

はじめに以下のような演算子を定義します．

$$J_+ \equiv J_x + iJ_y\,, \qquad J_- \equiv J_x - iJ_y \tag{11.39}$$

この演算子と J_z はそれぞれ次の交換関係を満たします．

$$[J_z, J_+] = \hbar J_+\,, \qquad [J_z, J_-] = -\hbar J_-\,, \qquad [J_+, J_-] = 2\hbar J_z \tag{11.40}$$

これらは，具体的に交換関係 (11.37) を用いて計算することで

$$[J_z, J_+] = [J_z, J_x + iJ_y]$$
$$= [J_z, J_x] + i[J_z, J_y] = \hbar(iJ_y + J_x) = \hbar J_+ \tag{11.41}$$

$$[J_z, J_-] = [J_z, J_x - iJ_y]$$
$$= [J_z, J_x] - i[J_z, J_y] = \hbar(iJ_y - J_x) = -\hbar J_- \tag{11.42}$$

$$[J_+, J_-] = -i[J_x, J_y] + i[J_y, J_x] = \hbar(J_z + J_z) = 2\hbar J_z \tag{11.43}$$

のように示すことができます.

この結果から, $J_\pm$ が J_z の固有値を $\hbar$ だけ増減させる演算子, つまり**昇降演算子**であることを以下のように示せます. 最初に, 何らかの実数 m を用いて J_z の固有値が $m\hbar$ と表されるとします. そのときの固有状態を $|m\rangle$ と表すと

$$J_z|m\rangle = m\hbar|m\rangle \tag{11.44}$$

となります. 次に, $J_\pm |m\rangle$ に J_z を作用させ, (11.40) の1番目と2番目の式を用いて固有値を調べると

$$J_z J_\pm |m\rangle = (J_\pm J_z \pm \hbar J_\pm) |m\rangle$$
$$= (J_\pm m\hbar \pm \hbar J_\pm) |m\rangle = (m\hbar \pm \hbar)J_\pm |m\rangle \tag{11.45}$$

が得られます. 確かに $J_\pm$ は J_z の固有値を $\pm\hbar$ だけ変化させる昇降演算子であることがわかります.

11.2 節のスピン角運動量のところでも見たように $\boldsymbol{J}^2$ は各方向の角運動量演算子と交換します.

$$[\boldsymbol{J}^2, J_i] = 0 \quad (i = x, y, z), \qquad [\boldsymbol{J}^2, J_\pm] = 0 \tag{11.46}$$

1番目の式は

$$[\boldsymbol{J}^2, J_x] = [J_y^2 + J_z^2, J_x]$$
$$= [J_y^2, J_x] + [J_z^2, J_x]$$
$$= -i\hbar J_y J_z + i\hbar J_z J_y + i\hbar J_y J_z - i\hbar J_z J_y = 0 \tag{11.47}$$

のように示すことができます. この結果は, $\boldsymbol{J}^2$ と各方向の角運動量演算子の同時固有状態が存在すること, つまり同時に確定可能な観測可能量のペアだという

ことを意味しています．$J_\pm$ も J_x, J_y で書けますので，自動的に $[\boldsymbol{J}^2, J_\pm] = 0$ が得られます．これは，z 方向角運動量 J_z の固有状態を昇降させても $\boldsymbol{J}^2$ の固有値は全く変わらないことを示しています．

例題 $[\boldsymbol{J}^2, J_y] = 0, [\boldsymbol{J}^2, J_z] = 0$ を示してください．

解 以下のように計算できます．J_z についても同様です．

$$\begin{aligned}
[\boldsymbol{J}^2, J_y] &= [J_x^2 + J_z^2, J_y] \\
&= [J_x^2, J_y] + [J_z^2, J_y] \\
&= i\hbar J_x J_z + i\hbar J_z J_x - i\hbar J_z J_x - i\hbar J_x J_z = 0
\end{aligned}$$

後の議論のために，$\boldsymbol{J}^2$ が以下の 3 つの形で表せることを示しておきましょう．

$$\begin{aligned}
\boldsymbol{J}^2 &= \frac{1}{2}(J_+ J_- + J_- J_+) + (J_z)^2 \\
\boldsymbol{J}^2 &= J_z(J_z + \hbar) + J_- J_+ \\
\boldsymbol{J}^2 &= J_z(J_z - \hbar) + J_+ J_-
\end{aligned} \tag{11.48}$$

例えば最初の表式は，$J_\pm$ の定義を代入すると

$$\begin{aligned}
&\frac{1}{2}(J_+ J_- + J_- J_+) + (J_z)^2 \\
&= \frac{1}{2}(2J_x^2 + 2J_y^2 - iJ_x J_y + iJ_y J_x + iJ_x J_y - iJ_y J_x) + (J_z)^2 \\
&= J_x^2 + J_y^2 + J_z^2 = \boldsymbol{J}^2
\end{aligned} \tag{11.49}$$

のように示せます．

例題 (11.48) の 2 番目と 3 番目の表式を示してください．

解

$$\begin{aligned}
J_z(J_z + \hbar) + J_- J_+ &= J_z^2 + \hbar J_z + (J_x^2 + J_y^2 + iJ_x J_y - iJ_y J_x) \\
&= J_z^2 + \hbar J_z + (J_x^2 + J_y^2 - \hbar J_z) \\
&= J_x^2 + J_y^2 + J_z^2 = \boldsymbol{J}^2 \\
J_z(J_z - \hbar) + J_+ J_- &= J_z^2 - \hbar J_z + (J_x^2 + J_y^2 - iJ_x J_y + iJ_y J_x) \\
&= J_z^2 - \hbar J_z + (J_x^2 + J_y^2 + \hbar J_z) \\
&= J_x^2 + J_y^2 + J_z^2 = \boldsymbol{J}^2
\end{aligned}$$

と示せます．

ここで (11.48) の 1 番目の表式に注目します. すると $J_\pm^\dagger = J_\mp$ より

$$J_+ J_- + J_- J_+ = J_+^\dagger J_+ + J_-^\dagger J_- \tag{11.50}$$

はエルミート演算子であり, また任意の状態ケット $|\psi\rangle$ に対して $|J_\pm|\psi\rangle|^2 = \langle\psi|J_\pm^\dagger J_\pm|\psi\rangle \geq 0$ であることから, 必ず 0 以上の実固有値を持つことがわかります. すると, 以下のように, $\boldsymbol{J}^2$ の固有値は J_z の固有値の二乗 $m^2\hbar^2$ と等しいかそれより大きいことになります.

$$\boldsymbol{J}^2 = \frac{1}{2}(J_+ J_- + J_- J_+) + (J_z)^2 \quad \rightarrow \quad \boldsymbol{J}^2 \text{ の固有値} \geq m^2\hbar^2 \tag{11.51}$$

したがって, 同じ $\boldsymbol{J}^2$ の固有値を持つ状態の集合を考えた場合, 何らかの正の実数 j を用いて

$$-j \leq m \leq j \tag{11.52}$$

のように, J_z の固有値 $m\hbar$ が最大値 $j\hbar$ と最小値 $-j\hbar$ を持つことになります. 現時点では正の実数 j が具体的にどのような数であるかまではわかりません.

　いよいよ, $\boldsymbol{J}^2$ の固有値を求めましょう. J_z の固有値が最大値 $m\hbar = j\hbar$ になる状態を $|j\rangle$ と書くことにします. J_+ を $|j\rangle$ に作用させてもこれ以上状態はないのでゼロにならざるを得ません. したがって　　・

$$J_+|j\rangle = \boldsymbol{0}, \qquad J_z|j\rangle = j\hbar|j\rangle \tag{11.53}$$

となります. この結果を用いて, 状態 $|j\rangle$ に対する $\boldsymbol{J}^2$ の固有値を求めます. (11.48) の 2 番目の表式を用いて $\boldsymbol{J}^2|j\rangle$ を調べてみると

$$\boldsymbol{J}^2|j\rangle = \{J_z(J_z + \hbar) + J_- J_+\}|j\rangle = j(j+1)\hbar^2|j\rangle \tag{11.54}$$

が得られます. したがって, $\boldsymbol{J}^2$ の $|j\rangle$ における固有値は $j(j+1)\hbar^2$ となることがわかりました.

　これ以降, $\boldsymbol{J}^2$ の固有値を示す量子数 j とそれと交換する演算子 J_z の固有値を表す量子数 m を用いて, 角運動量固有状態を

$$|j, m\rangle \tag{11.55}$$

のように, 2 つの数でラベルすることとします. j は**主全角運動量量子数**, m は**第二全角運動量量子数**とも呼ばれます. 例えば J_z の固有値が最大値 $j\hbar$ をと

る状態は

$$|j, j\rangle \tag{11.56}$$

と書けます.

次に, $|j, j\rangle$ に順次 J_- を作用させて, 状態の列 $|j, j\rangle$, $J_-|j, j\rangle$, $(J_-)^2|j, j\rangle$, ... を作ります. この状態の列においては $\boldsymbol{J}^2$ の固有値はどれも $j(j+1)\hbar^2$ であり, 一方 J_z の固有値は $j\hbar, (j-1)\hbar, (j-2)\hbar, (j-3)\hbar, \ldots$ のように $\hbar$ ずつ減っていきます. このとき, J_z の固有値には最小値があるはずです. 最大値から最小値までの状態の個数を k とすると, この系列は以下のように書き表せます.

$$|j, j\rangle, \quad |j, j-1\rangle, \quad \ldots, \quad |j, j-k+1\rangle \tag{11.57}$$

さて, 最後の状態に J_- を作用させると, それ以下の状態は存在しないので

$$J_-|j, j-k+1\rangle = \boldsymbol{0} \tag{11.58}$$

となります. ここで (11.48) の 3 番目の表式の両辺を $|j, j-k+1\rangle$ に作用させると

$$\begin{aligned}
\boldsymbol{J}^2|j, j-k+1\rangle &= \{J_z(J_z - \hbar) + J_+J_-\}|j, j-k+1\rangle \\
&= (j-k+1)(j-k)\hbar^2|j, j-k+1\rangle
\end{aligned} \tag{11.59}$$

が得られます. 一方, すでに述べたように, $\boldsymbol{J}^2$ の固有値は常に $j(j+1)\hbar^2$ であるはずなので

$$\boldsymbol{J}^2|j, j-k+1\rangle = j(j+1)\hbar^2|j, j-k+1\rangle \tag{11.60}$$

も成り立ちます. 2 つの式の固有値を比べると

$$(j-k+1)(j-k) = j(j+1) \tag{11.61}$$

となります. これを整理することで

$$k = 2j+1 \tag{11.62}$$

が得られます. これにより j と固有状態の個数 k との間の関係が判明しました. 実際, $\boldsymbol{J}^2$ の固有値 $j(j+1)\hbar^2$ である状態の中には, J_z の量子数が

$$-j, -j+1, -j+2, \ldots, j-2, j-1, j \tag{11.63}$$

となる $2j+1$ 個の状態があるので, $k = 2j+1$ となることが確認できます. さてこの関係式 (11.62) を変形すると

$$j = \frac{k-1}{2} \tag{11.64}$$

となります. k は状態の個数であり必ず1以上の整数です. したがって j は

$$j = 0, \frac{1}{2}, 1, \frac{3}{2}, 2, \frac{5}{2}, 3, \ldots \tag{11.65}$$

という値をとることがわかります. この議論により, 我々がすでに学んだスピン 1/2 系の存在も正当化されました.

ここまでの議論により, 最小のゼロでない角運動量を持つ状態 (の系列) は $j = 1/2$ であることがわかりました. この場合の状態の数は $k = 2$ であり, スピン上向き (固有値 $\hbar/2$) と下向き (固有値 $-\hbar/2$) だけが存在します. 次に大きな角運動量の状態は $j = 1$ であり, 状態の個数は $k = 3$ となり, 特定方向の角運動量固有値は $-\hbar, 0, \hbar$ となります. このような性質を $j = 3/2$ までまとめると

$$j = 0,\ k = 1,\ \text{固有値}: 0,\ \text{固有状態}: |0, 0\rangle \tag{11.66}$$

$$j = \frac{1}{2},\ k = 2,\ \text{固有値}: +\frac{\hbar}{2}, -\frac{\hbar}{2},\ \text{固有状態}: \left|\frac{1}{2}, \frac{1}{2}\right\rangle, \left|\frac{1}{2}, -\frac{1}{2}\right\rangle \tag{11.67}$$

$$j = 1,\ k = 3,\ \text{固有値}: +\hbar, 0, -\hbar,\ \text{固有状態}: |1, 1\rangle, |1, 0\rangle, |1, -1\rangle \tag{11.68}$$

$$j = \frac{3}{2},\ k = 4,\ \text{固有値}: +\frac{3\hbar}{2}, +\frac{\hbar}{2}, -\frac{\hbar}{2}, -\frac{3\hbar}{2},$$

$$\text{固有状態}: \left|\frac{3}{2}, \frac{3}{2}\right\rangle, \left|\frac{3}{2}, \frac{1}{2}\right\rangle, \left|\frac{3}{2}, -\frac{1}{2}\right\rangle, \left|\frac{3}{2}, -\frac{3}{2}\right\rangle \tag{11.69}$$

となります. これらは状態の数を表すために, それぞれ **1 重項**, **2 重項**, **3 重項**, **4 重項** と呼ばれます. 図 11.3 には角運動量固有値の様子をまとめてあります. スピン系を考える場合には量子数は j ではなく s を用いることが多いです.

本節のここまでの議論は, 角運動量演算子の交換関係だけを使って進めてきました. その結果として同じ交換関係を満たす演算子でも, ヒルベルト空間の次元が違うものが存在し, 例えばスピン 1/2 系はゼロでない角運動量を持つ粒子の中で最も角運動量の小さいケースになることがわかりました. スピ

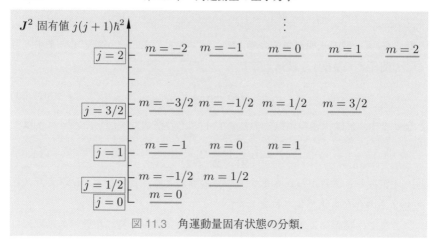

図 11.3　角運動量固有状態の分類.

ンが整数（$s = 0, 1, 2, 3, \ldots$）の粒子は**ボーズ粒子**（ボゾン），スピンが半整数（$s = 1/2, 3/2, 5/2, 7/2, \ldots$）の粒子は**フェルミ粒子**（フェルミオン）と呼ばれ，「ボゾンは 1 つの準位に何個でも粒子が入れるが，フェルミオンは 1 つしか入れない」という大きな違いがあり，多粒子系を考えるときには特に重要な違いになります．

　ある角運動量を持つ粒子が複数ある場合，全体として大きな角運動量を持つ状態になります．理論的には**角運動量の合成**と言われるプロセスを通じてそのような状態を構成することができます．次節では量子もつれ状態の議論に向けて角運動量の合成を議論します．

　本節の最後に昇降演算子を状態に作用させた際の係数を求めておきます．(11.48) を用いると

$$\langle j, m | J_+ J_- | j, m \rangle = \langle j, m | \{ \boldsymbol{J}^2 - J_z (J_z - \hbar) \} | j, m \rangle$$
$$= \{ j(j + 1) - m(m - 1) \} \hbar^2 \tag{11.70}$$
$$\langle j, m | J_- J_+ | j, m \rangle = \langle j, m | \{ \boldsymbol{J}^2 - J_z (J_z + \hbar) \} | j, m \rangle$$
$$= \{ j(j + 1) - m(m + 1) \} \hbar^2 \tag{11.71}$$

となるため

$$J_- |j, m\rangle = \hbar\sqrt{j(j+1) - m(m-1)} |j, m-1\rangle$$
$$= \hbar\sqrt{(j+m)(j-m+1)} |j, m-1\rangle$$
$$J_+ |j, m\rangle = \hbar\sqrt{j(j+1) - m(m+1)} |j, m+1\rangle \quad \text{(11.72)}$$
$$= \hbar\sqrt{(j-m)(j+m+1)} |j, m+1\rangle$$

がわかります.

■ 11.6　角運動量の合成 ■

　ここでは，2つの粒子がそれぞれ角運動量を持っている場合に，それらを合成する方法について議論します．簡単のために粒子1，粒子2がそれぞれスピン 1/2 を持つ場合を考えます．まず2つの粒子のスピン角運動量演算子を

$$\boldsymbol{S}_1 = (S_{1x}, S_{1y}, S_{1z}), \qquad \boldsymbol{S}_2 = (S_{2x}, S_{2y}, S_{2z}) \quad \text{(11.73)}$$

と表します．したがって全体のスピン角運動量演算子は

$$\boldsymbol{S} = \boldsymbol{S}_1 + \boldsymbol{S}_2 = (S_{1x} + S_{2x},\ S_{1y} + S_{2y},\ S_{1z} + S_{2z}) \quad \text{(11.74)}$$

となります．正確には $\boldsymbol{S}_1$ と $\boldsymbol{S}_2$ は異なるヒルベルト空間に作用するので，$\boldsymbol{S} = \boldsymbol{S}_1 \otimes 1 + 1 \otimes \boldsymbol{S}_2$ のように**直積**と呼ばれる記号で書くべきなのですが，ここでは上記のようにシンプルに表記します．角運動量の大きさの二乗に対応する演算子は

$$\boldsymbol{S}^2 = S_x^2 + S_y^2 + S_z^2 = (S_{1x} + S_{2x})^2 + (S_{1y} + S_{2y})^2 + (S_{1z} + S_{2z})^2 \quad \text{(11.75)}$$

となります.

　この場合には，全体として $2 \times 2 = 4$ 次元のヒルベルト空間を考えることになりますので，基底は4つあります．例えば，以下に示すような S_{1z}, S_{2z} の固有ケット $|\pm\rangle_1, |\pm\rangle_2$ の直積を正規直交完全基底として選ぶことができます．

$$|+\rangle_1 \otimes |+\rangle_2 = |+\rangle_1 |+\rangle_2 \quad \text{(11.76)}$$

$$|+\rangle_1 \otimes |-\rangle_2 = |+\rangle_1 |-\rangle_2 \quad \text{(11.77)}$$

$$|-\rangle_1 \otimes |+\rangle_2 = |-\rangle_1 |+\rangle_2 \quad \text{(11.78)}$$

$$|-\rangle_1 \otimes |-\rangle_2 = |-\rangle_1 |-\rangle_2 \quad \text{(11.79)}$$

これらは S_{1z}, S_{2z} の固有状態ではありますが, z 方向の全スピン $S_z = S_{1z} + S_{2z}$ の固有状態ではありません.

そこで, $S_z = S_{1z} + S_{2z}$ の固有状態を具体的に構成します. S_z の表式から その最大固有値は $\hbar/2 + \hbar/2 = \hbar$ となることがわかります. そのような状態は $|+\rangle_1 |+\rangle_2$ であることがすぐにわかり, 実際

$$
\begin{aligned}
S_z |+\rangle_1 |+\rangle_2 &= (S_{1z} + S_{2z}) |+\rangle_1 |+\rangle_2 \\
&= \left(\frac{\hbar}{2} + \frac{\hbar}{2} \right) |+\rangle_1 |+\rangle_2 \\
&= \hbar |+\rangle_1 |+\rangle_2
\end{aligned}
\tag{11.80}
$$

のように確認できます. ここで S_{1z} は $|+\rangle_1$ のみに作用し, S_{2z} は $|+\rangle_2$ のみに作用することに注意しましょう. 11.5 節の角運動量の一般論で学んだように, $\hbar$ が最大固有値であるという事実から, この状態の $\boldsymbol{S}^2$ の固有値は $1(1+1)\hbar^2 = 2\hbar^2$ であり, S_z の固有値は $\hbar, 0, -\hbar$ となることがわかります. つまりこの系はスピン 1 系になっているのです. ここで, S_z の固有値を表す量子数を m, $\boldsymbol{S}^2$ の固有値を表す量子数を s として

$$
|s = 1, m = 1\rangle = |+\rangle_1 |+\rangle_2
\tag{11.81}
$$

と表すことにします. つまり, $S_z |s = 1, m = 1\rangle = \hbar |s = 1, m = 1\rangle$, $\boldsymbol{S}^2 |s = 1, m = 1\rangle = 1(1+1)\hbar^2 |s = 1, m = 1\rangle$ のように書くことにします.

次に, 最大固有値 $\hbar$ の状態 $|s = 1, m = 1\rangle = |+\rangle_1 |+\rangle_2$ に降下演算子 S_- を作用させます. S_- は

$$
S_- = S_{1-} + S_{2-} = (S_{1x} - iS_{1y}) \otimes \boldsymbol{1} + \boldsymbol{1} \otimes (S_{2x} - iS_{2y})
\tag{11.82}
$$

のようにそれぞれの降下演算子の和で表されます. これを $|s = 1, m = 1\rangle = |+\rangle_1 |+\rangle_2$ に作用させると, $|s = 1, m = 0\rangle$ の状態になります. 実際, S_- を作用させると

$$
\begin{aligned}
S_- |+\rangle_1 |+\rangle_2 &= (S_{1-} + S_{2-}) |+\rangle_1 |+\rangle_2 \\
&= \frac{1}{\sqrt{2}} \left(|-\rangle_1 |+\rangle_2 + |+\rangle_1 |-\rangle_2 \right)
\end{aligned}
\tag{11.83}
$$

となりますが, この状態ケットに $S_z = S_{1z} + S_{2z}$ を作用させると

$$(S_{1z} + S_{2z})\frac{1}{\sqrt{2}}\left(|-\rangle_1 |+\rangle_2 + |+\rangle_1 |-\rangle_2\right) = \mathbf{0} \tag{11.84}$$

となり，$m = 0$ の状態であることがわかります．よって，$|s = 1, m = 0\rangle = \frac{1}{\sqrt{2}}\left(|-\rangle_1 |+\rangle_2 + |+\rangle_1 |-\rangle_2\right)$ がわかります．ここで (11.72) を使いました．

　さらに，もう一度降下演算子を作用させることで $|s = 1, m = -1\rangle$ が得られます．実際，(11.72) を再び使うと

$$\begin{aligned} S_- |s = 1, m = 0\rangle &= (S_{1-} + S_{2-})\frac{1}{\sqrt{2}}\left(|-\rangle_1 |+\rangle_2 + |+\rangle_1 |-\rangle_2\right) \\ &= |-\rangle_1 |-\rangle_2 \end{aligned} \tag{11.85}$$

となり，S_z をこの状態に作用させると

$$(S_{1z} + S_{2z})|-\rangle_1 |-\rangle_2 = -\hbar |-\rangle_1 |-\rangle_2 \tag{11.86}$$

となることが確認できます．したがって，$|s = 1, m = -1\rangle = |-\rangle_1 |-\rangle_2$ がわかりました．

　ここまでで，スピン 1 の 3 つの状態 $|s = 1, m = 1\rangle$，$|s = 1, m = 0\rangle$，$|s = 1, m = -1\rangle$ が $\boldsymbol{S}^2$ と S_z の同時固有ケットとして得られました．しかし，ヒルベルト空間は 4 次元ですので，もう 1 つこれらに直交する固有ケットが存在するはずです．$s = 1$ の 3 つの状態に直交する状態は一意に定まり

$$|s = 0, m = 0\rangle = \frac{1}{\sqrt{2}}\left(|+\rangle_1 |-\rangle_2 - |-\rangle_1 |+\rangle_2\right) \tag{11.87}$$

であることがわかります．この状態は $\boldsymbol{S}^2$, S_z 両方の固有値がゼロになりますので，$s = 0$ つまりスピン 0 の状態であることがわかります．

例題　$|s = 0, m = 0\rangle$ がスピン 1 の 3 つの状態 $|s = 1, m = 1\rangle$，$|s = 1, m = 0\rangle$，$|s = 1, m = -1\rangle$ に直交することを示してください．

解　$|\pm\rangle_1 |\pm\rangle_2$ で表した表式と正規直交性を用いることにより直接示せます．　　□

　結局，$\boldsymbol{S}^2$ と S_z の同時固有ケット 4 つは

$$|s = 1, m = 1\rangle = |+\rangle_1 |+\rangle_2 \tag{11.88}$$

$$|s = 1, m = 0\rangle = \frac{1}{\sqrt{2}}\left(|-\rangle_1 |+\rangle_2 + |+\rangle_1 |-\rangle_2\right) \tag{11.89}$$

$$|s = 1, m = 0\rangle = |-\rangle_1 |-\rangle_2 \tag{11.90}$$

$$|s = 0, m = 0\rangle = \frac{1}{\sqrt{2}} \left(|+\rangle_1 |-\rangle_2 - |-\rangle_1 |+\rangle_2 \right) \tag{11.91}$$

であり，スピン 1 ($s = 1$) の 3 重項とスピン 0 ($s = 0$) の 1 重項になることがわかりました．ここでは z 方向を基準に選んで議論を行いましたが，$|s = 0, m = 0\rangle = \frac{1}{\sqrt{2}} \left(|x+\rangle_1 |x-\rangle_2 - |x-\rangle_1 |x+\rangle_2 \right)$ のように x 方向を基準に選んで表現することも可能です．S_{1z}, S_{2z} の同時固有ケットと $\boldsymbol{S}^2, S_z$ の同時固有ケットを結ぶ (11.88) から (11.91) の関係式における係数は**クレプシュ–ゴルダン係数**と呼ばれ，より大きな角運動量の合成でも重要な役割を果たします．

最後に，一般の角運動量の合成について結果だけを述べておきます．スピン j とスピン l の合成を考えた場合 ($j > l$) には，スピンが $j - l, j - l + 1, j - l + 2, \ldots, j + l$ の状態が $\boldsymbol{J}^2$ と J_z の同時固有状態になります．つまり，スピン $j - l$ の $2(j - l) + 1$ 重項，スピン $j - l + 1$ の $2(j - l + 1) + 1$ 重項，そしてスピン $j + l$ の $2(j + l) + 1$ 重項などがすべて含まれることになります．

■ 11.7　量子もつれ状態と非局所性 ■

第 1 章で紹介した量子もつれ状態は，スピン $1/2$ を持つ 2 つの粒子によって実現できます．粒子 1，粒子 2 が全体としてスピン 0 の状態

$$|s = 0, m = 0\rangle = \frac{1}{\sqrt{2}} \left(|+\rangle_1 |-\rangle_2 - |-\rangle_1 |+\rangle_2 \right) \tag{11.92}$$

にあったとしましょう．この状態は **EPR** (Einstein–Podolsky–Rosen) 状態と呼ばれ，後に議論する**ベル状態**（ベル基底）と呼ばれる量子もつれ状態の一例になっています．例えば，スピン 0 のボーズ粒子が 2 つのスピン $1/2$ のフェルミ粒子に崩壊したときにこの状態が実現されます．

(11.92) の状態は，図 11.4 で表される重ね合わせ状態です．例えば z 方向スピンを両方の粒子について観測することを想定すると，

「粒子 1 は z 方向スピン上向き，粒子 2 は z 方向スピン下向きの状態」と
「粒子 1 は z 方向スピン下向き，粒子 2 は z 方向スピン上向きの状態」

が重ね合わされた状態ということになります．ここでは z 方向スピンを想定しましたが，この状態はどの方向で見ても「2 つの粒子のスピンの向きが逆になっ

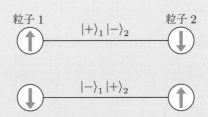

図 11.4 「粒子 1 は $|+\rangle$ で z 方向スピン上向き, 粒子 2 は $|-\rangle$ で z 方向スピン下向きの状態」と「粒子 1 は $|-\rangle$ で z 方向スピン下向き, 粒子 2 は $|+\rangle$ で z 方向スピン上向きの状態」が同じ割合で重ね合わされた状態. ベル状態 (EPR 状態) と呼ばれる.

ている状態」であることに注意しましょう (演習問題 7 参照).

ここで, 2 つの粒子 1, 2 がこの状態を保ったまま十分遠くまで離れたとしましょう. この状態で, ある人が粒子 1 の観測を行い, z 方向上向きスピンが観測されたとしましょう. この瞬間に粒子 1 の状態は $|+\rangle_1$ になります. したがって, 全体としては

$$|+\rangle_1 |-\rangle_2 \qquad (11.93)$$

という状態になり, 遠く離れたところにある粒子 2 が z 方向下向きスピンであることが確定します. 粒子 1 が観測されるまでは, 粒子 2 の向きは決まっていないにもかかわらず, 粒子 1 が観測された途端, 粒子 2 の向きまで決まってしまうのです. 逆に粒子 1 を観測して下向きスピン $|-\rangle_1$ であることがわかったとするとこの瞬間に状態は

$$|-\rangle_1 |+\rangle_2 \qquad (11.94)$$

になりますので, 遠く離れた粒子 2 が上向きスピンであることが確定します. このようにある点での観測が遠く離れた点での観測に影響を与えることは, **量子状態の非局所性**と呼ばれます. またこのような量子的相関は**量子もつれ**と呼ばれます. (11.92) の状態を含め, 2 つのスピン 1/2 系が量子もつれを起こしたベル状態 (ベル基底) には以下の 4 通りがあります.

$$|\Phi^{\pm}\rangle \equiv \frac{1}{\sqrt{2}}(|+\rangle_1|+\rangle_2 \pm |-\rangle_1|-\rangle_2)$$

$$|\Psi^{\pm}\rangle \equiv \frac{1}{\sqrt{2}}(|+\rangle_1|-\rangle_2 \pm |-\rangle_1|+\rangle_2)$$

(11.95)

これらの状態は，どれも粒子 1 の測定が粒子 2 の測定結果に影響を与えます．

　量子論の非局所性に関連して，「実はこの状態には隠れた変数が存在していて，粒子 1 を観測するかどうかとは関係なく粒子 2 の状態は決まっているのではないか」という着想に基づき，**アインシュタインの局所理論**と呼ばれる理論が提案されました．しかし，その後，局所理論が満たすべきスピンの観測確率（期待値）についての不等式（**ベルの不等式**）が量子論では満たされないことが示されました．1980 年代以降，実際にこのようなベルの不等式の破れが確認されるに至り，量子論の非局所性は揺るぎない性質として理解されるようになりました．

■ 11.8　量子テレポーテーション

　量子論の非局所性を情報通信に応用する試みが近年大きく進展しています．ここでは**量子テレポーテーション**と呼ばれる現象・技術の原理を紹介します．図 11.5 は量子テレポーテーションの設定を模式的に表した図です．最も基本的な量子テレポーテーションにおいては，粒子 0，粒子 1，粒子 2 という 3 つの粒子を用意し，そのうち粒子 1 と 2 がベル状態（量子もつれ状態）にあるとし

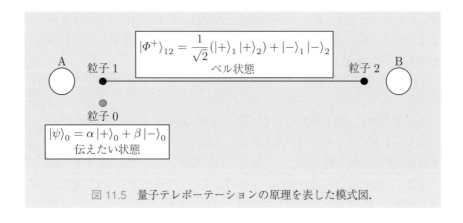

図 11.5　量子テレポーテーションの原理を表した模式図．

ます．さらに観測者として A さん，B さんがおり，A さんのところには粒子 0 と粒子 1，遠く離れた B さんのところには粒子 2 があるとします．A さんのところにある粒子 0 は

$$|\psi\rangle_0 = \alpha|+\rangle_0 + \beta|-\rangle_0 \tag{11.96}$$

という状態にあり，A さんのところにある粒子 1 と B さんのところにある粒子 2 は以下のベル状態

$$|\Phi^+\rangle_{12} = \frac{1}{\sqrt{2}}(|+\rangle_1|+\rangle_2 + |-\rangle_1|-\rangle_2) \tag{11.97}$$

にあるとします．この粒子 1, 2 のベル状態を使って，A さんから B さんへ粒子 0 の状態を転送する（伝える）ことを目標とします．ただし，A さんは粒子 0 と粒子 1 を合わせた状態を観測し，B さんは粒子 2 の状態のみを観測します．

このとき粒子 0, 粒子 1, 粒子 2 を合わせた状態は以下のように書き直せます．

$$|\psi\rangle_0|\Phi^+\rangle_{12} = \frac{1}{2}\Big\{|\Phi^+\rangle_{01}(\alpha|+\rangle_2 + \beta|-\rangle_2) + |\Phi^-\rangle_{01}(\alpha|+\rangle_2 - \beta|-\rangle_2) \\ + |\Psi^+\rangle_{01}(\beta|+\rangle_2 + \alpha|-\rangle_2) + |\Psi^-\rangle_{01}(-\beta|+\rangle_2 + \alpha|-\rangle_2)\Big\} \tag{11.98}$$

A さんはベル基底

$$|\Phi^\pm\rangle_{01} \equiv \frac{1}{\sqrt{2}}(|+\rangle_0|+\rangle_1 \pm |-\rangle_0|-\rangle_1) \\ |\Psi^\pm\rangle_{01} \equiv \frac{1}{\sqrt{2}}(|+\rangle_0|-\rangle_1 \pm |-\rangle_0|+\rangle_1) \tag{11.99}$$

への射影測定を行います（ベル測定）．つまり，A さんは適切な測定回路を用いることで，$|\Phi^\pm\rangle_{01}$, $|\Psi^\pm\rangle_{01}$ の中のどのベル状態を測定したかがわかるように観測を行うのです．

例題 (11.98) を示してください．

解 右辺にベル基底の定義 (11.99) を代入することにより直接示せます． □

(11.98) を見ると，A さんによる粒子 0, 1 のベル状態の測定結果と B さんによる粒子 2 の測定結果には以下のような相関があることがわかります．

(1)	A さんは $\lvert \Phi^+ \rangle_{01}$	$\rightarrow$	B さんは $\alpha\lvert + \rangle_2 + \beta\lvert - \rangle_2$
(2)	A さんは $\lvert \Phi^- \rangle_{01}$	$\rightarrow$	B さんは $\alpha\lvert + \rangle_2 - \beta\lvert - \rangle_2$
(3)	A さんは $\lvert \Psi^+ \rangle_{01}$	$\rightarrow$	B さんは $\beta\lvert + \rangle_2 + \alpha\lvert - \rangle_2$
(4)	A さんは $\lvert \Psi^- \rangle_{01}$	$\rightarrow$	B さんは $-\beta\lvert + \rangle_2 + \alpha\lvert - \rangle_2$

したがって，A さんは自分が観測したベル状態が 4 つのうちどの状態であったかだけを B さんに連絡すれば，それに応じて B さんは粒子 2 の状態に適切な変換を施し，元々の粒子 0 の状態 $\alpha\lvert + \rangle_0 + \beta\lvert - \rangle_0$ を粒子 2 に再現することができます．具体的には以下のような変換を施すことで (1), (2), (3), (4) すべてのケースにおいて粒子 2 を $\alpha\lvert + \rangle_2 + \beta\lvert - \rangle_2$ の状態にできます．

(1)	B さんは $\mathbf{1}$（恒等演算子）を粒子 2 の状態に施す．
(2)	B さんは $-(\lvert + \rangle \langle + \rvert - \lvert - \rangle \langle - \rvert)$ を粒子 2 の状態に施す．
(3)	B さんは $(\lvert + \rangle \langle - \rvert + \lvert - \rangle \langle + \rvert)$ を粒子 2 の状態に施す．
(4)	B さんは $(\lvert + \rangle \langle - \rvert - \lvert - \rangle \langle + \rvert)$ を粒子 2 の状態に施す．

例えば，(4) のケースであれば

$$(\lvert + \rangle_2 \langle - \rvert_2 - \lvert - \rangle_2 \langle + \rvert_2)(-\beta\lvert + \rangle_2 + \alpha\lvert - \rangle_2) = \alpha\lvert + \rangle_2 + \beta\lvert - \rangle_2 \quad (11.100)$$

のように変換されます．ここで粒子 2 のケットブラを $\lvert + \rangle_2 \langle - \rvert_2$ のように表しました．

このように，量子もつれ状態（ベル状態）をうまく用いることで，粒子 0 の量子状態と全く同じ状態を遠く離れた粒子 2 に転送することができます．ここで重要なのは A さんは B さんに粒子 0 の状態については一言も伝えていないことです．あくまで A さんは自分が測定したベル状態を B さんに伝えただけであり，量子もつれ相関によって B さんは適切な変換を施し転送を実現できたのです．

■■■■■■■■■■■■■■**第 11 章 演習問題**■■■■■■■■■■■■■■

▌**1** スピン 1/2 を持つ 2 粒子系のハミルトニアンが

$$H = -\alpha S_{1z} S_{2z}$$

で与えられているとします ($\alpha > 0$). このときエネルギー固有状態を求めてください.

▌**2** スピン 1/2 を持つ 2 粒子系のハミルトニアンが

$$H = -\alpha(S_{1x} S_{2x} + S_{1y} S_{2y})$$

で与えられているとします ($\alpha > 0$). このときエネルギー固有状態を求めてください.

▌**3** スピン 1/2 を持つ 2 粒子系のハミルトニアンが

$$H = -\alpha \boldsymbol{S}_1 \cdot \boldsymbol{S}_2 = -\alpha(S_{1x} S_{2x} + S_{1y} S_{2y} + S_{1z} S_{2z})$$

で与えられているとします ($\alpha > 0$). このときエネルギー固有状態を求めてください.

▌**4** スピン 1 系とスピン 1/2 系を合成した場合にはどのような固有状態が現れるか調べてください.

▌**5** スピン 5/2 系とスピン 1 系を合成した場合にはどのような固有状態が現れるか調べてください.

▌**6** 歳差運動に関する期待値 (11.23), (11.27) の結果を,

$$S_x = \frac{\hbar}{2}(|+\rangle\langle-| + |-\rangle\langle+|), \quad S_y = \frac{\hbar}{2}(-i|+\rangle\langle-| + i|-\rangle\langle+|)$$

を用いて, 確率 P_{x+} などを使わず直接計算してください.

▌**7** z 方向スピンの固有ケットを用いて書かれている EPR 状態

$$|\Psi\rangle_{\mathrm{EPR}} = \frac{1}{\sqrt{2}}\left(|+\rangle_1 |-\rangle_2 - |-\rangle_1 |+\rangle_2\right)$$

を x 方向スピン演算子もしくは y 方向スピン演算子の固有ケットを用いて表しても

$$|\Psi\rangle_{\mathrm{EPR}} = \frac{1}{\sqrt{2}}\left(|x+\rangle_1 |x-\rangle_2 - |x-\rangle_1 |x+\rangle_2\right)$$

$$= \frac{1}{\sqrt{2}}\left(|y+\rangle_1 |y-\rangle_2 - |y-\rangle_1 |y+\rangle_2\right)$$

のように全く同じ形に書けることを示してください.

第12章
水素原子系の量子力学

　水素原子系の量子力学的解析は物理学だけでなく化学においても重要なトピックです．しかし，その解析過程は非常にテクニカルであり煩雑な計算と特殊関数に関する知識が要求されるため，量子力学の初学者にとっては扱いにくいテーマです．そこで本書では，前章で学んだ角運動量の量子力学の応用例として水素原子系を捉え，エネルギー固有値とその縮退度を正しく出すことを目標にして解説を行います．デカルト座標系から極座標系への座標変換や特殊関数が満たす微分方程式などは天下り的に与え，要点のみが理解できるようにします．この章では断りなく演算子をすべて座標表示で書くこととします．

■ 12.1　水素原子系ハミルトニアン

　この章では3次元座標を x_1, x_2, x_3 のように表します．座標表示の水素原子系ハミルトニアンは

$$H = -\frac{\hbar^2}{2m_{\mathrm{e}}} \left(\frac{\partial^2}{\partial x_1^2} + \frac{\partial^2}{\partial x_2^2} + \frac{\partial^2}{\partial x_3^2} \right) - \frac{e^2}{4\pi\varepsilon_0 \sqrt{x_1^2 + x_2^2 + x_3^2}} \tag{12.1}$$

です．m_{e} は電子の質量（換算質量），e は素電荷，ε_0 は真空の誘電率です．ここで，陽子の質量 M が電子の質量 m_{e} より十分大きいため，換算質量は $\frac{m_{\mathrm{e}}M}{m_{\mathrm{e}}+M} \approx m_{\mathrm{e}}$ と近似できることを用いています．これを極座標 (r, θ, ϕ) で書き直すと

$$H = -\frac{\hbar^2}{2m_{\mathrm{e}}} \left\{ \frac{1}{r^2} \frac{\partial}{\partial r} \left(r^2 \frac{\partial}{\partial r} \right) + \frac{1}{r^2 \sin\theta} \frac{\partial}{\partial \theta} \left(\sin\theta \frac{\partial}{\partial \theta} \right) + \frac{1}{r^2 \sin^2\theta} \frac{\partial^2}{\partial \phi^2} \right\}$$
$$- \frac{e^2}{4\pi\varepsilon_0 r} \tag{12.2}$$

となります．ただし $x_1 = r\sin\theta\cos\phi$，$x_2 = r\sin\theta\sin\phi$，$x_3 = r\cos\theta$ の関係があります．

　一方，角運動量演算子 $\boldsymbol{L}^2 = L_1^2 + L_2^2 + L_3^2$ は極座標を用いて以下のように

書き換えられます.

$$L^2 = -\hbar^2 \left\{ \frac{1}{\sin\theta} \frac{\partial}{\partial\theta} \left(\sin\theta \frac{\partial}{\partial\theta} \right) + \frac{1}{\sin^2\theta} \frac{\partial^2}{\partial\phi^2} \right\} \tag{12.3}$$

したがって, (12.2) のハミルトニアンは L^2 を用いて

$$H = -\frac{\hbar^2}{2m_{\mathrm{e}}} \frac{1}{r^2} \frac{\partial}{\partial r} \left(r^2 \frac{\partial}{\partial r} \right) + \frac{L^2}{2m_{\mathrm{e}}r^2} - \frac{e^2}{4\pi\varepsilon_0 r} \tag{12.4}$$

と書けます. H と L^2 は $[H, L^2] = 0$ を満たします. このハミルトニアンについてのシュレーディンガー方程式

$$H\psi(r,\theta,\phi) = E\psi(r,\theta,\phi) \tag{12.5}$$

を解いて, 波動関数 $\psi(r,\theta,\phi)$ とエネルギー固有値 E を求めていきます.

■ 12.2 変数分離

11.5 節の角運動量の一般論で見たように L^2 の固有値は主全角運動量量子数を ℓ として, $\ell(\ell+1)\hbar^2$ となります. 軌道角運動量の場合には $\ell = 0, 1, 2, 3, 4, \ldots$ のように非負整数のみをとります. ここで, 波動関数を r のみに依存する $R(r)$ と θ, ϕ のみに依存する $Y(\theta,\phi)$ に変数分離します.

$$\psi(r,\theta,\phi) = R(r)Y(\theta,\phi) \tag{12.6}$$

ここで $Y(\theta,\phi)$ は L^2 の固有波動関数であり, その固有値が $\ell(\ell+1)\hbar^2$ になります. 角運動量の一般論で学んだように, 主全角運動量量子数(ここでは**方位量子数**と呼ぶ) ℓ と第二全角運動量量子数(ここでは**磁気量子数**と呼ぶ) m を用いて, $Y(\theta,\phi) = Y_\ell^m(\theta,\phi) = \langle\theta,\phi|l,m\rangle$ のようにラベルされます. これは L^2 と L_3 の同時固有波動関数になっており, 以下の方程式

$$L^2 Y_\ell^m(\theta,\phi) = \ell(\ell+1)\hbar^2 Y_\ell^m(\theta,\phi) \tag{12.7}$$

$$L_3 Y_\ell^m(\theta,\phi) = m\hbar Y_\ell^m(\theta,\phi) \tag{12.8}$$

を満たします. ここで, $L_3 = \frac{\hbar}{i}\frac{\partial}{\partial\phi}$ であり, $m = -\ell, -\ell+1, -\ell+2, \ldots, \ell-1, \ell$ という値をとります. **球面調和関数** $Y_\ell^m(\theta,\phi)$ の具体的な表式は, **ルジャンドル陪関数**(付録 A.6 節参照)と呼ばれる特殊関数 $P_\ell^m(\cos\theta)$ を用いて以下のように与えられます.

$$Y_\ell^m(\theta, \phi) = \mathcal{C}_{\ell,m} \, P_\ell^m(\cos\theta) e^{im\phi} \qquad (m \geq 0) \tag{12.9}$$

$$P_\ell^m(\cos\theta) = \frac{1}{2^\ell \ell!}(1 - \cos^2\theta)^{\frac{m}{2}} \frac{d^{\ell+m}}{d(\cos\theta)^{\ell+m}}(\cos^2\theta - 1)^\ell \tag{12.10}$$

$\mathcal{C}_{\ell,m}$ は ℓ, m に依存する規格化定数です．ただし，$m < 0$ の場合には $Y_\ell^m(\theta, \phi) = \mathcal{C}_{\ell,m} \, P_\ell^{|m|}(\cos\theta)e^{im\phi}$ となります．ルジャンドル陪関数が満たすルジャンドル陪微分方程式

$$\frac{d}{dq}\left((1 - q^2)\frac{d}{dq}P_\ell^m(q)\right) + \left(\ell(\ell+1) - \frac{m^2}{1 - q^2}\right)P_\ell^m(q) = 0 \tag{12.11}$$

に $q = \cos\theta$ を代入することで，$Y_\ell^m(\theta, \phi)$ が (12.7) の方程式を満たすことを確認できます．

　　ここで，以下の規格化条件を満たすよう規格化を行ったとします．

$$\int_0^\pi d\theta \sin\theta \int_0^{2\pi} d\phi \, (Y_{\ell'}^{m'})^* Y_\ell^m = \delta_{\ell',\ell}\delta_{m',m} \tag{12.12}$$

すると，Y_ℓ^m の表式は，例えば $\ell = 0, 1$ に対して

$$Y_0^0 = \frac{1}{\sqrt{4\pi}} \tag{12.13}$$

$$Y_1^0 = \sqrt{\frac{3}{4\pi}}\cos\theta \tag{12.14}$$

$$Y_1^{\pm 1} = \mp\sqrt{\frac{3}{8\pi}}\sin\theta \, e^{\pm i\phi} \tag{12.15}$$

となります．

例題　ルジャンドル陪関数で書かれた Y_ℓ^m が (12.7) の方程式を満たすことを確認してください．

解　ルジャンドル陪微分方程式 (12.11) に $q = \cos\theta$ を代入し，$\frac{d}{d\cos\theta} = -\frac{1}{\sin\theta}\frac{d}{d\theta}$ であることを用いると

$$\frac{1}{\sin\theta}\frac{d}{d\theta}\left(\sin\theta\frac{d}{d\theta}P_\ell^m(\cos\theta)\right) + \left(\ell(\ell+1) - \frac{m^2}{\sin^2\theta}\right)P_\ell^m(\cos\theta) = 0$$

となります．これは (12.7) に

$$Y_\ell^m(\theta, \phi) = \mathcal{C}_{\ell,m} \, P_\ell^m(\cos\theta)e^{im\phi}$$

を代入して得られる $P_\ell^m(\cos\theta)$ についての方程式そのものです．　□

■ **12.3 動径方向方程式**

$\psi(r, \theta, \phi) = R(r)Y_\ell^m(\theta, \phi)$ を定常状態のシュレーディンガー方程式 (12.5) に再代入すると

$$\left\{ -\frac{\hbar^2}{2m_e} \frac{1}{r^2} \frac{d}{dr}\left(r^2 \frac{d}{dr}\right) + \frac{\ell(\ell+1)\hbar^2}{2m_e r^2} - \frac{e^2}{4\pi\varepsilon_0 r} \right\} R(r) = ER(r) \quad (12.16)$$

が得られます．したがって，$R(r)$ は方位量子数 ℓ でラベルされており，$R(r) = R_\ell(r)$ と書けることがわかります．この動径方向の波動関数は規格化条件

$$\int_0^\infty dr\, r^2\, |R_\ell(r)|^2 = 1 \quad (12.17)$$

を満たす必要があります．ここで，球殻の面積が r^2 に比例することから，動径方向の粒子の存在確率は $r^2|R_\ell|^2\, dr$ とすべきことを使いました．

次に，$E < 0$ であることに注意して

$$\rho \equiv \frac{2\sqrt{2m_e|E|}}{\hbar}r, \qquad \lambda = \frac{e^2}{4\pi\varepsilon_0\hbar}\sqrt{\frac{m_e}{2|E|}} \quad (12.18)$$

を定義し，(12.16) を ρ についての常微分方程式に書き直すと

$$\frac{d^2 R_\ell}{d\rho^2} + \frac{2}{\rho}\frac{dR_\ell}{d\rho} + \left(\frac{\lambda}{\rho} - \frac{\ell(\ell+1)}{\rho^2} - \frac{1}{4}\right) R_\ell(\rho) = 0 \quad (12.19)$$

と書けることがわかります．ここで R_ℓ という表式を ρ の関数としてそのまま用いました．

この表式を調べることで $R_\ell(\rho)$ の関数形がある程度わかります．まず，ρ が十分大きいところで (12.19) は

$$\frac{d^2 R_\ell}{d\rho^2} \approx \frac{1}{4}R_\ell \quad (12.20)$$

となります．$\frac{d^2 R_\ell}{d\rho^2} = \frac{1}{4}R_\ell$ の 2 つの解 $e^{\pm\rho/2}$ のうち，無限遠で収束する方の解を選ぶと，ρ の大きいところで $R_\ell \approx e^{-\rho/2}$ と書けることがわかります．一方，ρ が小さいところで (12.19) は

$$\frac{d^2 R_\ell}{d\rho^2} + \frac{2}{\rho}\frac{dR_\ell}{d\rho} \approx \frac{\ell(\ell+1)}{\rho^2}R_\ell \quad (12.21)$$

となります. $\frac{d^2 R_\ell}{d\rho^2} + \frac{2}{\rho}\frac{dR_\ell}{d\rho} = \frac{\ell(\ell+1)}{\rho^2}R_\ell$ の解 ρ^ℓ, $\rho^{-\ell-1}$ のうち, 原点付近で発散しない方を選びます. すると, ρ の小さいところで $R_\ell \approx \rho^\ell$ と書けることがわかります.

したがって, 一般の ρ での動径方向波動関数は

$$R_\ell(\rho) = e^{-\rho/2}\rho^\ell f_\ell(\rho) \tag{12.22}$$

と書けることがわかります. この表式を (12.19) に代入すると

$$\rho\frac{d^2 f_\ell}{d\rho^2} + (2\ell + 2 - \rho)\frac{df_\ell}{d\rho} + (\lambda - \ell - 1)f_\ell = 0 \tag{12.23}$$

という $f_\ell(\rho)$ についての常微分方程式が得られます.

この微分方程式に $f_\ell = \sum_{k=0}^{\infty} a_k \rho^k$ のようなべき級数型の解を代入し, ρ の左辺が各次数で恒等的にゼロになることを要求すると, 以下の漸化式が得られます.

$$\frac{a_{k+1}}{a_k} = \frac{k + \ell + 1 - \lambda}{(k+1)(k+2\ell+2)} \tag{12.24}$$

これは k の大きいところでは $\frac{a_{k+1}}{a_k} \approx \frac{1}{k}$ となるので, もし k について無限次まで和をとるとすると

$$f_\ell(\rho) \approx \sum_k \frac{\rho^k}{k!} = e^\rho \tag{12.25}$$

となります. ところが, これでは $R_\ell(\rho) = e^{-\rho/2}\rho^\ell f_\ell(\rho) \approx \rho^\ell e^{\rho/2}$ となって波動関数が収束しません. したがって, a_k はある次数以降はゼロになるはずであり, そのためには (12.24) の分子 $k + \ell + 1 - \lambda$ がその次数でゼロになる必要があります. $k + \ell + 1 - \lambda$ がゼロになるということは, λ は整数値をとるということです. その整数を n とし,

$$\lambda = n \tag{12.26}$$

と表しましょう. ここで, $k + \ell + 1 - \lambda$ がゼロになるときの k を $k_{\max}$ とすると

$$n = k_{\max} + \ell + 1 \tag{12.27}$$

という関係があります. ここから, $n \geq \ell + 1$ であること, そして $\ell = 0, 1, 2, 3, \ldots$

ですので $n = 1, 2, 3, 4, \ldots$ がわかります.

ここまでの議論から,(12.18) における $\lambda = \frac{e^2}{4\pi\varepsilon_0\hbar}\sqrt{\frac{m_{\mathrm{e}}}{2|E|}}$ と $\lambda = n$ を用いて,自然数 n でラベルされるエネルギー固有値が得られます. n はエネルギー固有値を与える**主量子数**と呼ばれ,動径方向波動関数も n でラベルされるため,$f_\ell(\rho) = f_{n\ell}(\rho)$, $R_\ell(\rho) = R_{n\ell}(\rho)$ と書けることがわかります. 結局,$f_{n\ell}(\rho)$ が満たす微分方程式は (12.23) に $\lambda = n$ を代入して

$$\rho\frac{d^2 f_{n\ell}}{d\rho^2} + (2\ell + 2 - \rho)\frac{df_{n\ell}}{d\rho} + (n - \ell - 1)f_{n\ell} = 0 \tag{12.28}$$

であることがわかりました.

ここで,以下で定義される**ラゲール陪多項式** $L_q^p(\rho)$ を考えます(付録 A.6 節参照).

$$L_q^p(\rho) = \frac{d^p}{d\rho^p}\left(e^\rho \frac{d^q}{d\rho^q}(\rho^q e^{-\rho})\right) \tag{12.29}$$

この関数は常微分方程式

$$\rho\frac{d^2 L_q^p}{d\rho^2} + (p + 1 - \rho)\frac{dL_q^p}{d\rho} + (q - p)L_q^p = 0 \tag{12.30}$$

を満たします. これと (12.28) を比較すると,$p = 2\ell + 1$, $q = n + \ell$ と対応づけることで,$f_{n\ell}(\rho)$ の解が以下のように与えられることがわかります.

$$f_{n\ell}(\rho) = \widetilde{\mathcal{C}}_{n,\ell}\, L_{n+\ell}^{2\ell+1}(\rho) \tag{12.31}$$

$\widetilde{\mathcal{C}}_{n,\ell}$ は n, ℓ を含む規格化定数です.

例題 (12.19), (12.23) を導いてください.

解 (12.19) は,(12.16) に ρ と λ の定義を代入するだけで得られます. (12.23) は,(12.19) に $R_\ell(\rho) = e^{-\rho/2}\rho^\ell f_\ell(\rho)$ を代入して,ρ について微分を注意深く行うことで導くことができます. □

12.4 エネルギー準位

$\lambda = \frac{e^2}{4\pi\varepsilon_0\hbar}\sqrt{\frac{m_{\mathrm{e}}}{2|E|}}$ と $\lambda = n$ を用いてエネルギー固有値は

$$E_n = -\frac{m_{\mathrm{e}}e^4}{32\pi^2\varepsilon_0^2\hbar^2 n^2} = -\frac{13.6}{n^2}\,\mathrm{eV} \tag{12.32}$$

と書けることがわかります．n は主量子数 $n = 1, 2, 3, 4, \ldots$ です．これは 2.5 節で不確定性関係から求めた基底状態エネルギーの結果を含んでいます（$n = 1$）．ある主量子数 n のエネルギー準位には異なる ℓ と m を持つ固有状態が含まれています．したがって，各エネルギー準位は縮退していることになります．n と ℓ は $n \geq \ell + 1$ を満たし，ℓ と m は $-\ell \leq m \leq \ell$ を満たします．したがって，n 番目のエネルギー準位の縮退度は

$$\sum_{\ell=0}^{n-1} (2\ell + 1) = n^2 \tag{12.33}$$

となります．

　化学を学んだことがある人は聞いたことがあると思いますが，原子のエネルギー準位に関して n と ℓ を指定したものを**原子軌道**（**電子軌道**）と呼びます．n についてはそのまま自然数でラベルし，ℓ については慣習に従って $\ell = 0$ を**s 軌道**，$\ell = 1$ を **p 軌道**，$\ell = 2$ を **d 軌道**，などと呼びます．例えば，$n = 2$，$\ell = 1$ の準位は 2p 軌道，と言います．この呼び方に従って図 12.1 に水素原子のエネルギー準位を表しました．

　一般の原子は，原子核の電荷が Ze（$Z = 1, 2, 3, \ldots$ は原子番号）になりま

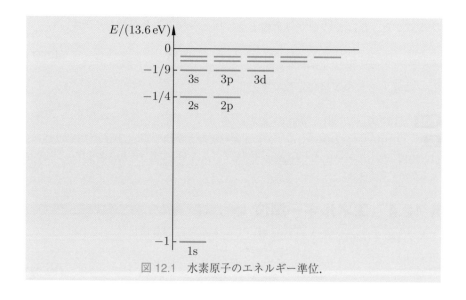

図 12.1　水素原子のエネルギー準位．

すので，ここまでの計算で $e^2 \to Ze^2$ の置き換えをすることで大まかなエネルギー準位が得られます．ただし，実際には電子間相互作用やその他さまざまな補正により水素原子とは異なるエネルギー固有値を持つため，あくまで図 12.1 に類似した構造を持つだけです．一方，電子は**フェルミ粒子**と呼ばれ，1 準位に 1 つずつしか粒子が入れない，という性質を持ちます．したがって，原子番号 Z の原子においては，図 12.1 に似たエネルギー準位に Z 個の電子が 1 つずつ詰まっています．具体的には，電子スピンの自由度 2 も含めて，1s に 2 個，2s に 2 個，2p に 6 個，3s に 2 個，3p に 6 個，3d に 10 個，の電子が入ります．これを周期表と比較すると，安定な元素例えば希ガス元素は，ある軌道に電子が詰まった状況であることがわかります．原子のエネルギーの変化は，光の吸収・放出により電子が準位間を移動（遷移）することにより起こります．この準位間遷移は光子がスピン 1 の粒子であることに起因して，必ず $\ell \to \ell \pm 1$ という制限の下で起こります．具体的な例については演習問題 8 に与えています．

■ **12.5 動径方向波動関数**

(12.31) の結果から動径方向波動関数 $R_{n\ell}$ は

$$R_{n\ell}(\rho) = \widetilde{\mathcal{C}}_{n,\ell}\, \rho^{\ell} e^{-\rho/2} L_{n+\ell}^{2\ell+1}(\rho) \tag{12.34}$$

で与えられることがわかります．ただし $\rho \equiv \frac{2\sqrt{2m_{\mathrm e}|E|}}{\hbar} r$ ですので，得られたエネルギー固有値を代入すると

$$\rho = \frac{m_{\mathrm e} e^2}{2\pi\varepsilon_0 \hbar^2 n} r = \frac{2r}{na_0} \tag{12.35}$$

となります．ここで定義した

$$a_0 \equiv \frac{4\pi\varepsilon_0 \hbar^2}{m_{\mathrm e} e^2} \tag{12.36}$$

は**ボーア半径**と呼ばれ，2.5 節の (2.24) で得られた Δr_0 と同じものです．

(12.17) の規格化を行うと，最初のいくつかの波動関数は以下で与えられます．

$$R_{10}(r) = \left(\frac{1}{a_0}\right)^{\frac{3}{2}} 2e^{-\frac{r}{a_0}} \tag{12.37}$$

$$R_{20}(r) = \left(\frac{1}{2a_0}\right)^{\frac{3}{2}} \left(2 - \frac{r}{a_0}\right) e^{-\frac{r}{2a_0}} \tag{12.38}$$

$$R_{21}(r) = \left(\frac{1}{2a_0}\right)^{\frac{3}{2}} \frac{r}{\sqrt{3}\,a_0} e^{-\frac{r}{2a_0}} \tag{12.39}$$

1s, 2s, 2p 軌道の動径方向波動関数（$rR_{n\ell}(r)$）を図 12.2 に示しました.

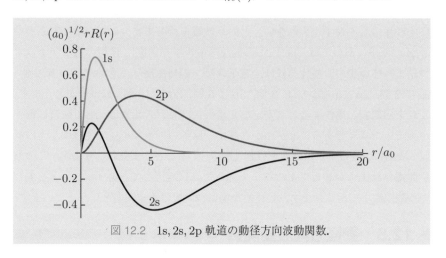

図 12.2　1s, 2s, 2p 軌道の動径方向波動関数.

例題　図 12.2 にある 2s 軌道の $rR(r)$ を実際に描いてみてください.

解　指数関数以外の部分からゼロを横切る点 $r = 2a_0$ がわかるので，概形は容易に描けます.　　　□

最後に不確定性関係を求めるために期待値を計算しましょう. ここでは，演算子であることを明確にするため，半径に対応する演算子を $\hat{r}$，その共役運動量を $\hat{p}_r$ と書くことにします. 基底状態（1s 軌道）の動径方向波動関数 $R_{10}(r)$ を用いると，基底状態について以下のように期待値が得られます.

$$\langle \hat{r} \rangle = \frac{3a_0}{2}, \quad \langle \hat{r}^2 \rangle = 3a_0^2, \quad \left\langle \frac{1}{\hat{r}} \right\rangle = \frac{1}{a_0} \tag{12.40}$$

$$\langle \hat{p}_r \rangle = 0, \quad \langle \hat{p}_r^2 \rangle = \frac{\hbar^2}{a_0^2} \tag{12.41}$$

これらの導出については演習問題 5, 6 とします. この結果から基底状態における r と p_r の不確定性関係

$$\Delta r \cdot \Delta p_r = \frac{\sqrt{3}}{2}\hbar \tag{12.42}$$

が得られます. 2.5 節で現象論的にボーア半径と基底状態エネルギーを求めた議論は, 正確には Δr ではなく $\langle \frac{1}{r} \rangle = \frac{1}{a_0}$ を用いた議論に対応することがわかります.

■■■■■■■■■■■■■**第 12 章　演習問題**■■■■■■■■■■■■■

■1 $L^2 = -\hbar^2 \left\{ \frac{1}{\sin\theta} \frac{\partial}{\partial\theta} \left(\sin\theta \frac{\partial}{\partial\theta} \right) + \frac{1}{\sin^2\theta} \frac{\partial^2}{\partial\phi^2} \right\}$ と $L_3 = \frac{\hbar}{i} \frac{\partial}{\partial\phi}$ が交換することを示してください.

■2　球面調和関数 $Y_1^0 = \sqrt{\frac{3}{4\pi}} \cos\theta$ が

$$\int_0^\pi d\theta \int_0^{2\pi} d\phi \sin\theta \, (Y_1^0)^2 = 1$$

を満たすことを示してください.

■3　常微分方程式 $\frac{d^2 R_\ell}{d\rho^2} = \frac{1}{4} R_\ell$ の 2 つの独立な解を求めてください.

■4　常微分方程式 $\frac{d^2 R_\ell}{d\rho^2} + \frac{2}{\rho} \frac{dR_\ell}{d\rho} = \frac{\ell(\ell+1)}{\rho^2} R_\ell$ の 2 つの独立な解を求めてください.

■5　水素原子の 1s 軌道について半径の期待値 $\langle \hat{r} \rangle$, 半径の二乗の期待値 $\langle \hat{r}^2 \rangle$, 半径の逆数の期待値 $\langle \frac{1}{r} \rangle$ を計算してください. ここでは演算子としての半径に $\hat{r}$ という記号を用いています.

■6　水素原子の 1s 軌道について $\hat{r}$ の共役運動量を $\hat{p}_r$ とした場合, $\langle \hat{p}_r \rangle$, $\langle \hat{p}_r^2 \rangle$ を計算してください. ただし, $\hat{p}_r = \frac{\hbar}{i} \left(\frac{\partial}{\partial r} + \frac{1}{r} \right)$ と書けることを使って良いです.

■7　水素原子の 1s 軌道について $\hat{r}$ と $\hat{p}_r$ の不確定性関係を求めてください.

■8　水素原子において 3p 軌道から 1s 軌道に状態が遷移した際に放出される光の振動数と波長を求めてください. ただし, エネルギー E を持つ光の振動数 ν は $\nu = E/h$ で得られます.

■9　電子間の相互作用やその他の補正を無視して, 原子数 Z の原子のエネルギー固有値を主量子数 n を用いて表してください.

■10　電子-陽子間で重力ポテンシャルによるエネルギー準位が形成されると仮定して, そのエネルギー準位を求めてください. ただし, 陽子の質量を M, 電子の質量を m_e とし, 換算質量も $\frac{m_e M}{m_e + M} \approx m_e$ と近似できることを用いてください.

付　　録

この付録では，本書で用いる数学的道具立てについて解説を行います．

■ A.1　線形代数

量子力学で用いる数学の柱の1つは線形代数です．特に量子力学の数理的構造を理解するために線形代数は不可欠です．本章では断りなくブラケット記号を用いてベクトルを表します．

A.1.1　行列の対角化

ここでは，線形代数の復習としてはじめに行列の対角化を学びます．A を何らかの $n \times n$ 正則行列（逆行列を持つ行列）とし，その固有ベクトルを $|a\rangle$，固有値を a とすると

$$A|a\rangle = a|a\rangle$$

が満たされます．これは

$$(A - a\mathbf{1})|a\rangle = \mathbf{0} \tag{A.1}$$

と変形できます．ただし $\mathbf{1}$ は単位行列です．固有ベクトル $|a\rangle$ がゼロベクトルでないとすると，行列 $A - a\mathbf{1}$ は逆行列を持たないはずです．なぜなら $A - a\mathbf{1}$ が逆行列を持つとすると，それを (A.1) の左から作用させることで $|a\rangle = \mathbf{0}$ となってしまうからです．したがって $A - a\mathbf{1}$ は正則行列でなく，その行列式は

$$\mathrm{Det}(A - a\mathbf{1}) = 0$$

となります．これが**固有方程式**あるいは**ケーリー–ハミルトンの公式**と呼ばれるものです．

それでは，以下の 2×2 正方行列の固有値と固有ベクトルを求めてみましょう．

$$A = \begin{pmatrix} 4 & -2 \\ 1 & 1 \end{pmatrix}$$

$\mathrm{Det}(A - a\mathbf{1}) = 0$ により

$$a^2 - 5a + 6 = 0$$

が得られます．a というのは元々固有値を意味していましたから，これを満たす a を求めることで固有値をすべて求めることができるのです．今の場合

$$a = 2, 3 \tag{A.2}$$

となり，これが固有値になります．一方，固有ベクトルは

$$|a\rangle = \begin{pmatrix} x \\ y \end{pmatrix}$$

とおいて，固有値 (A.2) を (A.1) に代入することで得られます．例えば，$a = 2$ の場合には，

$$\begin{pmatrix} 2 & -2 \\ 1 & -1 \end{pmatrix} \begin{pmatrix} x \\ y \end{pmatrix} = 0 \quad \rightarrow \quad x - y = 0$$

となり，ベクトルの大きさを 1 に規格化すると

$$|a = 2\rangle = \frac{1}{\sqrt{2}} \begin{pmatrix} 1 \\ 1 \end{pmatrix}$$

となります．$a = 3$ の場合には

$$\begin{pmatrix} 1 & -2 \\ 1 & -2 \end{pmatrix} \begin{pmatrix} x \\ y \end{pmatrix} = 0 \quad \rightarrow \quad x - 2y = 0$$

となり，ベクトルの大きさを 1 に規格化すると

$$|a = 3\rangle = \frac{1}{\sqrt{5}} \begin{pmatrix} 2 \\ 1 \end{pmatrix}$$

となります．これらが固有ベクトルになっていることは改めて (A.1) に代入することで容易に確かめられます．

　行列 A をある正則行列 P によって対角型に変換することを**対角化**と呼びます．今の場合

$$P^{-1}AP = \begin{pmatrix} 2 & 0 \\ 0 & 3 \end{pmatrix} \tag{A.3}$$

となります．ここで対角化された行列の成分は 2 つの固有値 $a = 2, 3$ に他なりません．この正則行列 P は以下のように容易に求まります．まず，

$$P = \begin{pmatrix} v_1 , v_2 \end{pmatrix}$$

のように P を 2 つの 2 行 1 列の行列 v_1, v_2 で表します．すると (A.3) は

$$A \begin{pmatrix} v_1 , v_2 \end{pmatrix} = \begin{pmatrix} v_1 , v_2 \end{pmatrix} \begin{pmatrix} 2 & 0 \\ 0 & 3 \end{pmatrix} = \begin{pmatrix} 2v_1 , 3v_2 \end{pmatrix}$$

となります．これは明らかに

$$Av_1 = 2v_1, \qquad Av_2 = 3v_2$$

を表しており，A の固有ベクトルの関係式そのものであることがわかります．したがって，v_1, v_2 は固有ベクトル $|a = 2\rangle$, $|a = 3\rangle$ とすれば良いことになります．結局，対角化を行うための正則行列は

$$P = \begin{pmatrix} 1 & 2 \\ 1 & 1 \end{pmatrix}$$

となります．規格化因子に対応する係数をつけても性質は変わりません．

A.1.2　行列の交換関係と同時固有ベクトル

　次に，以下の 2 つの正方行列 A, B について，それぞれの固有値，固有ベクトルを求めるとともに，交換関係 $[A, B] = AB - BA$ を求めてみましょう．

$$A = \begin{pmatrix} 3 & 1 \\ 2 & 2 \end{pmatrix}, \qquad B = \begin{pmatrix} 2 & -1 \\ 3 & 6 \end{pmatrix}$$

A の固有値と固有ベクトルは

$$a = 1, 4$$

$$|a = 1\rangle = \frac{1}{\sqrt{5}} \begin{pmatrix} 1 \\ -2 \end{pmatrix}, \qquad |a = 4\rangle = \frac{1}{\sqrt{2}} \begin{pmatrix} 1 \\ 1 \end{pmatrix}$$

B の固有値と固有ベクトルは

$$b = 3, 5$$

$$|b = 3\rangle = \frac{1}{\sqrt{2}} \begin{pmatrix} 1 \\ -1 \end{pmatrix}, \qquad |b = 5\rangle = \frac{1}{\sqrt{10}} \begin{pmatrix} 1 \\ -3 \end{pmatrix}$$

となります．この例では，このように 2 つの行列の固有ベクトルは異なるものになっています．さてこれら 2 つの行列の交換関係を求めると

$$[A, B] = AB - BA = \begin{pmatrix} 5 & 3 \\ -11 & -5 \end{pmatrix} \neq \mathbf{0}$$

のように交換しないことがわかります．

　次に，以下の 2 つの正方行列 A, B について同様のことを調べてみましょう．

$$A = \begin{pmatrix} 1 & 2 \\ 2 & -2 \end{pmatrix}, \qquad B = \begin{pmatrix} 0 & -2 \\ -2 & 3 \end{pmatrix}$$

A の固有値と固有ベクトルは

$$a = -3, 2$$

$$|a = -3\rangle = \frac{1}{\sqrt{5}} \begin{pmatrix} 1 \\ -2 \end{pmatrix}, \qquad |a = 2\rangle = \frac{1}{\sqrt{5}} \begin{pmatrix} 2 \\ 1 \end{pmatrix}$$

B の固有値と固有ベクトルは

$$b = -1, 4$$

$$|b = -1\rangle = \frac{1}{\sqrt{5}} \begin{pmatrix} 2 \\ 1 \end{pmatrix}, \qquad |b = 4\rangle = \frac{1}{\sqrt{5}} \begin{pmatrix} 1 \\ -2 \end{pmatrix}$$

となります．この場合には，2 つの行列の固有ベクトルは同一のものになっています．さてこれら 2 つの行列の交換関係を求めてみると

$$[A, B] = AB - BA = \begin{pmatrix} -4 & 4 \\ 4 & 10 \end{pmatrix} - \begin{pmatrix} -4 & 4 \\ 4 & 10 \end{pmatrix} = \mathbf{0}$$

のようにゼロになること，つまりこれらの行列は交換することがわかります．どうやら 2 つの行列が交換するか否かとその固有ベクトルの一致不一致には深い関係があることが推測できます．

行列の対角化については以下の定理が知られています．

> 対角化可能な 2 つの行列 A, B が交換しない（$[A, B] \neq \mathbf{0}$）
> $\leftrightarrow$ 同一の正則行列によって行列 A, B を対角化できない（同時対角化不可能）

同じことを以下のようにも言い換えられます．

> 対角化可能な 2 つの行列 A, B が交換する（$[A, B] = \mathbf{0}$）
> $\leftrightarrow$ 同一の正則行列によって行列 A, B を対角化できる（同時対角化可能）

ここでは，下の定理の $\leftarrow$ の場合（上の定理の $\rightarrow$ の場合）を証明してみましょう．A, B が同時対角化できるということは，ある正則行列 P が存在して $P^{-1}AP$, $P^{-1}BP$ が両方とも対角行列ということです．対角行列は交換するため

$$(P^{-1}AP)(P^{-1}BP) - (P^{-1}BP)(P^{-1}AP) = \mathbf{0}$$

がわかります．書き換えると，

$$P^{-1}ABP = P^{-1}BAP$$

となります．左から P, 右から P^{-1} を作用させると

$$AB = BA$$

が得られます．これにより題意が証明されたことになります．

　量子力学における演算子に話を置き換えると，2 つの観測可能量 A, B が交換しないときには，これらは同時対角化できない，ということになります．つまり同時固有ケットをとることができないのです．これは 3.6 節で同時固有ケットを具体的に仮定して矛盾を導いて得た結果と同じ結果です．したがって A の固有ケットを $|a\rangle$，B の固有ケットを $|b\rangle$ とすると，一方の固有ケットは必ずもう一方の固有ケットの非自明な線形結合で書かれることになります．

$$|a\rangle = \sum_b c_b |b\rangle, \qquad |b\rangle = \sum_a c_a' |a\rangle$$

A の固有ケット $|a\rangle$ とは観測可能量 A が固有値 a という値をとる状態であるので，上の定理は「A, B が交換しない場合には，物理量 A が決定した状態では B を決定できなくなり，逆に物理量 B が決定した状態では A を決定できなくなる」という事実を意味します．これこそが名高い「不確定性関係」であり，これは演算子の代数的構造から数学的に導かれる事実です．

■ A.2　固有ケットの完備性（完全性）

　ここでは，状態ケットの完備性（完全性）について詳しく解説しておきます．最初に，簡単な例として 3 次元空間の正規直交完全基底であるベクトル $\boldsymbol{v}_1 = \frac{1}{\sqrt{2}}(1, 1, 0)^T$，$\boldsymbol{v}_2 = \frac{1}{\sqrt{2}}(1, -1, 0)^T$，$\boldsymbol{v}_3 = (0, 0, 1)^T$ について考えてみます．これを用いて以下のような行列を作ると単位行列になります．

$$\sum_{i=1}^{3} \boldsymbol{v}_i \boldsymbol{v}_i^T = \frac{1}{2}\begin{pmatrix} 1 \\ 1 \\ 0 \end{pmatrix}(1, 1, 0) + \frac{1}{2}\begin{pmatrix} 1 \\ -1 \\ 0 \end{pmatrix}(1, -1, 0) + \begin{pmatrix} 0 \\ 0 \\ 1 \end{pmatrix}(0, 0, 1)$$

$$= \begin{pmatrix} 1 & 0 & 0 \\ 0 & 1 & 0 \\ 0 & 0 & 1 \end{pmatrix}$$

実は，任意の 3 次元ベクトルがこれらの基底の線形結合で表すことができる，という事実の帰結として，この行列が単位行列になるのです．

　ここで，一般的な議論に移りましょう．任意のケットベクトル $|\psi\rangle$（縦ベクトル）とブラベクトル $\langle\psi|$（横ベクトル）の内積は $\langle\psi|\psi\rangle = 1$ となるように規格化されているとします．ここで，n 次元の正規直交系 $|a\rangle$（$a = 1, 2, \ldots, n$）があるとしましょう．

$$\langle a|a'\rangle = \delta_{a,a'}$$

$\delta_{a,a'}$ はクロネッカーデルタであり，$a = a'$ のとき 1，$a \neq a'$ のとき 0 になります．ここで

$$\sum_{a=1}^{n} |a\rangle\langle a|$$

という量について考えてみましょう．ケット，ブラの順にベクトルを並べたものは行列になりますので，これも行列（演算子）になります．最初の具体例から考えると，これは単位行列（恒等演算子）になると予想できます．つまり，すべての n 個の基底ベクトルをケット–ブラ（縦ベクトル–横ベクトル）の順に掛け合わせて作った行列の和は，単位行列（恒等演算子）になると推測できます．

　ここで，任意の状態ベクトル $|\psi\rangle$ が正規直交基底ベクトル $|a'\rangle$ を用いて

$$|\psi\rangle = \sum_{a'=1}^{n} c_{a'} |a'\rangle$$

と分解できるとしましょう．この性質は，任意のベクトルをこの基底で分解（展開）できることを指すことから**完全性**もしくは**完備性**と呼ばれ，これを満たす正規直交基底は**正規直交完全基底**と呼ばれます．さて $|\psi\rangle = \sum_{a'=1}^{n} c_{a'} |a'\rangle$ に左から基底ブラ $\langle a|$ を作用させます．

$$\langle a|\psi\rangle = \sum_{a'=1}^{n} c_{a'} \langle a|a'\rangle = \sum_{a'=1}^{n} c_{a'} \delta_{a,a'} = c_a$$

つまり，$c_a = \langle a|\psi\rangle$ が得られます．これを改めて $|\psi\rangle = \sum_{a'=1}^{n} c_{a'} |a'\rangle$ に代入すると

$$|\psi\rangle = \sum_{a'=1}^{n} \langle a'|\psi\rangle |a'\rangle = \sum_{a'=1}^{n} |a'\rangle\langle a'|\psi\rangle$$

となります．途中，$\langle a'|\psi\rangle$ が数であることから，ケットベクトルの右側に移動させて表記し直しました．この表式の最右辺は $|\psi\rangle$ に $\sum_{a'=1}^{n} |a'\rangle\langle a'|$ という演算子が作用しているともみなせます．すると，左辺が $|\psi\rangle$ であるので，この行列は必ず単位行列（恒等演算子）でなければなりません．結局，以下が得られます．

$$\sum_{a=1}^{n} |a\rangle\langle a| = \mathbf{1}$$

この関係式は，任意の状態ベクトルが基底ケット $|a\rangle$ で分解できる，という事実と等価なものであり，**完備関係式**と呼ばれます．連続的固有値 x を持つ固有状態 $|x\rangle$ が完備性を持つ場合，完備関係式は

$$\int_{-\infty}^{\infty} dx\, |x\rangle\langle x| = \mathbf{1}$$

のように積分で表されます．

■ A.3 デルタ関数

A.3.1 クロネッカーデルタ

クロネッカーデルタは以下で表されます.

$$\delta_{m,n} = \begin{cases} 1 & (m = n) \\ 0 & (m \neq n) \end{cases}$$

ここで m, n は整数値をとるものとします. したがってクロネッカーデルタは m と n が等しくなったときにのみゼロでない値をとります.

　具体的には

$$k = 0, \frac{2\pi}{N}, \frac{4\pi}{N}, \dots, 2\pi - \frac{2\pi}{N}$$

のように 2π を N 分割した N 個の値をとる変数 k があったとすると

$$\frac{1}{N} \sum_k \exp\{i(n - m)k\} = \delta_{m,n}$$

のようにクロネッカーデルタが現れます. また以下のような総和を考えてもクロネッカーデルタが現れます.

$$\frac{1}{N} \sum_{n=1}^{N} \exp\left\{i(k - k')n\right\} = \delta_{k,k'}$$

　ここで a_n を n に依存する何らかの数列だとしましょう. このとき, クロネッカーデルタに関する重要な公式

$$\sum_n a_n \delta_{m,n} = \cdots + (a_{m-1} \times 0) + (a_m \times 1) + (a_{m+1} \times 0) + \cdots = a_m \quad \text{(A.4)}$$

が得られます. ここでは, m を固定して n については和をとっているわけですが, $\delta_{m,n}$ は $n = m$ のとき以外はすべてゼロになるので答えは a_m になるわけです.

A.3.2 ディラックのデルタ関数

　以下のディラックのデルタ関数はクロネッカーデルタの連続関数への拡張とも言えます.

$$\delta(x - x_0) = \begin{cases} \infty & (x = x_0) \\ 0 & (x \neq x_0) \end{cases}$$

ここで現れた無限大の意味は以下の公式において明確になります.

$$\int_{-\infty}^{\infty} f(x)\delta(x - x_0) \, dx = f(x_0) \quad \text{(A.5)}$$

$x = x_0$ 以外のところではゼロになりますが，$x = x_0$ では無限小の測度 dx と $\delta(x - x_0)$ の無限大が掛け合わされてちょうど 1 になる，と理解することができます．この公式はクロネッカーデルタにおける (A.4) に対応します．

デルタ関数の積分表示は

$$\delta(x - x_0) = \frac{1}{2\pi} \int_{-\infty}^{\infty} dk \exp\{ik(x - x_0)\}$$

のように与えられます．この表示とフーリエ変換，フーリエ逆変換の定義

$$g(k) = \frac{1}{\sqrt{2\pi}} \int_{-\infty}^{\infty} dx \, f(x) \, e^{ikx}$$

$$f(x) = \frac{1}{\sqrt{2\pi}} \int_{-\infty}^{\infty} dk \, g(k) \, e^{-ikx}$$

を用いると (A.5) が示されます．

■ A.4 エルミート多項式

エルミート多項式 $H_n(x)$ は以下で定義される多項式です．

$$H_n(x) = (-1)^n e^{x^2} \frac{d^n}{dx^n} e^{-x^2}$$

ただし，$n = 0, 1, 2, 3, 4, \ldots$ です．この多項式関数は以下の常微分方程式を満たします．

$$\frac{d^2}{dx^2} H_n(x) - 2x \frac{d}{dx} H_n(x) + 2n H_n(x) = 0 \tag{A.6}$$

ここで，調和振動子系の量子力学に現れる

$$\psi_n(x) \equiv e^{-x^2/2} H_n(x)$$

が満たす常微分方程式を導き，その直交性を示しておきます．最初に，エルミート多項式が満たす (A.6) の微分方程式に $\psi_n(x) \equiv e^{-x^2/2} H_n(x)$ を代入して整理します．注意深く 2 階微分まで行い代入すると

$$\left(-\frac{d^2}{dx^2} + x^2\right) \psi_n(x) = (2n + 1)\psi_n(x)$$

が得られます．これは，左辺の $\psi_n(x)$ に作用する部分を演算子とし，右辺の $2n + 1$ を固有値とする方程式になっています．固有値が可算無限個あり，演算子が微分演算子になっていますが，行列とベクトルに関するものと本質は同じです．

次に直交性を証明します．まず，$H_n(x)$ の方だけにエルミート多項式の定義を用いて

$$\int_{-\infty}^{\infty} \psi_n(x)\psi_m(x)\, dx = \int_{-\infty}^{\infty} e^{-x^2} H_m(x)H_n(x)\, dx$$

$$= (-1)^n \int_{-\infty}^{\infty} H_m(x)\frac{d^n(e^{-x^2})}{dx^n}\, dx$$

のように書き直します．ここでは $n > m$ としても一般性を失いません．部分積分により

$$(-1)^n \int_{-\infty}^{\infty} H_m(x)\frac{d^n(e^{-x^2})}{dx^n}\, dx$$

$$= (-1)^n \left(\left[H_m(x)\frac{d^{n-1}(e^{-x^2})}{dx^{n-1}} \right]_{-\infty}^{\infty} - \int_{-\infty}^{\infty} \frac{dH_m(x)}{dx}\frac{d^{n-1}(e^{-x^2})}{dx^{n-1}}\, dx \right)$$

$$= (-1)^{n+1} 2m \int_{-\infty}^{\infty} H_{m-1}(x)\frac{d^{n-1}(e^{-x^2})}{dx^{n-1}}\, dx$$

が得られます．最後の形は m, n が 1 だけ減少した形をしているので，これを繰り返すことで

$$\int_{-\infty}^{\infty} \psi_n(x)\psi_m(x)\, dx = \int_{-\infty}^{\infty} e^{-x^2} H_m(x)H_n(x)\, dx$$

$$= (-1)^{n+m} 2^m m! \int_{-\infty}^{\infty} H_0(x)\frac{d^{n-m}(e^{-x^2})}{dx^{n-m}}\, dx$$

$$= (-1)^{n+m} 2^m m! \left[\frac{d^{n-m-1}(e^{-x^2})}{dx^{n-m-1}} \right]_{-\infty}^{\infty}$$

$$= 0$$

が得られ，直交性が証明されます．

特に，$n = m$ の場合は

$$\int e^{-x^2} H_n^2(x)\, dx = (-1)^{2n} 2^n n! \int_{-\infty}^{\infty} H_0(x)\frac{d^{n-n}(e^{-x^2})}{dx^{n-n}}\, dx$$

$$= 2^n n! \sqrt{\pi}$$

が得られます．

■ A.5 ガンマ関数

ガンマ関数 $\Gamma(z)$ は「階乗」という概念を複素数まで拡張した関数であり，以下の積分で与えられます．

$$\Gamma(z) = \int_0^\infty dt\, t^{z-1}\, e^{-t}$$

ここからガンマ関数の性質

$$\Gamma(z) = (z-1)\Gamma(z-1), \qquad \Gamma\left(\frac{1}{2}\right) = \sqrt{\pi}$$

が得られます．特に $z = n+1$ $(n = 0, 1, 2, 3, \ldots)$ のときには

$$\Gamma(n+1) = n!$$

のように n の階乗を与えます．また，$z = n+1/2$ $(n = 0, 1, 2, 3, \ldots)$ のときには

$$\Gamma\left(n+\frac{1}{2}\right) = \left(n-\frac{1}{2}\right)\left(n-\frac{3}{2}\right)\cdots\frac{1}{2}\sqrt{\pi}$$

を与えます．

ガンマ関数の応用例として以下の積分を考えてみます．

$$I = \int_{-\infty}^\infty x^4 e^{-x^2}\, dx \tag{A.7}$$

ここでは以下に示す 2 通りの解法を紹介します．

解法 1：偶関数の性質から

$$I = 2\int_0^\infty x^4 e^{-x^2}\, dx$$

と書けます．$t = x^2$ の変数変換により，

$$\begin{aligned}
I &= 2\int_0^\infty t^2 e^{-t}\frac{dt}{2\sqrt{t}} \\
&= \int_0^\infty t^{\frac{3}{2}} e^{-t}\, dt \\
&= \Gamma\left(\frac{5}{2}\right) \\
&= \frac{3}{2}\cdot\frac{1}{2}\cdot\sqrt{\pi} \\
&= \frac{3}{4}\sqrt{\pi}
\end{aligned}$$

が得られます．

解法 2：まずは以下のガウス積分を考えましょう．

$$\int_{-\infty}^{\infty} e^{-ax^2}\, dx = \sqrt{\frac{\pi}{a}}$$

両辺を a で 2 階微分すると以下のようになります．

$$\int_{-\infty}^{\infty} x^4 e^{-ax^2}\, dx = \frac{3}{4}\sqrt{\pi}\, a^{-\frac{5}{2}}$$

ここで $a = 1$ とおくと，左辺はまさしく (A.7) なので，結局以下が得られます．

$$I = \int_{-\infty}^{\infty} x^4 e^{-x^2}\, dx = \frac{3}{4}\sqrt{\pi}$$

一般に，$I_n = \int_{-\infty}^{\infty} x^n e^{-x^2} dx$ は同様の方法で積分が実行できます．特に解法 1 を用いると，

$$I_n = \frac{1}{2}\{(-1)^n + 1\}\Gamma\left(\frac{n+1}{2}\right)$$

が得られます．奇関数になる場合にはゼロとなることが確認できます．

■ A.6　ルジャンドル多項式とラゲール多項式

ここでは水素原子の量子力学で登場するルジャンドル多項式とラゲール多項式についてその性質をまとめておきます．

A.6.1　ルジャンドル多項式

ルジャンドル多項式は $\ell = 0, 1, 2, 3, \ldots$ に対して

$$P_\ell(x) = \frac{1}{2^\ell \ell!}\frac{d^\ell}{dx^\ell}(x^2 - 1)^\ell$$

で表される多項式であり，以下の常微分方程式を満たします．

$$\frac{d}{dx}\left((1 - x^2)\frac{d}{dx}P_\ell(x)\right) + \ell(\ell + 1)P_\ell(x) = 0$$

ルジャンドル陪関数は $\ell = 0, 1, 2, 3, \ldots,\ m \le \ell$ に対して

$$P_\ell^m(x) = \frac{1}{2^\ell \ell!}(1 - x)^{\frac{m}{2}}\frac{d^{\ell+m}}{dx^{\ell+m}}(x^2 - 1)^\ell$$

で表される多項式であり，以下の常微分方程式を満たします．

$$\frac{d}{dx}\left((1 - x^2)\frac{d}{dx}P_\ell^m(x)\right) + \left(\ell(\ell + 1) - \frac{m^2}{1 - x^2}\right)P_\ell^m(x) = 0$$

A.6.2 ラゲール多項式

ラゲール陪多項式は $0 \leq p \leq q$ を満たす整数に対して

$$L_q^p(x) = \frac{d^p}{dx^p} \left(e^x \frac{d^q}{dx^q} (x^q e^{-x}) \right)$$

で与えられる多項式であり,以下の常微分方程式を満たします.

$$x \frac{d^2 L_q^p(x)}{dx^2} + (p + 1 - x) \frac{dL_q^p(x)}{dx} + (q - p) L_q^p(x) = 0$$

特に $p = 0$ の

$$L_q^{p=0}(x) \equiv L_q(x)$$

をラゲール多項式と呼びます.

あとがきに代えて：発展的トピック

　　本書のまとめを与えるとともに本書で紹介できなかった発展的内容について
紹介します.

　本書では量子力学を初めて学ぶ大学の学部3年生を想定して，基礎的内容を
中心に議論を進めてきました. 今後ますます重要になるであろう量子力学の知
識を効率的に獲得できるように，できるだけ詳しくかつ平易な言葉で説明を尽く
したつもりです. しかし，その分発展的なトピックを一部取り入れることがで
きませんでした. 初学者の皆さんにはこの本で量子力学を学んだ後に，より発
展的なテキストで学ばれることをお勧めします. ここでは，本書で扱わなかっ
たいくつかのテーマを紹介します.

- **WKB 近似**：広い意味での量子トンネル効果を解析する方法として WKB 近
  似は大変有効です. この方法では，波動関数を $\psi(x) = \exp\left(i\frac{S(x)}{\hbar}\right)$ とおい
  て定常状態のシュレーディンガー方程式に代入し，$S(x)$ についての方程式に
  書き換えます. ここで $S(x) = \sum_{k=0}(-i\hbar)^k S_k(x)$ のように $\hbar$ のべき級数と
  して $S(x)$ を展開すると，逐次，方程式を解くことができます. 特に $\hbar$ の1次
  までの近似を WKB 近似と呼びます. $\hbar$ の次数が上がれば上がるほど量子的
  効果を取り入れることになるため，WKB 近似は**半古典近似**とも呼ばれます.

- **散乱理論**：粒子の衝突や散乱も量子力学で扱われる重要なテーマです. 粒子
  間のポテンシャルがわかれば，シュレーディンガー方程式を解くことでポテ
  ンシャルに起因する波動関数の位相のずれ（**位相差**）が得られます. 平面波
  が入射した際の散乱の確率振幅である**散乱振幅**（極座標の角度 θ, ϕ に依存）
  はこの位相差に依存します. そして，散乱振幅の絶対値の二乗は**微分散乱断
  面積**と呼ばれ，これが実際の衝突実験で測定される量になります. 素粒子実
  験においては最も重要な物理量の1つになります.

- **ボーズ粒子とフェルミ粒子**：本書中でも紹介した整数スピンのボーズ粒子と

半整数スピンのフェルミ粒子について詳しく学ぶことも大変重要です．特にフェルミ粒子を記述する量子場は反交換関係によって量子化されるため，そこでは量子力学の体系を改めて捉え直すことになります．ボーズ粒子は1つの準位にいくらでも粒子が入れるため，多粒子系を考えた際に**ボーズ–アインシュタイン凝縮**と呼ばれる現象を引き起こします．これは超流動や超伝導と呼ばれる現象に関係が深い概念です．フェルミ粒子は1つの準位に1つしか粒子が入れないため，**フェルミ縮退圧**と呼ばれる一種の圧力が生じます．これは白色矮星や中性子星が安定的に存在する原理を理解するために不可欠な概念です．

- **経路積分量子化**：本書で用いた交換関係に基づく量子論の定式化は**正準量子化**と呼ばれます．この量子化においては，状態ベクトルと演算子を定義し，交換関係とハイゼンベルク方程式（シュレーディンガー方程式）によって理論を記述します．一方，経路積分量子化においては，力学変数に関するある種の積分を行うことで物理量（期待値）が計算できます．場の量子論においては，この量子化が大変有効で，摂動計算だけでなく非摂動的な解析においても用いられています．ただし，この定式化では無限重積分を実行する必要があるため，簡単な場合を除いてこの方法で厳密に物理量を計算することは難しく，時空の離散化（格子離散化）により近似的に物理量を計算することになります．

- **量子統計**：本書では，ほとんどのトピックにおいて，1つの粒子の量子状態もしくは同じ量子状態にある多数の粒子系（**純粋アンサンブル**）を考えました．しかし，実際の量子多体系では，異なる量子状態にある多くの粒子が1つの系を構成しています（**混合アンサンブル**）．したがって，物理量（期待値）の計算においては量子的な平均とともに統計的な平均をとる必要があります．量子統計力学では，**密度行列**と呼ばれる演算子を定義し，その期待値によって量子統計的期待値が得られます．この密度行列の時間発展は**フォン・ノイマン方程式**と呼ばれる方程式で記述され，これが量子力学のハイゼンベルク方程式に対応します．また，密度行列を用いて量子統計力学におけるエントロピーを定義することもできます．特に，2つの領域間の量子もつれの大きさを表す**量子もつれエントロピー**は量子多体系を理解する上で非常に重要な量になります．

演習問題解答例

▍第1章

1. (1) 以下のようになります.

$$\frac{1}{\sqrt{2}}(|\gamma\rangle + |\lambda\rangle) \doteq \begin{pmatrix} 1 \\ 0 \end{pmatrix}$$

(2) 以下の式から固有状態であることがわかります.

$$B|\gamma\rangle = 1|\gamma\rangle, \qquad B|\lambda\rangle = -1|\lambda\rangle$$

(3) (2)の結果より固有値はそれぞれ 1 と −1 となります.

2. 以下のように求められます.

$$[A, B] = AB - BA \doteq \begin{pmatrix} 0 & 2 \\ -2 & 0 \end{pmatrix}$$

3. 以下のように表すことができます.

$$|\alpha\rangle = \frac{1}{\sqrt{2}}(|\gamma\rangle + |\lambda\rangle), \qquad |\beta\rangle = \frac{1}{\sqrt{2}}(|\gamma\rangle - |\lambda\rangle)$$

次に，$|\alpha\rangle, |\beta\rangle$ に B を作用させると

$$B|\alpha\rangle = |\beta\rangle, \qquad B|\beta\rangle = |\alpha\rangle$$

となってしまい，固有状態（固有ベクトル）になっていないことがわかります．同様に，$|\gamma\rangle, |\lambda\rangle$ に A を作用させると

$$A|\gamma\rangle = |\lambda\rangle, \qquad A|\lambda\rangle = |\gamma\rangle$$

となってしまい，固有状態（固有ベクトル）になっていないことがわかります.

▍第2章

1. プランク定数の単位は $[h] = \mathrm{J \cdot s} = \mathrm{kg \cdot m^2/s}$，波長の単位は $[\lambda] = \mathrm{m}$ です．したがって，$[h/\lambda] = \mathrm{kg \cdot m/s}$ となり，これは運動量の単位です.

2. $[E] = \mathrm{J} = \mathrm{kg \cdot m^2/s^2}$，$[h] = \mathrm{J \cdot s} = \mathrm{kg \cdot m^2/s}$ であることから，E/h が振動数の単位（$\mathrm{Hz} = 1/\mathrm{s}$）を持つことがわかります.

3. E/h が振動数の単位（$1/\mathrm{s}$）を持つことと，光速度の単位（$[c] = \mathrm{m/s}$）を考えると，hc/E が波長の単位（m）を持つことがわかります.

4. 波長は $2\pi/k$，振動数は $\omega/(2\pi)$，位相速度は ω/k となります．

5. $m_{\mathrm{e}} = 9.109 \times 10^{-31}$ kg，$e = 1.602 \times 10^{-19}$ C，$\varepsilon_0 = 8.854 \times 10^{-12}$ F/m，$h = 6.626 \times 10^{-34}$ J·s として，以下のように計算できます．

$$\frac{m_{\mathrm{e}}e^4}{8\varepsilon_0^2 h^2} = \frac{9.109 \times 10^{-31} \times 1.602^4 \times 10^{-76}}{8 \times 8.854^2 \times 10^{-24} \times 6.626^2 \times 10^{-68}} \text{ J}$$

$$= 2.179 \times 10^{-18} \text{ J} = \frac{2.179 \times 10^{-18}}{1.602 \times 10^{-19}} \text{ eV} \approx 13.6 \text{ eV}$$

6. 光路差が波長の整数倍になるとき光は強め合いますので

$$\frac{d|x|}{L} = n\lambda \qquad (n = 0, 1, 2, 3, \ldots)$$

が強め合う条件です．したがって明点の位置は $\frac{L\lambda}{d}n$ と表されます．隣り合う明点どうしは n と $n+1$ に対応しますので

$$\frac{L\lambda}{d}(n+1) - \frac{L\lambda}{d}n = \frac{L\lambda}{d}$$

が明点間の間隔になります．

7. ド・ブロイ関係式より，$\lambda = h/p$ なので，第 2 章演習問題 6 の結果より明点間の間隔は $\frac{hL}{pd}$ と近似できます．

▌ 第 3 章

1. 以下のように完備関係式を挿入します．

$$\langle a_i|\psi\rangle = \sum_j \langle a_i|b_j\rangle \langle b_j|\psi\rangle$$

これをわかりやすく表すと

$$\begin{pmatrix} \langle a_1|\psi\rangle \\ \langle a_2|\psi\rangle \\ \vdots \end{pmatrix} = \begin{pmatrix} \langle a_1|b_1\rangle & \langle a_1|b_2\rangle & \cdots \\ \langle a_2|b_1\rangle & \langle a_2|b_2\rangle & \cdots \\ \vdots & \vdots & \end{pmatrix} \begin{pmatrix} \langle b_1|\psi\rangle \\ \langle b_2|\psi\rangle \\ \vdots \end{pmatrix}$$

となります．したがって変換行列は $\langle a_i|b_j\rangle$ を i, j 成分に持つ行列であることがわかります．

2. $[A, B+C] = AB + AC - BA - CA = (AB - BA) + (AC - CA) = [A, B] + [A, C]$ のように示せます．

3. $[A, B]C + B[A, C] = ABC - BAC + BAC - BCA = ABC - BCA = [A, BC]$ のように示せます．

4. $[A, B] = AB - BA = i$ より，以下のように求められます．

$$[A^2, B] = AAB - BAA = A(BA + i) - (AB - i)A = 2iA$$

$$[A, B^2] = ABB - BBA = (BA + i)B - B(AB - i) = 2iB$$

5.

$$[A, [B, C]] + [B, [C, A]] + [C, [A, B]] = A(BC - CB) - (BC - CB)A$$
$$+ B(CA - AC) - (CA - AC)B$$
$$+ C(AB - BA) - (AB - BA)C = 0$$

のように示せます.

6.

$$e^A B e^{-A} = \left(1 + A + \frac{A}{2} + \frac{A^2}{3!} + \cdots\right) B \left(1 - A + \frac{A}{2} - \frac{A^2}{3!} + \cdots\right)$$
$$= B + (AB - BA) + \frac{1}{2}(AAB - 2ABA + BAA)$$
$$+ \frac{1}{3!}(AAAB - 3AABA + 3ABAA - BAAA) + \cdots$$
$$= B + [A, B] + \frac{1}{2!}[A, [A, B]] + \frac{1}{3!}[A, [A, [A, B]]] + \cdots$$

のように確認できます.

7. 前問の公式より $[A, B]$ が定数であるため, $e^{tA} B e^{-tA} = B + t[A, B]$ が成り立ちます. ここで t は任意の実数パラメータです. これを用いると, $F(t) = e^{tA} e^{tB}$ を t で微分したものは

$$\frac{dF(t)}{dt} = A e^{tA} e^{tB} + e^{tA} B e^{tB}$$
$$= AF(t) + e^{tA} B e^{-tA} e^{tA} e^{tB}$$
$$= AF(t) + (B + t[A, B])F(t)$$
$$= (A + B + t[A, B])F(t)$$

となることがわかります. これを積分すると

$$F(t) = \exp\left(t(A + B) + \frac{t^2}{2}[A, B]\right)$$

となります. つまり, $e^{tA} e^{tB} = \exp\left(t(A + B) + \frac{t^2}{2}[A, B]\right)$ が成り立ちます. ここに $t = 1$, $[A, B] = c$ を代入することでベーカー—ハウスドルフの公式 $e^{A+B} = e^A e^B e^{-\frac{c}{2}}$ が示されました. より一般には

$$e^A e^B = \exp\left(A + B + \frac{1}{2}[A, B]\right)$$

が成り立ちます.

8. スピン演算子 S_x は完備関係式 $|x+\rangle \langle x+| + |x-\rangle \langle x-| = 1$ を左右に挿入すると

$$S_x = \frac{\hbar}{2}\left(|x+\rangle \langle x+| - |x-\rangle \langle x-|\right) = \frac{\hbar}{2}\left(|+\rangle \langle -| + |-\rangle \langle +|\right)$$

となります. 最後の変形では $|x\pm\rangle = \frac{1}{\sqrt{2}}(|+\rangle \pm |-\rangle)$ と $\langle x\pm| = \frac{1}{\sqrt{2}}(\langle+| \pm \langle-|)$ を代入しました. S_y についても同様に示せます.

9. それぞれの不確定性を Δs_x, Δs_z と書くことにすると

$$\Delta s_x \cdot \Delta s_z \geq \frac{1}{2}|\langle [S_x, S_z] \rangle| = \frac{\hbar}{2}|\langle+|S_y|+\rangle| = 0$$

さらに詳しく調べてみると, $|+\rangle$ に対しては, $\langle S_x \rangle = 0$, $\langle S_x^2 \rangle = \hbar^2/4$, $\langle S_z \rangle = \hbar/2$, $\langle S_z^2 \rangle = \hbar^2/4$ となるので

$$\Delta s_x = \frac{\hbar}{2}, \qquad \Delta s_z = 0$$

です. したがって

$$\Delta s_x \cdot \Delta s_z = 0$$

となります. 注意すべきなのは, 不確定性関係はゼロになっているにもかかわらず 2 つの観測可能量は同時に確定していない点です. S_x は最大限不確定ですが, S_z が完全に確定しているために $\Delta s_x \cdot \Delta s_z$ がゼロになっています. このようにどちらかの観測可能量が確定した状態に関しての不確定性関係は注意が必要です.

10. 盗聴者 B が x 方向スピンを観測した粒子は $|x+\rangle$ のままですが, z 方向スピンを観測した粒子は $|\pm\rangle$ になってしまいます. $|x+\rangle$ について x 方向スピンを観測すると 100%の確率で $+\hbar/2$ が観測されます. 一方, $|\pm\rangle$ について x 方向スピンを観測すると $\pm\hbar/2$ が 50%ずつの確率で観測されます. したがって, 受信者 C がすべての粒子について x 方向スピンを観測すると, およそ 25%の確率で $-\hbar/2$ を測定することになります.

▮ 第 4 章 ▮

1. 例えば

$$\begin{aligned}
[X_1, \boldsymbol{P}^2] &= [X_1, P_1^2] = X_1 P_1 P_1 - P_1 P_1 X_1 \\
&= (P_1 X_1 + i\hbar)P_1 - P_1(X_1 P_1 - i\hbar) \\
&= 2i\hbar P_1
\end{aligned}$$

が成り立ちます. 同様にして X_2, X_3 についても示せます.

2. 前問の結果と, (4.13) を証明した際に使った帰納法を用いて証明できます. ここでは簡単のため $[X, P^n] = i\hbar \frac{dP^n}{dP}$ を示します. まず, $n = 1$ の場合には交換関係から $[X, P] = i\hbar = i\hbar \frac{dP}{dP}$ です. 次に, $n \geq 1$ として P^n の場合に

$$[X, P^n] = i\hbar n P^{n-1} = i\hbar \frac{d(P^n)}{dP}$$

であると仮定します. すると, P^{n+1} に対しては

$$\begin{aligned}
[X, P^{n+1}] &= (XP)P^n - P^n(PX) \\
&= 2i\hbar P^n + P(XP^n) - (P^n X)P
\end{aligned}$$

$$= 2i\hbar P^n + 2i\hbar n P^n - [X, P^{n+1}]$$

$$= 2(n+1)i\hbar P^n - [X, P^{n+1}]$$

となるので，$[X, P^{n+1}] = i\hbar \frac{d(P^{n+1})}{dP}$ が得られます．これで，帰納法により $[X, P^n] = i\hbar \frac{d(P^n)}{dP}$ が示されました．一般に，P の関数 $V(P)$ について

$$[X, V(P)] = i\hbar \frac{dV(P)}{dP}$$

が成り立ちます．

3．(1) 観測可能量 A とハミルトニアン H の交換関係は

$$[H, A] \doteq \begin{pmatrix} 0 & -2g \\ 2g & 0 \end{pmatrix} \equiv -2igB$$

となります．ここで $B \equiv \begin{pmatrix} 0 & -i \\ i & 0 \end{pmatrix}$ と定義しました．ここから，$[H, [H, A]] = (2g)^2 A$，$[H, [H, [H, A]]] = -i(2g)^3 B$，$[H, [H, [H, [H, A]]]] = (2g)^4 A$ などがわかり，この形の交換関係では A と B が交互に出てくることがわかります．したがって，ハイゼンベルク描像での時刻 t の観測可能量を $A(t)$ とすると

$$A(t) = e^{\frac{iHt}{\hbar}} A e^{-\frac{iHt}{\hbar}}$$

$$= A + \frac{it}{\hbar}[H, A] + \frac{1}{2!}\left(\frac{it}{\hbar}\right)^2 [H, [H, A]] + \frac{1}{3!}\left(\frac{it}{\hbar}\right)^3 [H, [H, [H, A]]] + \cdots$$

$$= A + \frac{it}{\hbar}(-2ig)B + \frac{1}{2!}\left(\frac{it}{\hbar}\right)^2 (4g^2)A + \frac{1}{3!}\left(\frac{it}{\hbar}\right)^3 (-8ig^3)B + \cdots$$

$$= A\cos\frac{2gt}{\hbar} + B\sin\frac{2gt}{\hbar}$$

が得られます．ここで第 3 章演習問題 6 の結果を用いました．

(2) $\langle 1|A|1 \rangle = 1$，$\langle 1|B|1 \rangle = 0$ であることから

$$\langle 1|A(t)|1 \rangle = \cos\frac{2gt}{\hbar}$$

となり，シュレーディンガー描像の結果と一致することが確認できます．

4．(1) ハミルトニアン

$$H \doteq \begin{pmatrix} f & -ig \\ ig & f \end{pmatrix}$$

に対して，ケーリー–ハミルトンの公式よりエネルギー固有値は $E_\pm = f \pm g$，エネルギー固有ケットは

$$|\pm\rangle = \frac{1}{\sqrt{2}}(|1\rangle \pm i|2\rangle) = \frac{1}{\sqrt{2}} \begin{pmatrix} 1 \\ \pm i \end{pmatrix}$$

となります.

(2) A の固有ケットは,エネルギー固有ケットを用いて $|1\rangle = \frac{1}{\sqrt{2}}(|+\rangle + |-\rangle)$, $|2\rangle = \frac{1}{\sqrt{2}\,i}(|+\rangle - |-\rangle)$ と書けます.時刻 $t = 0$ では A の固有ケット $|1\rangle$ に状態があるとすると時刻 t における状態 $|\psi(t)\rangle_{\rm S}$ は

$$|\psi(t)\rangle_{\rm S} = e^{-\frac{ift}{\hbar}}\left(\cos\frac{gt}{\hbar}\,|1\rangle + \sin\frac{gt}{\hbar}\,|2\rangle\right)$$

となるので,物理量 A の期待値は

$$_{\rm S}\langle\psi(t)|A|\psi(t)\rangle_{\rm S} = \cos^2\frac{gt}{\hbar} - \sin^2\frac{gt}{\hbar} = \cos\frac{2gt}{\hbar}$$

となります.

5. ここで与えられた時間発展演算子

$$U(t) = 1 + \sum_{n=1}^{\infty}\left(\frac{-i}{\hbar}\right)^n \int_0^t dt_1 \int_0^{t_1} dt_2 \cdots \int_0^{t_{n-1}} dt_n\, H(t_1)H(t_2)\cdots H(t_n)$$

を時間微分します.すると

$$
\begin{aligned}
i\hbar\frac{dU(t)}{dt} &= H(t)\left(1 + \sum_{n=2}^{\infty}\left(\frac{-i}{\hbar}\right)^{n-1}\int_0^{t_1} dt_2 \cdots \int_0^{t_{n-1}} dt_n\, H(t_2)\cdots H(t_n)\right)\\
&= H(t)U(t)
\end{aligned}
$$

となることがわかります.したがって,$U(t)^{-1}AU(t)$ はハイゼンベルク方程式の解であり,$U(t)|\psi(0)\rangle$ はシュレーディンガー方程式の解であることが確認できます.

6. 時刻 $t = 0$ における演算子を X, P とします.$H = PX$ のとき,$[H, X] = -i\hbar X$,$[H, P] = i\hbar P$ となります.時刻 t における演算子は

$$
\begin{aligned}
X(t) &= \exp\left(\frac{iPXt}{\hbar}\right)X\exp\left(-\frac{iPXt}{\hbar}\right)\\
&= X + \frac{it}{\hbar}[PX, X] + \frac{1}{2!}\left(\frac{it}{\hbar}\right)^2[PX, [PX, X]] + \cdots\\
&= X + tX + \frac{t^2}{2!}X + \frac{t^3}{3!}X + \cdots = Xe^t
\end{aligned}
$$

となります.同様に $P(t) = Pe^{-t}$ となります.

7. $H = (XP + PX)/2$ のときも $[H, X] = -i\hbar X$,$[H, P] = i\hbar P$ となるので,$X(t) = Xe^t$,$P(t) = Pe^{-t}$ となります.

▎**第 5 章**

1. 3 次元デルタ関数になることを示せば良いので,以下のように示すことができます.

$$\langle \boldsymbol{p}|\boldsymbol{q}\rangle = \int u_{\boldsymbol{p}}^*(\boldsymbol{x})u_{\boldsymbol{q}}(\boldsymbol{x})\,d\boldsymbol{x}$$

$$= \frac{1}{(2\pi\hbar)^3} \int \exp\left(\frac{i(\boldsymbol{q}-\boldsymbol{p})\cdot\boldsymbol{x}}{\hbar}\right) d\boldsymbol{x}$$

$$= \delta(p_1 - q_1)\,\delta(p_2 - q_2)\,\delta(p_3 - q_3) \,=\, \delta(\boldsymbol{p}-\boldsymbol{q})$$

2．　$u_p(x,t) = \frac{1}{\sqrt{2\pi\hbar}} \exp\left(\frac{i(px - E_p t)}{\hbar}\right)$ を

$$i\hbar\frac{\partial}{\partial t}\psi(x,t) = -\frac{\hbar^2}{2m}\frac{\partial^2}{\partial x^2}\psi(x,t)$$

の $\psi(x,t)$ に代入することで両辺が等しいことが確認できます．

3．　1 次元系における運動量固有状態は座標表示で $u_p(x) = \frac{1}{\sqrt{2\pi\hbar}}\exp\left(\frac{ipx}{\hbar}\right)$ と書けるので，P の期待値は

$$\langle p|P|p\rangle = \int u_p^*(x)\frac{\hbar}{i}\partial_x u_p(x)\,dx = p\int |u_p^*(x)|^2\,dx = p$$

となることがわかります．これは $\langle p|P|p\rangle = p\langle p|p\rangle = 1$ と一致しています．P^2 の期待値は

$$\langle p|P^2|p\rangle = \int u_p^*(x)\left(\frac{\hbar}{i}\partial_x\right)^2 u_p(x)\,dx = p^2\int |u_p^*(x)|^2\,dx = p^2$$

となることがわかります．これは $\langle p|P^2|p\rangle = p^2\langle p|p\rangle = p^2$ と一致しています．

4．　X の期待値は

$$\langle p|X|p\rangle = \int u_p^*(x)\,x\,u_p(x)\,dx = \frac{1}{2\pi\hbar}\int_{-\infty}^{\infty} x\,dx = 0$$

となることがわかります．X^2 の期待値は

$$\langle p|X^2|p\rangle = \int u_p^*(x)\,x^2\,u_p(x)\,dx = \frac{1}{2\pi\hbar}\int_{-\infty}^{\infty} x^2\,dx = \infty$$

となることがわかります．

5．　運動量固有状態においては運動量が確定しているため $\Delta p = 0$ となります．したがって，位置は完全に不確定になるため $\Delta x = \infty$ となっています．より正確には，6 章で学ぶガウス波束型波動関数と運動量固有波動関数の積の形の波動関数を考え，ガウス波束の分散が無限大になる極限をとることで $\Delta x \cdot \Delta p = \hbar/2$ が保たれたまま，$\Delta p \to 0$, $\Delta x \to \infty$ となることを確認する必要があります．

6．　確率の流れを全空間積分すると

$$\int d^3\boldsymbol{x}\,\boldsymbol{j}(\boldsymbol{x},t) = \int d^3\boldsymbol{x}\,\frac{\hbar}{2im}(\Psi^*\nabla\Psi - \Psi\nabla\Psi^*)$$

$$= \int d^3\boldsymbol{x}\,\frac{\hbar}{2im}\left(\Psi^*\nabla\Psi + \Psi^*\nabla\Psi\right)$$

$$= \frac{1}{m}\int d^3\boldsymbol{x}\,\Psi^*\frac{\hbar}{i}\nabla\Psi = \frac{\langle\boldsymbol{P}(t)\rangle}{m}$$

となります．途中部分積分を使い，無限遠方で規格化された波動関数が収束することを用いま

した.

7. 確率の流れの定義に $\Psi(\boldsymbol{x}, t) = \sqrt{\rho(\boldsymbol{x}, t)} \exp(i\theta(\boldsymbol{x}, t))$ を代入すると

$$
\begin{aligned}
\boldsymbol{j}(\boldsymbol{x}, t) &= \frac{\hbar}{2im} (\Psi^* \nabla \Psi - \Psi \nabla \Psi^*) \\
&= \frac{\hbar}{2im} \rho \left(i\nabla\theta + i\nabla\theta \right) \\
&= \frac{\hbar}{m} \rho \nabla\theta(\boldsymbol{x}, t)
\end{aligned}
$$

となります.

8. 確率の流れ $\boldsymbol{j}(\boldsymbol{x}, t) = \frac{\hbar}{2im}(\Psi^* \nabla \Psi - \Psi \nabla \Psi^*)$ に運動量固有波動関数 $\Psi(\boldsymbol{x}, t) = u_{\boldsymbol{p}}(\boldsymbol{x}) = \left(\frac{1}{\sqrt{2\pi\hbar}} \right)^3 \exp \left(\frac{i(\boldsymbol{p} \cdot \boldsymbol{x} - E_{\boldsymbol{p}} t)}{\hbar} \right)$ を代入すると, $\boldsymbol{j} = \frac{\boldsymbol{p}}{m}$ が求まります. これは, 確率の流れが波動関数の位相の変化により引き起こされることを表す最も端的な例になっています.

▌第 6 章

1. 長さ L の真ん中の領域ではポテンシャルはないので, 運動量固有波動関数を考えます. ただし, 進行波と反射波の両方が存在するはずなので, $\psi(x) = C_1 \cos \frac{px}{\hbar} + C_2 \sin \frac{px}{\hbar}$ を考えます. 境界条件により

$$
\psi(0) = 0, \qquad \psi(L) = 0
$$

となるので

$$
\frac{Lp}{\hbar} = n\pi, \qquad C_1 = 0
$$

がわかります. ただし $n = 1, 2, 3, \dots$ です. したがって運動量固有値は $p_n = \frac{\hbar\pi n}{L}$ となり, エネルギー固有値は

$$
E_n = \frac{p_n^2}{2m} = \frac{\hbar^2 \pi^2 n^2}{2mL^2} = \frac{h^2 n^2}{8mL^2}
$$

となることがわかります. 波動関数は規格化まで考慮すると

$$
\psi(x) = \sqrt{\frac{2}{L}} \sin \frac{p_n x}{\hbar}
$$

となります. これは 2.4 節で議論した箱に閉じ込められた粒子のエネルギー準位です. すぐにわかるように, 最も低いエネルギー準位 $n = 1$ においてもエネルギーはゼロではありません. これは, 位置と運動量を同時にゼロにすることができないこと, つまり不確定性関係の帰結です. この点は 8.3 節の調和振動子の議論においてより詳しく議論します.

2. 1 次元において規格化は

$$
1 = \int \psi^*(x)\psi(x)\, dx
$$

と書けますが，左辺は明らかに確率なので無次元です．右辺は「波動関数の二乗 × 長さの次元」になります．したがって，波動関数は「長さの平方根の逆数の次元 $1/\sqrt{L}$」を持ちます．3 次元において規格化は

$$1 = \int \psi^*(\boldsymbol{x})\psi(\boldsymbol{x})\,d^3\boldsymbol{x}$$

で左辺は無次元です．右辺は「波動関数の二乗 × 長さの 3 乗の次元」になります．したがって，波動関数は「長さの 3/2 乗の逆数の次元 $1/L^{3/2}$」を持ちます．

3. $\langle x|\psi\rangle = \psi(x) = \frac{1}{\sqrt{\sqrt{\pi}\,\sigma}} \exp\left(-\frac{x^2}{2\sigma^2}\right)$ であるので，被積分関数が奇関数であることから以下がわかります．

$$\langle X \rangle = \int_{-\infty}^{\infty} \psi^*(x)\,x\,\psi(x)\,dx = \frac{1}{\sqrt{\pi}\,\sigma} \int_{-\infty}^{\infty} x \exp\left(-\frac{x^2}{\sigma^2}\right) dx = 0$$

$$\langle P \rangle = \int_{-\infty}^{\infty} \psi^*(x)\,\frac{\hbar}{i}\partial_x\,\psi(x)\,dx = 0$$

一方，

$$\langle X^2 \rangle = \int_{-\infty}^{\infty} \psi^*(x)\,x^2\,\psi(x)\,dx = \frac{1}{\sqrt{\pi}\,\sigma} \int_{-\infty}^{\infty} x^2 \exp\left(-\frac{x^2}{\sigma^2}\right) dx = \frac{\sigma^2}{2}$$

$$\langle P^2 \rangle = -\hbar^2 \int_{-\infty}^{\infty} \psi^*(x)\,\partial_x^2\,\psi(x)\,dx = \frac{\hbar^2}{2\sigma^2}$$

となります．これらはガウス積分の微分を行うか，もしくはガンマ関数を用いて計算することができます（付録 A.5 節参照）．

4. 前問の結果を用いて不確定性関係を求めると

$$\Delta x \cdot \Delta p = \sqrt{\langle X^2 \rangle} \cdot \sqrt{\langle P^2 \rangle} = \frac{\hbar}{2}$$

となります．

5. 期待値を表す積分において $e^{ik_0 x}$ の部分は消えてしまうので，$\langle X \rangle = 0$, $\langle P \rangle = 0$, $\langle X^2 \rangle = \sigma^2/2$, $\langle P^2 \rangle = \hbar^2/(2\sigma^2)$ が得られます．したがって，

$$\Delta x \cdot \Delta p = \frac{\hbar}{2}$$

は変わりません．

6. 自由粒子系の時間発展演算子は

$$U(t) = \exp\left(-\frac{iHt}{\hbar}\right) = \exp\left(-\frac{iP^2 t}{2m\hbar}\right)$$

となります．ここで，ガウス波束型波動関数を運動量固有波動関数 e^{ikx} で展開した形を書き下します．

$$\psi(x) = \left(\frac{\sigma^2}{4\pi^3}\right)^{\frac{1}{4}} \int_{-\infty}^{\infty} dk \exp\left(-\frac{\sigma^2}{2}k^2 + ikx\right)$$

ここでは波数 $k \equiv \hbar p$ を用いた表式を使います. k について平方完成を行い, ガウス積分を実行すると $\psi(x) = (\pi\sigma^2)^{-\frac{1}{4}} \exp\{-x^2/(2\sigma^2)\}$ であることを確認できます. この表式に時間発展演算子 $U(t)$ を作用させると, $\frac{P^2}{2m}e^{ikx} = \frac{\hbar^2 k^2}{2m}e^{ikx}$ より

$$\psi(x,t) = U(t)\psi(x) = \left(\frac{\sigma^2}{4\pi^3}\right)^{\frac{1}{4}} \int_{-\infty}^{\infty} dk \exp\left(-\frac{\sigma^2}{2}k^2 + ikx - i\frac{\hbar k^2}{2m}t\right)$$

$$= (\pi\sigma^2)^{-\frac{1}{4}}\left(1 + \frac{i\hbar t}{m\sigma^2}\right)^{-\frac{1}{2}} \exp\left(-\frac{x^2}{2\sigma^2 + 2i\hbar t/m}\right)$$

となります. 最後に, k についての平方完成を行い, ガウス積分を実行しました. したがって, 分散は時間とともに大きくなっていき, 波束が広がっていくことがわかります.

▌第 7 章

1. $E = 1\,\mathrm{eV}$, $V_0 = 2\,\mathrm{eV}$, $m = 1 \times 10^{-30}\,\mathrm{kg}$, $l = 1 \times 10^{-8}\,\mathrm{m}$ を透過率の表式 (7.42) に代入することで求められます.

$$T \sim \frac{16E(V_0 - E)}{V_0^2} \exp\left(-\frac{2\sqrt{2m(V_0 - E)}\,l}{\hbar}\right) \sim 2 \times 10^{-46}$$

2. 領域 1 $(x < -L)$, 領域 2 $(-L < x < L)$, 領域 3 $(x > L)$ とします. 無限遠方での境界条件を考慮すると, それぞれの領域での波動関数は $\psi_1(x) = Ae^{\rho x}$, $\psi_2(x) = B\sin kx + C\cos kx$, $\psi_3(x) = De^{-\rho x}$ と書けます. 領域 1, 3 では減衰する波動関数になること, 領域 2 では進行波と反射波があるため $\sin$ と $\cos$ で書けることを用いました. このとき

$$\rho = \sqrt{\frac{2m|E|}{\hbar^2}}, \qquad k = \sqrt{\frac{2m(V_0 - |E|)}{\hbar^2}}$$

です. $\psi_1(-L) = \psi_2(-L)$, $\psi_1'(-L) = \psi_2'(-L)$, $\psi_2(L) = \psi_3(L)$, $\psi_2'(L) = \psi_3'(L)$ より,

$$\frac{\rho}{k} = \frac{-B\cos kL + C\sin kL}{B\sin kL + C\cos kL} = \frac{B\cos kL + C\sin kL}{-B\sin kL + C\cos kL}$$

がわかります. ここから $BC = 0$ がわかりますので, $B = 0, C \neq 0$ もしくは $B \neq 0, C = 0$ という 2 つの場合の結果を合わせてエネルギー準位が得られることになります.
$B = 0, C \neq 0$ の場合, 領域 2 の波動関数は $\psi(x) = B\cos kx$ であり偶関数です. このとき

$$\rho = k\tan kL$$

であり, ρk 平面を考えたとき, この式で表される曲線と

$$\rho^2 + k^2 = \frac{2mV_0}{\hbar^2}$$

との交点から ρ, k が定まり, 波動関数が偶関数の場合の束縛状態のエネルギー固有値が求まります. 交点は V_0 が 0 でない限り必ず 1 つは存在し, 1 次元では井戸がどんなに浅くても束縛状態ができることを表しています.

$B \neq 0$, $C = 0$ の場合，領域 2 の波動関数は $\psi(x) = B \sin kx$ であり奇関数です．上記の場合と同様にして

$$\rho = -\frac{k}{\tan kL}$$

であり，この式で表される曲線と $\rho^2 + k^2 = \frac{2mV_0}{\hbar^2}$ との交点から ρ, k が定まり，波動関数が奇関数の場合の束縛状態のエネルギー固有値が求まります．

これらを合わせたものがこの系の束縛状態のエネルギー準位になります．

3. $0 < E < V_0 - fL$ の場合，古典的展開点は $x = L$ と $x = \frac{V_0 - E}{f}$ になります．したがって，透過率は

$$T \sim \exp\left(-\frac{2}{\hbar}\int_L^{\frac{V_0 - E}{f}} \sqrt{2m(V_0 - E - fx)}\, dx\right)$$

$$= \exp\left(-\frac{4\sqrt{2m}\,(V_0 - E - fL)^{\frac{3}{2}}}{3f\hbar}\right)$$

と計算できます．

4. 古典的展開点は $x = L$ と $x = \frac{g}{E}$ となります．したがって，透過率は

$$T \sim \exp\left(-\frac{2}{\hbar}\int_L^{g/E} \sqrt{2m\left(\frac{g}{x} - E\right)}\, dx\right)$$

$$= \exp\left(-\frac{2\sqrt{2mg}}{\hbar}\int_L^{g/E} \sqrt{\frac{1}{x} - \frac{E}{g}}\, dx\right)$$

$$= \exp\left\{-\frac{2g}{\hbar}\sqrt{\frac{2m}{E}}\left(\arccos\sqrt{\frac{EL}{g}} - \sqrt{\frac{EL}{g} - \frac{E^2L^2}{g^2}}\right)\right\}$$

と計算できます．

5.

$$\arccos\sqrt{\frac{EL}{g}} \sim \frac{\pi}{2}$$

より次が得られます．

$$T \sim \exp\left(-\frac{\pi g}{\hbar}\sqrt{\frac{2m}{E}}\right)$$

▌第 8 章

1.

$$\psi(x) = \sum_{m=0}^{\infty} c_m\, u_m(x)$$

の両辺に $u_n(x)$ を掛けて x について積分すると，以下が得られます．

$$\int_{-\infty}^{\infty} u_n(x)\psi(x)\,dx = \sum_{m=0}^{\infty} c_m \int_{-\infty}^{\infty} u_n(x)u_m(x)\,dx$$

$$= \sum_{m=0}^{\infty} c_m\,\delta_{n,m} = c_n$$

したがって $c_n = \int_{-\infty}^{\infty} u_n(x)\psi(x)\,dx$ と表せます.

2. エルミート多項式の定義 $H_n(\xi) = (-1)^n e^{\xi^2} \frac{d^n}{d\xi^n} e^{-\xi^2}$ を ξ で微分します. すると

$$\frac{dH_n(\xi)}{d\xi} = 2\xi H_n(\xi) - H_{n+1}(\xi)$$

がわかります.

3. 時間発展演算子は $U(t) = \exp\left(-\frac{iHt}{\hbar}\right)$ であることと, $Hu_0(x) = E_0 u_0(x)$, $Hu_1(x) = E_1 u_1(x)$ を用いると, 時刻 t での波動関数 $\Psi(x,t)$ は

$$\begin{aligned}
\Psi(x,t) &= U(t)\psi(x) = C_0 U(t)u_0(x) + C_1 U(t)u_1(x) \\
&= C_0 \exp\left(-\frac{iE_0 t}{\hbar}\right) u_0(x) + C_1 \exp\left(-\frac{iE_1 t}{\hbar}\right) u_1(x) \\
&= C_0 \exp\left(-\frac{i\omega t}{2}\right) u_0(x) + C_1 \exp\left(-\frac{3i\omega t}{2}\right) u_1(x)
\end{aligned}$$

となります.

4. X^2 の期待値は以下のように計算できます.

$$\begin{aligned}
\langle \Psi(x,t)|X^2|\Psi(x,t)\rangle &= \int dx\, x^2 |\Psi(x,t)|^2 \\
&= \int dx\, x^2 \left(|C_0|^2 |u_0(x)|^2 + |C_1|^2 |u_1(x)|^2 + 2C_0 C_1 \cos\omega t\, u_0(x)u_1(x)\right) \\
&= |C_0|^2 \frac{\hbar}{2m\omega} + |C_1|^2 \frac{3\hbar}{2m\omega}
\end{aligned}$$

第 3 項は奇関数になるためゼロになることを用いました.

5. 時刻 t での波動関数 $\Psi(x,t)$ は

$$\begin{aligned}
\Psi(x,t) &= U(t)\psi(x) = C_0 U(t)u_0(x) + C_2 U(t)u_2(x) \\
&= C_0 \exp\left(-\frac{iE_0 t}{\hbar}\right) u_0(x) + C_2 \exp\left(-\frac{iE_2 t}{\hbar}\right) u_2(x) \\
&= C_0 \exp\left(-\frac{i\omega t}{2}\right) u_0(x) + C_2 \exp\left(-\frac{5i\omega t}{2}\right) u_2(x)
\end{aligned}$$

となります. X^2 の期待値は以下のように計算できます.

$$\begin{aligned}
\langle \Psi(x,t)|X^2|\Psi(x,t)\rangle &= \int dx\, x^2 |\Psi(x,t)|^2 \\
&= \int dx\, x^2 \left(|C_0|^2 |u_0(x)|^2 + |C_2|^2 |u_2(x)|^2 + 2C_0 C_2 \cos 2\omega t\, u_0(x)u_2(x)\right)
\end{aligned}$$

$$= |C_0|^2 \frac{\hbar}{2m\omega} + |C_2|^2 \frac{5\hbar}{2m\omega} + C_0 C_2 \cos 2\omega t \frac{\sqrt{2}\,\hbar}{m\omega}$$

第 3 項は具体的な積分を行いました．この場合，期待値は振動することがわかります．

6. エルミート多項式が満たす漸化式 $2\xi H_n(\xi) = H_{n+1}(\xi) + 2n H_{n-1}(\xi)$ を用いると，以下のように計算されます．

$$\begin{aligned}
\langle n|X^2|n\rangle &= \int dx\, x^2 |u_n(x)|^2 \\
&= \frac{\hbar}{4m\omega} \int dx \left\{ \sqrt{2(n+1)}\, u_{n+1}(x) + \sqrt{2n}\, u_{n-1}(x) \right\}^2 \\
&= \frac{\hbar}{4m\omega} \left\{ (2n+2) + 2n \right\} = \frac{\hbar}{2m\omega}(2n+1)
\end{aligned}$$

7. 漸化式 $\frac{d}{d\xi} H_n(\xi) = 2n H_{n-1}(\xi)$ と $2\xi H_n(\xi) = H_{n+1}(\xi) + 2n H_{n-1}(\xi)$ を用いると，以下が得られます．

$$\begin{aligned}
\langle n|P^2|n\rangle &= -\hbar^2 \int dx\, u_n^*(x) \frac{d^2}{dx^2} u_n(x) \\
&= \hbar m\omega \int dx\, u_n^* \left\{ \left(1 - \frac{m\omega x^2}{\hbar} \right) u_n + \sqrt{\frac{8nm\omega}{\hbar}}\, x u_{n-1} - 2\sqrt{n(n-1)}\, u_{n-2} \right\} \\
&= \hbar m\omega \int dx\, u_n^* \left(u_n - \frac{m\omega}{\hbar} x^2 u_n + 2n u_n \right) \\
&= \hbar m\omega \left\{ 1 - \left(n + \frac{1}{2} \right) + 2n \right\} = \frac{\hbar m\omega}{2}(2n+1)
\end{aligned}$$

途中 $u_n(x) \to u_n$ と表記しました．この計算はシュレーディンガー方程式 $-\hbar^2 \frac{d^2 u_n}{dx^2} = 2E_n u_n - m\omega^2 x^2 u_n$ を用いることでも簡単にできます．

8. 前問までの結果から不確定性関係は

$$\Delta x \cdot \Delta p = \sqrt{\langle n|X^2|n\rangle \cdot \langle n|P^2|n\rangle} = \hbar \left(n + \frac{1}{2} \right)$$

となります．$\langle n|X|n\rangle = \langle n|P|n\rangle = 0$ を用いました．

▌第 9 章 ▌

1. (9.35), (9.36) を用いて交換関係を計算すると

$$[X, P] = XP - PX = i\hbar \begin{pmatrix} 1 & 0 & 0 & \cdots \\ 0 & 1 & 0 & \cdots \\ 0 & 0 & 1 & \cdots \\ \vdots & \vdots & \vdots & \end{pmatrix} = i\hbar \mathbf{1}$$

が確認できます．

2. (9.53) より調和振動子系においては $[H, X] = -i\hbar \frac{P}{m}$, $[H, P] = i\hbar m\omega^2 X$ となります．

時刻 $t = 0$ で $X(0) = X$ である位置演算子は時刻 t で

$$X(t) = e^{\frac{iHt}{\hbar}} X e^{-\frac{iHt}{\hbar}}$$

$$= X + \frac{it}{\hbar}[H, X] + \frac{1}{2!}\left(\frac{it}{\hbar}\right)^2 [H, [H, X]] + \frac{1}{3!}\left(\frac{it}{\hbar}\right)^3 [H, [H, [H, X]]] + \cdots$$

$$= X + \omega t \frac{P}{m\omega} - \frac{1}{2!}(\omega t)^2 X - \frac{1}{3!}(\omega t)^3 \frac{P}{m\omega} + \cdots$$

$$= X \cos\omega t + \frac{P}{m\omega}\sin\omega t$$

となります．時刻 $t = 0$ で $P(0) = P$ である位置演算子は時刻 t で

$$P(t) = e^{\frac{iHt}{\hbar}} P e^{-\frac{iHt}{\hbar}}$$

$$= P + \frac{it}{\hbar}[H, P] + \frac{1}{2!}\left(\frac{it}{\hbar}\right)^2 [H, [H, P]] + \frac{1}{3!}\left(\frac{it}{\hbar}\right)^3 [H, [H, [H, P]]] + \cdots$$

$$= P - (\omega t)\, m\omega X - \frac{1}{2!}(\omega t)^2 P + \frac{1}{3!}(\omega t)^3\, m\omega X + \cdots$$

$$= P \cos\omega t - m\omega X \sin\omega t$$

となります．

3. $X(t) = X\cos\omega t + \frac{P}{m\omega}\sin\omega t$, $P(t) = P\cos\omega t - m\omega X\sin\omega t$ と $[X, P] = i\hbar$ を用いて，時刻 t における交換関係 $[X(t), P(t)] = i\hbar$ が得られます．またハイゼンベルク方程式を用いると $\frac{dX(t)}{dt} = P(t)/m$, $\frac{dP(t)}{dt} = -m\omega^2 X(t)$ も確認できます．

4. (1) $\langle n|X^4|n\rangle$ を $n = 0, 1$ の場合と同様に計算すると

$$\langle n|X^4|n\rangle$$

$$= \frac{\hbar^2}{4m^2\omega^2}\langle n|(aaa^\dagger a^\dagger + aa^\dagger aa^\dagger + a^\dagger aaa^\dagger + a^\dagger aa^\dagger a + a^\dagger a^\dagger aa + aa^\dagger a^\dagger a)|n\rangle$$

$$= \frac{\hbar^2}{4m^2\omega^2}\langle n|\{(n+1)(n+2) + (n+1)^2 + n^2 + n + n^2 + n^2 - n + n^2 + n\}|n\rangle$$

$$= \frac{(6n^2 + 6n + 3)\hbar^2}{4m^2\omega^2}$$

が得られます．

(2) $\langle n|P^4|n\rangle$ を前問と同様に計算すると

$$\langle n|P^4|n\rangle$$

$$= \frac{\hbar^2 m^2\omega^2}{4}\langle n|(aaa^\dagger a^\dagger + aa^\dagger aa^\dagger + a^\dagger aaa^\dagger + a^\dagger aa^\dagger a + a^\dagger a^\dagger aa + aa^\dagger a^\dagger a)|n\rangle$$

$$= \frac{\hbar^2 m^2\omega^2}{4}\langle n|\{(n+1)(n+2) + (n+1)^2 + n^2 + n + n^2 + n^2 - n + n^2 + n\}|n\rangle$$

$$= \frac{(6n^2 + 6n + 3)\hbar^2 m^2\omega^2}{4}$$

が得られます.

(3) $\langle n|X^4|n+2\rangle$ は a の数が $a^\dagger$ より 2 つ多い $aaaa^\dagger$ のような項のみが残ります. したがって

$$\langle n|X^4|n+2\rangle = \frac{\hbar^2}{4m^2\omega^2}\langle n|(aaaa^\dagger + aaa^\dagger a + aa^\dagger aa + a^\dagger aaa)|n+2\rangle$$

$$= \frac{\hbar^2}{4m^2\omega^2}\langle n|\{(n+3)+(n+2)+(n+1)+n\}\sqrt{(n+2)(n+1)}\,|n\rangle$$

$$= \frac{(4n+6)\sqrt{(n+2)(n+1)}\,\hbar^2}{4m^2\omega^2}$$

が得られます.

(4) $\langle n|P^4|n+2\rangle$ は a の数が $a^\dagger$ より 2 つ多い $aaaa^\dagger$ のような項のみが残ります. したがって

$$\langle n|P^4|n+2\rangle = -\frac{\hbar^2 m^2\omega^2}{4}\langle n|(aaaa^\dagger + aaa^\dagger a + aa^\dagger aa + a^\dagger aaa)|n+2\rangle$$

$$= -\frac{\hbar^2 m^2\omega^2}{4}\langle n|\{(n+3)+(n+2)+(n+1)+n\}\sqrt{(n+2)(n+1)}\,|n\rangle$$

$$= -\frac{(4n+6)\sqrt{(n+2)(n+1)}\,\hbar^2 m^2\omega^2}{4}$$

が得られます.

5. すでに $u_2(x)$ については,9.4 節で

$$u_2(x) = \left(\frac{4m\omega}{\pi\hbar}\right)^{1/4}\exp\left(-\frac{m\omega}{2\hbar}x^2\right)\left(\frac{m\omega}{\hbar}x^2 - \frac{1}{2}\right)$$

と得られています. さらに $a^\dagger = \sqrt{\frac{m\omega}{2\hbar}}\left(x - \frac{\hbar}{m\omega}\frac{d}{dx}\right)$ を作用させると

$$u_3(x) = \frac{1}{\sqrt{3}}a^\dagger u_2(x) = \left(\frac{4m\omega}{9\pi\hbar}\right)^{1/4}\exp\left(-\frac{m\omega}{2\hbar}x^2\right)\left(\left(\frac{m\omega}{\hbar}\right)^{3/2}x^3 - \frac{3}{2}\sqrt{\frac{m\omega}{\hbar}}\,x\right)$$

が得られます.

6. 任意の状態ケット $|\alpha\rangle$ に対して $\langle\alpha|b^\dagger b|\alpha\rangle \geq 0$ です. これにより,$\hat{N} = b^\dagger b$ の固有値は 0 以上の実数であることがわかります. また固有値が最小の状態は,それ以下の固有値を持つ状態が存在しないため,$b|0\rangle = \mathbf{0}$,$\hat{N}|0\rangle = \mathbf{0}$ を満たす基底状態 $|0\rangle$ であることがわかります. 一方,励起状態は $|1\rangle = b^\dagger|0\rangle$ と表せますが,この状態にもう一度 $b^\dagger$ を作用させると反交換関係の帰結として $b^\dagger|1\rangle = (b^\dagger)^2|0\rangle = \mathbf{0}$ となってしまいます. したがって,この系において状態は $|0\rangle$ と $|1\rangle$ のみであり,そのエネルギー固有値は

$$H|0\rangle = -\frac{\hbar\omega}{2}|0\rangle, \qquad H|1\rangle = +\frac{\hbar\omega}{2}|1\rangle$$

のように $-\hbar\omega/2$ と $\hbar\omega/2$ となります. この系はフェルミ統計に従う調和振動子系と呼ばれます.

▌第 10 章 ▐

1. n_i のうちのどれかが ± 1 で他の 2 つが 0 の場合に $E = \frac{2\pi^2\hbar^2}{mL^2}$ となるので,縮退度は 6 となります.

2. N を 3 つに分ける場合の和ですので,$(N+2)!/(N!\,2!)$ となります.

3. 基本的なプロセスは等方的調和振動子系と同じです.エネルギー固有値は

$$E_{n_1, n_2, n_3} = \hbar\omega_1\left(n_1 + \frac{1}{2}\right) + \hbar\omega_2\left(n_2 + \frac{1}{2}\right) + \hbar\omega_3\left(n_3 + \frac{1}{2}\right)$$

で与えられます.

4. 2 つの自然数 $n_1, n_2 \geq 0$ と 1 つの整数 n_3 を用いて

$$E = \hbar\omega\left(n_1 + n_2 + 1\right) + \frac{2\pi^2\hbar^2}{mL^2}n_3^2$$

となります.

5. ハミルトニアンは

$$H = \frac{(\boldsymbol{P} - e\boldsymbol{A})^2}{2m} = \frac{1}{2m}\left\{\left(P_1 + \frac{eBX_2}{2}\right)^2 + \left(P_2 - \frac{eBX_1}{2}\right)^2 + P_3^2\right\}$$

で与えられます.ここで

$$\left[P_1 + \frac{eBX_2}{2},\ P_2 - \frac{eBX_1}{2}\right] = i\hbar eB$$

となるので,$\Pi_1 \equiv P_1 + \frac{eBX_2}{2}$ と $\Pi_2 \equiv P_2 - \frac{eBX_1}{2}$ が調和振動子系の位置演算子と運動量演算子と同様の役割を果たすことがわかります.そこで生成・消滅演算子

$$a = \frac{1}{\sqrt{2\hbar eB}}(\Pi_1 + i\Pi_2), \qquad a^\dagger = \frac{1}{\sqrt{2\hbar eB}}(\Pi_1 - i\Pi_2)$$

を定義しておきます.これらは $[a, a^\dagger] = 1$ を満たします.これを用いるとハミルトニアンは $H = \hbar\omega_{\mathrm{c}}\left(a^\dagger a + \frac{1}{2}\right) + \frac{P_3^2}{2m}$ と書けます.波動関数を $x_1 x_2$ 平面の波動関数 $\phi_{1,2}(x_1, x_2)$ と x_3 方向の波動関数 $\phi_3(x_3)$ に変数分離すると,$\phi_{1,2}$ は

$$\hbar\omega_{\mathrm{c}}\left(a^\dagger a + \frac{1}{2}\right)\phi_{1,2}(x_1, x_2) = E_{2\mathrm{d}}\phi_{1,2}(x_1, x_2)$$

を満たすことがわかります.ここから

$$E_{2\mathrm{d}} = \hbar\omega_{\mathrm{c}}\left(n + \frac{1}{2}\right)$$

が得られます.

6. 消滅演算子を作用させて 0 になる条件

$$a\phi_{1,2}(x_1, x_2) = \frac{1}{\sqrt{2\hbar eB}}\left(\frac{\hbar}{i}\partial_1 + \frac{eBx_2}{2} + \hbar\partial_2 - \frac{ieBx_1}{2}\right)\phi(x_1, x_2) = 0$$

から求めることができます.規格化まで考えると

$$\phi_{1,2}(x_1, x_2) = \sqrt{\frac{eB}{2\pi\hbar}} \exp\left(-\frac{eB}{4\hbar}(x_1^2 + x_2^2)\right)$$

がわかります.

▎第 11 章 ▋

1. 固有状態は $|+\rangle_1 |+\rangle_2, |+\rangle_1 |-\rangle_2, |-\rangle_1 |+\rangle_2, |-\rangle_1 |-\rangle_2$ です. それらの固有エネルギーは $-\alpha\hbar^2/4, +\alpha\hbar^2/4, +\alpha\hbar^2/4, -\alpha\hbar^2/4$ となります. 基底の取り方としてベル基底を選ぶことも可能で, その場合の固有状態, 固有エネルギーは

$$\frac{1}{\sqrt{2}}\left(|+\rangle_1 |-\rangle_2 + |-\rangle_1 |+\rangle_2\right), \quad +\frac{\alpha\hbar^2}{4}$$

$$\frac{1}{\sqrt{2}}\left(|+\rangle_1 |-\rangle_2 - |-\rangle_1 |+\rangle_2\right), \quad +\frac{\alpha\hbar^2}{4}$$

$$\frac{1}{\sqrt{2}}\left(|+\rangle_1 |+\rangle_2 + |-\rangle_1 |-\rangle_2\right), \quad -\frac{\alpha\hbar^2}{4}$$

$$\frac{1}{\sqrt{2}}\left(|+\rangle_1 |+\rangle_2 - |-\rangle_1 |-\rangle_2\right), \quad -\frac{\alpha\hbar^2}{4}$$

となります.

2. このハミルトニアンは以下のように書き下すことができます.

$$H = -\alpha(S_{1x}S_{2x} + S_{1y}S_{2y})$$
$$= -\frac{\alpha\hbar^2}{2}\left(|+\rangle_1 |-\rangle_2 \langle-|_1 \langle+|_2 + |-\rangle_1 |+\rangle_2 \langle+|_1 \langle-|_2\right)$$

この演算子の固有状態, 固有エネルギーは

$$\frac{1}{\sqrt{2}}\left(|+\rangle_1 |-\rangle_2 + |-\rangle_1 |+\rangle_2\right), \quad -\frac{\alpha\hbar^2}{2}$$

$$\frac{1}{\sqrt{2}}\left(|+\rangle_1 |-\rangle_2 - |-\rangle_1 |+\rangle_2\right), \quad +\frac{\alpha\hbar^2}{2}$$

$$\frac{1}{\sqrt{2}}\left(|+\rangle_1 |+\rangle_2 + |-\rangle_1 |-\rangle_2\right), \quad 0$$

$$\frac{1}{\sqrt{2}}\left(|+\rangle_1 |+\rangle_2 - |-\rangle_1 |-\rangle_2\right), \quad 0$$

となります. 4 つのベル基底が固有状態になることがわかります.

3. この場合はハミルトニアンは複雑になりますが, 前問と同様の計算を行うと

$$H = -\frac{\alpha\hbar^2}{4}\Big(2|+\rangle_1 |-\rangle_2 \langle-|_1 \langle+|_2 + 2|-\rangle_1 |+\rangle_2 \langle+|_1 \langle-|_2$$
$$+ |+\rangle_1 |+\rangle_2 \langle+|_1 \langle+|_2 + |-\rangle_1 |-\rangle_2 \langle-|_1 \langle-|_2$$
$$- |+\rangle_1 |-\rangle_2 \langle+|_1 \langle-|_2 - |-\rangle_1 |+\rangle_2 \langle-|_1 \langle+|_2\Big)$$

固有状態，固有エネルギーは

$$\frac{1}{\sqrt{2}}\left(|+\rangle_1|-\rangle_2 \ + \ |-\rangle_1|+\rangle_2\right), \quad -\frac{\alpha\hbar^2}{4}$$

$$\frac{1}{\sqrt{2}}\left(|+\rangle_1|-\rangle_2 \ - \ |-\rangle_1|+\rangle_2\right), \quad +\frac{3\alpha\hbar^2}{4}$$

$$\frac{1}{\sqrt{2}}\left(|+\rangle_1|+\rangle_2 \ + \ |-\rangle_1|-\rangle_2\right), \quad -\frac{\alpha\hbar^2}{4}$$

$$\frac{1}{\sqrt{2}}\left(|+\rangle_1|+\rangle_2 \ - \ |-\rangle_1|-\rangle_2\right), \quad -\frac{\alpha\hbar^2}{4}$$

となります．このハミルトニアンは前の 2 問（演習問題 1，演習問題 2）のハミルトニアンの和になっており，ベル基底の固有エネルギーもそれらの結果の和になっていることが確認できます．

4. スピン 3/2 の 4 重項とスピン 1/2 の 2 重項からなる合計 6 個の状態が全体の角運動量演算子 $J_z = J_{1z} + J_{2z}$ の固有状態になります．

5. スピン 7/2 の 8 重項，スピン 5/2 の 6 重項，スピン 3/2 の 4 重項からなる合計 18 個の状態が全体の角運動量演算子 $J_z = J_{1z} + J_{2z}$ の固有状態になります．

6. $S_x = \frac{\hbar}{2}(|+\rangle\langle-| + |-\rangle\langle+|)$, $S_y = \frac{\hbar}{2}(-i|+\rangle\langle-| + i|-\rangle\langle+|)$ を用いて以下のように得られます．

$$\langle x+;t|S_x|x+;t\rangle$$
$$= \frac{\hbar}{4}\left\{\left(\langle+|e^{\frac{i\omega t}{2}} \ + \ \langle-|e^{-\frac{i\omega t}{2}}\right)\left(|+\rangle\langle-| + |-\rangle\langle+|\right)\left(e^{-\frac{i\omega t}{2}}|+\rangle + e^{\frac{i\omega t}{2}}|-\rangle\right)\right\}$$
$$= \frac{\hbar}{2}\cos\omega t$$
$$\langle x+;t|S_y|x+;t\rangle$$
$$= \frac{\hbar}{4}\left\{\left(\langle+|e^{\frac{i\omega t}{2}} \ + \ \langle-|e^{-\frac{i\omega t}{2}}\right)\left(-i|+\rangle\langle-| + i|-\rangle\langle+|\right)\left(e^{-\frac{i\omega t}{2}}|+\rangle + e^{\frac{i\omega t}{2}}|-\rangle\right)\right\}$$
$$= \frac{\hbar}{2}\sin\omega t$$

7. 以下のように示すことができます．

$$|\Psi\rangle_{\mathrm{EPR}} = \frac{1}{\sqrt{2}}\left(|x+\rangle_1|x-\rangle_2 - |x-\rangle_1|x+\rangle_2\right)$$
$$= \frac{1}{\sqrt{4}}\left((|+\rangle_1 + |-\rangle_1)(|+\rangle_2 - |-\rangle_2) - (|+\rangle_1 - |-\rangle_1)(|+\rangle_2 + |-\rangle_2)\right)$$
$$= \frac{1}{\sqrt{2}}\left(|+\rangle_1|-\rangle_2 - |-\rangle_1|+\rangle_2\right)$$

同様に y 方向についても示すことができます．

▌第12章 ▌

1. $L^2 = -\hbar^2 \left\{ \frac{1}{\sin\theta} \frac{\partial}{\partial\theta} \left(\sin\theta \frac{\partial}{\partial\theta} \right) + \frac{1}{\sin^2\theta} \frac{\partial^2}{\partial\phi^2} \right\}$ と $L_3 = \frac{\hbar}{i} \frac{\partial}{\partial\phi}$ は,前者は ϕ を含まず後者は θ を含まないため,明らかに交換することがわかります.

2. 以下のように示されます.

$$\int_0^\pi d\theta \int_0^{2\pi} d\phi \, \sin\theta \, (Y_1^0)^2 = \frac{3}{4\pi} 2\pi \int_0^\pi d\theta \, \sin\theta \, \cos^2\theta = 1$$

3. 特性方程式 $\lambda^2 - 1/4 = 0$ の解は $\lambda = \pm 1/2$ であるので,独立な 2 つの解は $R_\ell(\rho) = \exp\left(\pm \frac{\rho}{2}\right)$ であることがわかります.

4. 常微分方程式の解として ρ^k のようにべきの形の解を仮定します.これを代入すると $(k-\ell)(k+\ell+1) = 0$ がわかります.したがって,独立な 2 つの解は $R_\ell(\rho) = \rho^\ell,\ \rho^{-\ell-1}$ となります.

5. 動径方向のみの波動関数を考えれば良いので,$R_{10}(r) = \left(\frac{1}{a_0}\right)^{\frac{3}{2}} 2e^{-r/a_0}$ を用います.すると,以下のように積分の形で期待値が計算できます.

$$\langle \hat{r} \rangle = \frac{4}{a_0^3} \int_0^\infty r^3 e^{-2r/a_0} \, dr = \frac{a_0}{4} \Gamma(4) = \frac{3a_0}{2}$$

$$\langle \hat{r}^2 \rangle = \frac{4}{a_0^3} \int_0^\infty r^4 e^{-2r/a_0} \, dr = \frac{a_0^2}{8} \Gamma(5) = 3a_0^2$$

$$\left\langle \frac{1}{\hat{r}} \right\rangle = \frac{4}{a_0^3} \int_0^\infty r e^{-2r/a_0} \, dr = \frac{1}{a_0} \Gamma(2) = \frac{1}{a_0}$$

ここで,n を自然数としてガンマ関数の定義 $\Gamma(n) = \int_0^\infty t^{n-1} e^{-t} \, dt = (n-1)!$ を用いました.

6. $\hat{p}_r = \frac{\hbar}{i} \left(\frac{\partial}{\partial r} + \frac{1}{r} \right)$ と $R_{10}(r) = \left(\frac{1}{a_0}\right)^{\frac{3}{2}} 2e^{-r/a_0}$ を用いて以下のように計算できます.

$$\langle \hat{p}_r \rangle = \frac{4}{a_0^3} \int_0^\infty r^2 e^{-r/a_0} \frac{\hbar}{i} \left(\frac{\partial}{\partial r} + \frac{1}{r} \right) e^{-r/a_0} \, dr = 0$$

$$\langle \hat{p}_r^2 \rangle = \frac{4}{a_0^3} \int_0^\infty r^2 e^{-r/a_0} (-\hbar^2) \left(\frac{\partial^2}{\partial r^2} + \frac{2}{r} \frac{\partial}{\partial r} \right) e^{-r/a_0} \, dr = \frac{\hbar^2}{a_0^2}$$

7. 前問までの結果を用いると,$\Delta r = \sqrt{\langle \hat{r}^2 \rangle - \langle \hat{r} \rangle^2} = \frac{\sqrt{3}}{2} a_0$,$\Delta p_r = \frac{\hbar}{a_0}$ となります.したがって不確定性関係は

$$\Delta r \cdot \Delta p_r = \frac{\sqrt{3}}{2} \hbar$$

となります.

8. 水素原子のエネルギー固有値は

$$E_n = -\frac{m_e e^4}{32\pi^2 \varepsilon_0^2 \hbar^2 n^2}$$

で与えられます.したがって,エネルギー差が

$$E_3 - E_1 = \frac{m_e e^4}{9\varepsilon_0^2 h^2} = h\nu$$

と与えられます．よって，振動数は $\nu = \frac{m_e e^4}{9\varepsilon_0^2 h^3}$ となります．波長は光速 c を振動数で割った
ものなので $\lambda = \frac{9\varepsilon_0^2 h^3 c}{m_e e^4} \approx 1.02 \times 10^{-7}$ m となります．

9. $e^2 \to Ze^2$ の置き換えを水素原子のエネルギー準位に対して行うと

$$E_n^Z = -\frac{m_e Z^2 e^4}{32\pi^2 \varepsilon_0^2 \hbar^2 n^2}$$

となることがわかります．

10. 陽子の質量を M，電子の質量を m_e として，$\frac{e^2}{4\pi\varepsilon_0} \to GMm_e$ の置き換えにより，エ
ネルギー固有値は

$$E_n = -\frac{G^2 M^2 m_e^3}{2\hbar^2 n^2}$$

と与えられます．この準位間のエネルギー差はクーロンポテンシャルのエネルギー準位差に比
べて十分に小さいことがわかります．

参 考 文 献

[1] J. J. Sakurai, Modern Quantum Mechanics, Addison-Wesley: 現代の量子力学, 吉岡書店

[2] Leonard I. Schiff, Quantum Mechanics, McGraw-Hill

[3] L. D. Landau and E. M. Lifshitz, Course of Theoretical Physics 4: Quantum Mechanics, Elsevier

[4] 猪木慶治, 川合光, 量子力学 I, II, 講談社

[5] 佐川弘幸, 吉田宣章, 量子情報理論, 丸善出版

[6] 朝永振一郎, 量子力学 I, II（第二版）, 角運動量とスピン（量子力学補巻）, みすず書房

[7] 小出昭一郎, 量子力学 I, II, 同演習, 裳華房

[8] Claude Cohen-Tannoudji, Bernard Dui, and Frank Laloe, Quantum Mechanics vol.1 and 2, Wiley-Interscience

[9] Walter Greiner, 量子力学概論, シュプリンガージャパン

[10] 原島鮮, 初等量子力学, 裳華房

[11] Eyvind H. Wichmann, バークレー物理学コース 量子物理 上下, 丸善出版

[12] P. A. M. Dirac, 朝永振一郎訳, 量子力学, 岩波書店, Principles of Quantum Mechanics, Oxford University Press

[13] A. Messia, Quantum Mechanics, Dover

[14] 外村彰, 目で見る美しい量子力学, サイエンス社

[15] G. B. Arfken, H. J. Weber 著, 権平健一郎, 神原武志, 小山直人訳, 基礎物理学：特殊関数, 講談社サイエンティフィック

[16] 青木健一郎, 現代物理学を学びたい人へ──原子から宇宙まで, 慶應義塾大学出版会

索　引

著者略歴

三 角 樹 弘
みすみ たつ ひろ

2007 年　東京大学理学部物理学科卒業
2012 年　京都大学大学院理学研究科物理学・
　　　　　宇宙物理学専攻博士課程修了
　　　　　博士（理学）
現　　在　近畿大学理工学部 准教授

ライブラリ物理学コア・テキスト=5

コア・テキスト　量子力学
—— 基礎概念から発展的内容まで ——

2023 年 4 月 25 日 ⓒ　　　　　　　　初 版 発 行

著 者　三角樹弘　　　　　発行者　森 平 敏 孝
　　　　　　　　　　　　　印刷者　山 岡 影 光
　　　　　　　　　　　　　製本者　小 西 惠 介

発行所　　株式会社 サイエンス社

〒 151–0051　東京都渋谷区千駄ヶ谷 1 丁目 3 番 25 号
営業 ☎ (03) 5474–8500（代）　振替 00170–7–2387
編集 ☎ (03) 5474–8600（代）
FAX ☎ (03) 5474–8900

印刷　三美印刷（株）　　製本　（株）ブックアート

《検印省略》

ISBN 978-4-7819-1570-8

PRINTED IN JAPAN

サイエンス社のホームページのご案内
https://www.saiensu.co.jp
ご意見・ご要望は
rikei@saiensu.co.jp まで．